婴幼儿养育大百科

YINGYOUER YANGYU DABAIKE

王玉萍
主编

中国妇女出版社

图书在版编目（CIP）数据

婴幼儿养育大百科 / 王玉萍主编. -- 北京 : 中国妇女出版社, 2016.1

ISBN 978-7-5127-1193-8

Ⅰ.①婴… Ⅱ.①王… Ⅲ.①婴幼儿—哺育—基本知识 Ⅳ.①TS976.31

中国版本图书馆CIP数据核字（2015）第255520号

婴幼儿养育大百科

作　　者：王玉萍　主编
责任编辑：陈经慧
封面设计：尚视视觉
责任印制：王卫东
出版发行：中国妇女出版社
地　　址：北京东城区史家胡同甲24号　　邮政编码：100010
电　　话：（010）65133160（发行部）　　65133161（邮购）
网　　址：www.womenbooks.com.cn
经　　销：各地新华书店
印　　刷：北京楠萍印刷有限公司
开　　本：185×250　1/16
印　　张：21.5
字　　数：310千字
版　　次：2016年1月第1版
印　　次：2016年1月第1次
书　　号：ISBN 978-7-5127-1193-8
定　　价：49.80元

PART 01
0～1岁婴儿的养与育

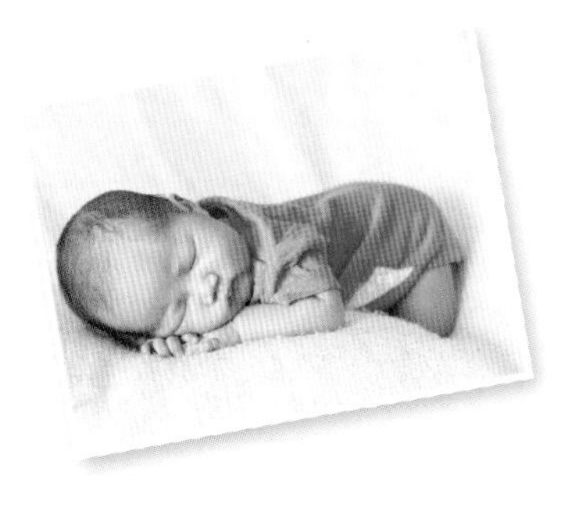

002 0～1个月养与育

002 新生儿的生理特点

002 身长与体重
002 头围与胸围
003 前囟门与后囟门
003 呼吸与循环
004 皮肤与体温

006 新生儿特殊的生理现象

006 生理性体重下降
007 生理性黄疸
007 生理性呕吐
007 生理性乳腺肿大
008 假月经
008 吐奶

009 新生儿的喂养

009 新生儿的消化吸收特点
010 母乳喂养的优点
011 产后开奶时间
012 每日哺乳次数
013 母乳喂养的正确姿势
015 母乳是否充足的判断方法
016 新生儿是否吃饱的判断方法
017 乳头平坦会影响哺乳吗

018 乳头需要频繁消毒吗
018 母乳喂养儿需要喂水吗
019 新生儿不肯吃奶的原因
021 母乳不足的原因与对策
023 乳汁过多怎么办
024 哪些情况不宜母乳喂养
025 感冒后能哺乳吗
026 新生儿吐奶、溢奶怎么办
027 吃剩的奶要不要挤出来
028 减少乳头皲裂、疼痛的喂养技巧
028 怎样挤出和保存母乳
030 夜间喂奶应注意什么
031 需要混合喂养的情况
032 混合喂养的具体方法
033 混合喂养的常见问题
036 需要人工喂养的情况
038 人工喂养的具体方法

039
新生儿的养护细节

039 皮肤护理
040 给新生儿洗澡
042 囟门的护理方法
043 囟门反映出的健康问题
044 学会观察新生儿的大小便
045 臀红和尿布疹的处理
046 私处护理方法
047 脐部的日常护理方法
049 脐部异常情况的处理
050 眼部护理
052 鼻部护理
053 耳部护理
054 眼耳鼻的清洗
055 口腔护理
057 睡眠护理

059
新生儿的早期教育

059 教育从出生第一天开始
059 爱是最好的教育
061 气质是与生俱来的
062 婴幼儿情绪发展的特点
064 感知觉训练很重要

067 1～2个月养与育

067
生长发育特点
067 体格发育
067 动作发育
068 感知觉发育
069 语言与社会性发育

070
1～2个月养护要点
070 谨慎对待牛初乳制品
070 不要过早给婴儿添加果汁
071 正确看待婴儿囟门的大小
072 衣服并不是穿得越多越好
073 男婴也要经常洗屁股
073 有些婴儿暂时不能接种疫苗

074
1～2个月育儿重点
074 关注婴儿的体重变化
074 让婴儿习惯用勺子喝水
075 继续观察婴儿的大小便规律
075 培养婴儿良好的睡眠习惯
076 婴儿也要加强体格锻炼

079
育儿专家答疑
079 夜里睡眠不实就是缺钙吗
080 婴儿肚脐不干怎么办

081 2～3个月养与育

081
生长发育特点

081 体格发育
081 动作发育
082 感知觉发育
083 语言和社会性发育
084 认知能力发育

085
2～3个月养护要点

085 调整哺乳时间
085 补钙吸收是关键
086 怎样判断婴儿是否缺钙
088 注意婴儿抓物入口
089 本月计划免疫

090
2～3个月育儿重点

090 让婴儿感受爸爸、妈妈不同的爱
090 提高感觉统合能力
091 手是婴儿最好的玩具
091 激发婴儿的好奇心

092
育儿专家答疑

092 婴儿运动发育异常的信号有哪些
093 婴儿生病时怎样进行人工喂养

094 3～4个月养与育

094
生长发育特点

094 体格发育
094 动作发育
095 感知觉发育
096 语言与社会性发育

097
3～4个月养护要点

097　开始给婴儿用枕头
097　大小便训练要点
098　不要过早给婴儿添加辅食
099　及时发现婴儿的先天眼疾
099　本月计划免疫

100
3～4个月育儿重点

100　培养婴儿的自我服务能力
100　多和婴儿一起游戏
100　选择适宜的玩具
101　训练婴儿两臂的支撑力
101　练习拉坐和靠坐
102　提高连续追视的能力
103　鼓励婴儿发辅音
103　培养婴儿语言—动作协调能力

104
育儿专家答疑

104　婴儿为什么总是流口水
104　婴儿为什么会厌奶

107 4～5个月养与育

107 生长发育特点

107 体格发育
107 动作发育
109 感知觉发育
110 语言与社会性发育

112 4～5个月养护要点

112 灵活掌握添加辅食的时机
112 及时发现添加辅食的信号
113 辅食添加的基本原则
116 4～6个月可以添加的辅食
116 辅食添加的具体方法
117 几类主要辅食的制作方法
122 让婴儿学习双手扶瓶
122 夏季如何防蚊
122 本月计划免疫

123 4～5个月育儿重点

123 发展婴儿的自我意识
123 学会向两侧翻身
124 练习主动抓握
124 练习循声找物
125 促进婴儿的听觉发育
125 学认第一种物品

126 育儿专家答疑

126 宝宝湿疹可以预防吗

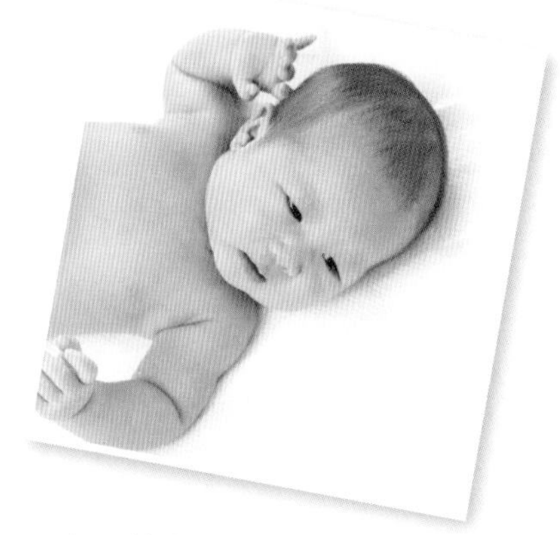

127 5～6个月养与育

127 生长发育特点

127 体格发育
127 动作发育
129 感知觉发育
129 语言发育

130
5～6个月养护要点

130 婴儿为什么容易缺铁
130 如何判断婴儿是否缺铁
131 注意补充含铁食物
132 粥类辅食的制作方法
133 让婴儿爱上粗粮
134 理性对待微量元素的补充
135 婴儿不宜吃蜂蜜
135 给婴儿开辟一个游戏区
135 本月计划免疫

136
5～6个月育儿重点

136 从躲避生人到接受生人
136 让婴儿学会“善解人意”
137 学会翻身180°
137 由蛤蟆坐到坐稳
138 练习扶腋蹦跳
138 手拍认识之物
138 同妈妈玩藏猫猫

139
育儿专家答疑

139 帮助婴儿睡一夜整觉

140 6～7个月养与育

140
生长发育特点

140 体格发育
140 动作发育
141 感知觉发育
142 语言与社会性发育

144
6～7个月养护要点

144 继续添加含铁食物
144 让婴儿练习咀嚼
145 缓解婴儿的出牙不适
146 正确护理婴儿的乳牙

147 学习捧杯喝水
147 用声音和动作表示大小便
147 为婴儿挑一双合适的鞋
150 不要错过婴儿味觉发育的敏感期
151 婴儿更容易被晒伤
152 防止婴儿吞入异物
152 本月计划免疫

154
6~7个月育儿重点

154 鼓励和赞扬是最好的教育
154 学习翻滚
155 练习扶物坐起
155 训练听觉的灵敏性
156 学认身体的第一个部位
156 培养婴儿的观察能力

157
育儿专家答疑
157 婴儿出牙晚是缺钙吗

158 7~8个月养与育

158
生长发育特点

158 体格发育
158 动作发育
159 感知觉发育
160 语言与社会性发育

161
7~8个月养护要点

161 7~8个月可以添加的辅食
161 几类主要辅食的制作方法
164 确保婴儿的爬行安全
165 教婴儿学会保护自己
165 让婴儿学会控制自己的欲望
166 本月计划免疫

167
7～8个月育儿重点

167 婴儿学爬益处多
167 不要过早学走路
168 练习连续翻滚
168 从匍行到爬行
169 学习用姿势表示语言

170
育儿专家答疑
170 婴儿睡觉打呼噜是怎么回事

171 8～9个月养与育

171
生长发育特点

171 体格发育
171 动作发育
172 感知觉发育
172 语言与社会性发育

174
8～9个月养护要点

174 给婴儿添加肉末
174 让婴儿学会拿勺子
174 开始学习用杯子喝水
175 主食类辅食的制作方法
176 让婴儿学会主动配合穿衣
176 为婴儿独自睡觉做准备
177 不要给孩子多吃甜食
180 本月计划免疫

181
8～9个月育儿重点

181 让婴儿自己玩
181 练习手脚爬行
181 练习拉物站起、坐下
182 训练拇指和食指的对捏能力
182 给婴儿讲故事
183 促进婴儿记忆力的发展

184
育儿专家答疑

184 给婴儿选一个安全的水杯

186 9～10个月养与育

186
生长发育特点

186 体格发育
186 动作发育
187 感知觉发育
187 语言发育
188 认知能力发育

189
9～10个月养护要点

189 和大人同桌吃饭
189 继续练习捧杯喝水
189 训练婴儿按时坐盆
190 早吃鱼可能有助于预防婴儿湿疹
190 补充多种维生素要慎重
190 本月计划免疫

191
9～10个月育儿重点

191 减少分离焦虑
192 不要过度保护
192 训练食指的灵活性
192 学习打开瓶盖
193 练习放入和取出
193 提高婴儿的辨色能力
193 激发婴儿的好奇心

194
育儿专家答疑
194 宝宝的过分要求家长如何限制

195 10～11个月养与育

195
生长发育特点

195 体格发育
195 动作发育
196 感知觉发育
196 语言与社会性发育
197 认知能力发育

198
10～11个月养护要点

198 辅食开始变主食
199 炒菜类辅食的制作方法
200 让婴儿自己吃饭
200 检查是否贫血
200 让婴儿学习配合穿衣服
201 不要强迫婴儿进食

202
10～11个月育儿重点

202 练习自己站稳
202 牵手练走步
203 提高对捏的准确性和速度
203 学会用食指表示“1”
203 学认图卡

205
育儿专家答疑

205 如何提高手眼协调能力

206 11～12个月养与育

206
生长发育特点

206 体格发育
206 动作发育
207 语言与社会性发育
208 认知能力发育

209
11～12个月养护要点

209 训练宝宝自己大小便
209 确保婴儿的居家安全
211 给婴儿吃水果要讲究方法
213 夏冬两季不宜断奶
213 断奶不是不喝奶
213 本月计划免疫

214
11～12个月育儿重点

214 学会与人交往
214 练习自己走
215 学搭积木
215 模仿动物的叫声
215 学认身体部位
215 学认红色
216 学认圆形

217
育儿专家答疑

217 断奶时宝宝哭闹怎么办

PART 02
1～2岁幼儿的养与育

220 1岁1个月～1岁3个月养与育

220
生长发育特点

220 体格发育
221 感知觉发育
221 运动发育
222 语言发育
222 心理发育

223
1岁1个月～1岁3个月养护要点

223 每日饮食安排
223 每天保证喝一定量的奶
224 每天补充100毫克～200毫克钙
225 让宝宝定时坐盆大便
225 不要给宝宝喂饭
226 吃零食要讲究方法
226 去游乐场要注意安全
228 本阶段计划免疫

230
1岁1个月～1岁3个月育儿重点

230 理解幼儿的偏激行为
230 鼓励幼儿称呼生人
231 学习自己脱衣服、穿衣服
231 倒豆拣豆
231 学会分清大小

233
育儿专家答疑

233 幼儿为什么会偏食
233 偏食的应对方法

235 1岁4个月～1岁6个月养与育

235
生长发育特点

235 体格发育
236 感知觉发育
236 运动发育
236 语言发育
236 心理发育

237
1岁4个月～1岁6个月养护要点

237 养成吃饭专心的好习惯
237 可以开始刷牙
237 培养宝宝的生活自理能力
238 让宝宝自己按需找便盆
238 鸡蛋并不是吃得越多越好
239 不要轻易给宝宝扣上挑食的帽子
240 本阶段计划免疫

241
1岁4个月～1岁6个月育儿重点

241 保护幼儿的好奇心
241 培养劳动的技能和热情
242 提高手眼协调能力
242 引导幼儿记住事物的特点
242 丰富幼儿的听觉感受
243 学习双脚跳
243 学搭2～3层高塔
243 学认白色
243 建立“一样多”的概念
244 练习分类

245
育儿专家答疑

245 宝宝为什么会挑食
246 怎样纠正宝宝挑食的坏毛病

248 1岁7个月～1岁9个月养与育

248
生长发育特点

248 体格发育
249 运动发育
249 语言发育
249 心理发育

251
1岁7个月～1岁9个月养护要点

251 学会自己入睡
251 学会自己洗漱
252 学会上厕所大小便
252 养成良好的卫生习惯
252 本阶段计划免疫

254
1岁7个月～1岁9个月育儿重点

254 正确看待幼儿的逆反心理
254 给幼儿立规矩
255 提高幼儿的观察能力
255 学习做事巧安排
255 知道“我的”“你的”“他的”
256 丰富幼儿的形容词储备
256 区分黄色和白色
257 找相同

257 学走木板
257 练习套圈
257 听词模仿动作
258 学会区分轻和重

259
育儿专家答疑

259 哪些幼儿容易缺锌
259 幼儿为什么会厌食
260 厌食的应对方法

262 1岁10个月～1岁12个月养与育

262
生长发育特点

262 体格发育
263 运动发育
263 语言发育
263 心理发育

264
1岁10个月～1岁12个月养护要点

264 独立吃饭，学拿筷子
265 学穿鞋袜
265 有龋齿要及时治疗
266 确保宝宝的乘车安全
267 适合幼儿的菜肴烹制方法

269
1岁10个月～1岁12个月育儿重点

269 对幼儿进行道德启蒙
269 变发脾气为讲道理
270 自己的东西自己整理
270 培养幼儿的办事能力
271 练习倒水入瓶
271 说出物品用途
271 学习蔬菜名称和颜色
272 双脚交替上下楼梯
272 学穿小珠子
272 玩球

273
育儿专家答疑

273 宝宝夜间磨牙是病吗

PART 03

2～3岁幼儿的养与育

276 2岁1个月～2岁3个月养与育

276 生长发育特点

276 体格发育

277 感知觉发育

277 运动发育

277 语言发育

278 心理发育

279 2岁1个月～2岁3个月养护要点

279 2～3岁每日饮食安排

280 三餐两点定时定量

280 养成提早如厕的习惯

281 语言发育慢可能与听力有关

281 3岁以下的宝宝最好不用油画棒

282 本阶段计划免疫

283 2岁1个月～2岁3个月育儿重点

283 学会自我介绍

283 让幼儿学会等待

284 听幼儿讲话要耐心

284 育儿方式影响幼儿性格

285 练习奔跑

286 打电话游戏

286 学会比较多少

286 练习接球

287 给玩具娃娃穿脱衣服

287 学会拿取最大数

288 育儿专家答疑

288 宝宝怎么变得口吃了

288 宝宝生病不肯吃药怎么办

289 2岁4个月～2岁6个月养与育

289 生长发育特点

289 体格发育
290 运动发育
290 心理发育

291 2岁4个月～2岁6个月养护要点

291 教宝宝解扣子、系扣子
291 果汁不能代替水果
291 外出购物时要防止宝宝走失

294 2岁4个月～2岁6个月育儿重点

294 帮助幼儿克服害怕的心理
295 让幼儿养成讲礼貌的习惯
295 宽容对待突变期的幼儿
295 练习涂颜色
296 坚持亲子阅读
296 学会按大小顺序排数字
296 知道哪一瓶最重
297 学画方形
297 学骑三轮车
298 拼3～4块拼图

299 育儿专家答疑

299 如何让宝宝自己解决问题

300 2岁7个月～2岁9个月养与育

300 生长发育特点

300 体格发育
301 运动发育
301 语言发育
301 心理发育

302
2岁7个月～2岁9个月养护要点

302 让宝宝帮助摆餐桌
302 学习穿脱外衣
303 分清左右穿鞋
303 高蛋白摄入要适量
303 宝宝并不是吃得越多越好
304 不要空腹吃甜食

305
2岁7个月～2岁9个月育儿重点

305 训练幼儿的平衡能力
306 锻炼幼儿的方位感觉
306 教幼儿爱护图书
306 学会分辨深浅颜色
306 双脚离地连续跳
307 排数字
307 练习单脚站立
307 拼上6～8块拼图
308 分清谁比谁大

309
育儿专家答疑
309 宝宝被小朋友欺负了怎么办
310 宝宝胃口不好是什么原因

311 2岁10个月～2岁12个月养与育

311
生长发育特点

311 体格发育
312 运动发育
312 语言发育
312 心理发育

313
2岁10个月～2岁12个月养护要点

313 养成良好的生活习惯
314 带宝宝参观幼儿园
314 教宝宝洗手绢
315 学习自己收拾书包
315 强化食品并不是多多益善
315 本阶段计划免疫

316
2岁10个月～2岁12个月育儿重点

316　学会与人合作
316　乐于接受父母的要求
317　给幼儿一些选择的自由
318　练习单脚跳跃
318　练习原地跳跃
318　练习踢球入门
319　练习看图说话
319　添上未画完的部位
319　认识冬天和夏天的不同

321
育儿专家答疑

321　宝宝脾气大怎么办

PART 01

母乳喂养

体格发育

辅食添加

人工喂养

分离焦虑

0～1岁 婴儿的养与育

母乳喂养的好处众所周知，母乳不但有利于孩子的成长，还有利于母亲的身体康复，母乳喂养更有利于亲子感情的建立。

0～1个月养与育

新生儿的生理特点

身长与体重

❶ 身长

身长是反映新生儿骨骼发育的一个重要指标。健康、正常的新生儿出生时平均身长50厘米，其中头长占身长的1/4。出生第一个月身长增加5厘米～6厘米，满月时男婴身长为56.9厘米±2.3厘米，女婴为56.1厘米±2.2厘米。

❷ 体重

出生时的体重是反映胎儿生长发育情况的另一个重要指标，是判断婴儿营养状况、计算药量、补充液体的重要依据。新生儿出生时平均体重为3千克，正常范围为2.5千克～4千克。体重少于2.5千克的婴儿被称为“低体重儿”，医院会加强护理，比如放入保温箱保暖，必要时给氧，等等。

头围与胸围

出生时男婴头围均值为34.3厘米±1.2厘米，女婴头围均值为33.9厘米±1.2厘米。出生第一个月头围增长3厘米～4厘米，满月时男婴头围为38.1厘米±1.3厘米，女婴头围为37.4厘米±1.2厘米。

出生时男婴的胸围均值为32.7厘米±1.5厘米，女婴的胸围均值为32.6厘米±1.4厘米。满月时男婴胸围为37.6厘米±1.8厘米，女婴胸围为36.9厘米±1.7厘米。

前囟门与后囟门

胎儿发育到足月时，头部是最大的部分，约占身体全长的1/4，颜面较小，颅部较大。颅部是由7块骨头组成的，即两块额骨、两块颞骨、两块顶骨和一块枕骨。各颅骨间的缝隙构成5条颅缝和两个囟门(即前后囟门)。新生儿正常头围约34厘米，根据体重的大小可略有差异。满月时前囟2厘米×2厘米，后囟为0厘米～1厘米，部分婴儿后囟已闭合。前囟门一般在1岁左右闭合，后囟门一般在3个月左右闭合，最晚4个月也就闭合了。由于孩子前3个月以卧位姿势为主，在3个月后将孩子竖起抱时，大多数后囟门已闭合，所以许多人未发现孩子有个后囟门。

孩子囟门闭合得过早、过晚均为异常现象，可影响孩子大脑的发育，造成智力低下，如小头畸形、先天性软骨发育不全等。先天性软骨发育不全就是颅底枕骨与蝶骨的骨化中心过早闭合，造成颅底与枕骨大孔狭窄，影响脑积液的正常循环，引起交通型脑积水，严重时可压迫脑干造成致死性脑积水。囟门过晚闭合常见于佝偻病，是由于孩子缺乏维生素D，导致骨骼钙化的异常而出现颅囟晚闭。还有脑积水的孩子，因脑部疾病引起脑脊液的增加，可因颅内积液的膨胀使得颅囟不能闭合，脑积水也严重影响孩子的脑发育，可造成呆傻。先天性成骨不全表现为头颅较大、颅缝增宽、前后囟门扩大等，常会因脑部缺乏保护而致损伤。所以当发现孩子囟门过大时一定要仔细观察有无其他并发症，争取早诊断、早治疗。

呼吸与循环

正常新生儿出生后即开始规律呼吸，短时间未建立起肺呼吸者为新生儿窒息。如窒息时间超过4～6分钟，可造成脑细胞缺氧，引起大脑不可逆转的损伤。新生儿呼吸运动的建立是出生后脐带停止供氧、血液中的二氧化碳增加以及外界空气刺激皮肤使呼吸中枢兴奋的结果。同时，在分娩过程中胎儿经过产道时胸廓受压，出生后胸腔突然扩大而产生负压，这种动作有利于肺部膨胀，所以第一次呼吸常为吸气样。新生儿呼吸快而浅，每分钟为40～60次。大于60次或小于40次均为异常，要寻找原因，注意有无肺部疾患，如发现应及时就诊。

在新生儿的心脏神经分布中，交感神经（主要保证人体在紧张状态时的生理需要）占优势，而迷走神经（支配呼吸、消化系统的绝大部分器官）发育未完善，兴奋性低，对心脏收缩的频率和强度的抑制作用弱，故新生儿的心率较快，安静时每分钟为120～140次，哭闹、吃奶以及大便时心率可增快至160次以上。此外，由于新生儿刚出生时血液多集中于躯干及内脏，而四肢较少，故四肢易发凉及青紫。因此要注意保暖，避免因寒冷所致的新生儿硬肿症。

新生儿与胎儿相比较，血液循环的通道也发生了改变。原来的通道——心脏的卵圆孔及动脉导管，在新生儿出生后数分钟就停止通过血液，但完全闭合还是以后逐渐完成的。在新生儿期间，孩子如果患肺脏疾患、肺动脉高压，心脏的卵圆孔及动脉导管可以重新开放，造成血液再次从右到左流通。这时新生儿就会出现缺氧症状，皮肤绀紫，心脏听诊时可以听到收缩期杂音。肺脏疾患痊愈后心脏杂音逐渐消失，所以肺脏疾患之时所听到的心脏杂音就不能诊断为先天性心脏病。

由于新生儿的呼吸和循环具备了以上特点，因此许多细心的家长可以发现孩子的呼吸比自己快，心跳也比自己快得多。

皮肤与体温

健康新生儿的皮肤红润、细腻、胎毛少。出生头几天皮肤会被一层灰白色的胎脂覆盖着，这层胎脂是由皮脂腺的分泌物和脱落的表皮形成的，有保护皮肤的作用，会自行吸收。皮肤下毛细血管非常丰富，表皮很薄，因此有时可以见到淡淡的玫瑰色，这是正常的。手心、脚心的皮肤相对来说较粗糙，足底一般有较深的纹理。小腿皮肤可以看到有脱屑，全身其他部位可有脱皮现象。在新生儿的骶尾部可见到灰蓝色的色素斑，不凸出皮肤，形状多为不规则形，这就是人们经常说的“胎记”，是由于皮肤深层堆积色素细胞所致，一般在出生后5～6年自行消失。

新生儿皮下脂肪比成人薄得多，散热快、保暖差，再加上新生儿体温调节中枢尚未发育完善，皮肤调节功能不足，体温易受外界温度的影响而出现体温时高时低的情况。当外界温度较低时，新生儿的体温不易上升；当外界温度较高时，又可引起发烧。因此，要注意新生儿的体温。

在新生儿刚刚出生时，室温比母体温度低，新生儿体温可下降约2℃。因此，要注意为其保暖。此后，新生儿体温逐渐上升，出生12～24小时后体温达到并稳定在36℃～37℃。喂奶或饭后、活动、哭闹、衣被过厚、室温过高等情况均可使新生儿的体温暂时升高到37.5℃，甚至到38℃。如果包得过严、过厚还容易引起捂热综合征，表现为出大汗、面色苍白、高热、抽搐、昏迷，甚至还有可能影响神经系统发育；如包得过薄则可引起新生儿硬肿症、肺炎、腹泻等疾病，故新生儿阶段温度适当至关重要。尤其是在冬季，室内温度要保持在18℃～22℃。如果室温过低，新生儿为了维持正常的体温会使血管收缩，并导致耗氧量增加，减慢新陈代谢。

要想知道包裹的厚度是否合适，最简单的方法是在每次换尿布时用手摸摸新生儿的小手小脚，以不凉为适度。正常情况下新生儿的体温应该在36℃～37℃，但在哭闹、喝水、吃奶时体温可达37℃～37.5℃。如果体温达到37.5℃以上并持续不退，就要寻找原因，是因为母乳不足、水分摄入量不够所致的新生儿脱水热，还是由于包得过严所致的捂热综合征，或者是由于疾病所致的机体反应。找到原因后对症处理，体温会下降至正常。

除了外界环境对新生儿的体温有影响，另外一个重要的原因是新生儿已经受到感染。感染时发热是机体的抵抗反应，但新生儿对感染反应的能力较差，有时感染越严重时体温不但不升高，反而会出现体温下降的现象。

新生儿特殊的生理现象

生理性体重下降

新生儿体内含水量占总体重的65%～75%，未成熟儿约占80%，以后逐渐减少。生后前几天摄入量少，丢失水分多（水分随皮肤蒸发，呼出的气体里也带有水分），可出现生理性体重下降，俗称"脱水膘"。生理性体重下降在出生后1天即可出现，出生后3～4天达到最低点，体重减轻的程度一般不超过出生时体重的9%，在出生后7～10天又恢复到出生时的体重。

体重下降超过出生时体重的10%即为异常，例如一个出生体重为3千克的新生儿，体重的减轻超过了300克就属于异常。出生10天后仍未恢复到出生时的体重，这也是不正常的。造成新生儿体重下降过多或不能正常恢复的原因主要是喂养不当，如母乳量不足又未及时增加代乳品；也可能是没有按需哺乳，喂奶时间间隔过长。如果是喂养方法的原因要及时纠正，做到按需哺乳；如果是因为母乳量不足，要及时增加配方奶粉或其他代乳品；如果是疾病的原因，如腹泻等，要请医生帮助查找原因，及时治疗。

Tips

婴儿出生后要及时补充奶及水，比如早开奶，出生后半小时就让新生儿吮吸妈妈的乳头，可以减轻新生儿生理性体重下降的程度。以后尽量做到按需哺乳，也能使丢失的体重尽快恢复。

生理性体重下降的原因：

- 出生后排出体内的胎便和小便。
- 因呼吸及汗液的排出排掉一些水分。
- 如有呕吐现象会吐出较多的羊水及黏液。

● 出生后最初几天摄入量不足，如奶量不足或推迟喂奶等。

产程过长的初产妇的新生儿体重下降较多。环境温度不够或因热出汗都可加速体重下降。当新生儿体重下降过多而恢复较慢时，应考虑是否有病理因素，如母乳不足或质量较差或有吐奶、腹泻及其他疾病。新生儿正常体重增长平均每月0.6千克，一般在第一个月可长1千克，有时可长1.5千克～2千克，满月时男婴体重为5.1千克±0.63千克，女婴体重为4.81千克±0.57千克。合理的护理及喂养是保证孩子体重增长的关键。

生理性黄疸

出生后2～3天，有些新生儿的皮肤开始发黄，甚至眼球结膜、口腔黏膜也变黄，这是由于血液中胆红素增高造成的，通常5～7天后消退。黄疸出现时没有体温、体重、食欲及大小便的改变。生理性黄疸一般不需要治疗，可以给予适当的葡萄糖水。因葡萄糖可以帮助被破坏的红细胞排出体外，以减少胆红素的生成，从而减轻黄疸的症状。

如果黄疸出现过早（生后24小时内）、程度过重、时间过长（足月儿2周以上、早产儿3周以上），或黄疸退而复现，均应考虑病理性黄疸，必须及时就医诊治。

生理性呕吐

婴儿出生后1～2天内常会吐出黄色或咖啡样的黏液，这是通过产道时咽下的羊水，由黏液或血液刺激所引起，称为“生理性呕吐”，一般不需治疗。

生理性乳腺肿大

新生儿在出生3～7天，不论男婴还是女婴，都有可能出现两侧乳房肿大的现象，多数为生理性的，也就是说这是一种正常的生理现象。新生儿出现乳房肿大主要是因为在出生时体内有一定量的雌性激素、孕激素及生乳素。雌激素与孕激素因为来自母体，所以在婴儿出生后来源中断并很快降低浓度，而生乳素在婴儿出生1个月内仍维持一定的水平，致使乳腺肿大。一般在出生15天左右最为明显，一般两侧肿大的乳房是对称的，表面不红不肿，不发热。有时有色素增多现象，还有的有少量灰白色的乳汁流出来。男婴在数周后肿大的乳块即可消失，而女婴则在生后6个月左右才消失，一般不需要治疗。新生儿出现乳腺肿大千万不要按摩和挤压乳房，否则容易引起新生儿乳腺炎或乳腺脓肿，严重的会引起全身感染、败血症等。新生儿乳腺炎表现为乳房红肿，触摸时有痛感，哭闹，不爱吃奶，伴有发热，乳房周围局部化脓。一旦新生儿出现乳房肿胀必须保持局部清洁，每天要给新生儿洗澡，并用温度适宜的热毛巾外敷患处，换质地柔软的内衣。如果伴有高热、乳房化脓要及时送医院，进行抗感染治疗及乳房周围的处理。

假月经

有的女婴出生后3～7天会从阴道内流出血性分泌物，持续时间一般不超过1周，这种短暂的阴道出血现象称为“假月经”。出现这种情况父母不必着急，更不要害怕，因为这是一种正常的生理现象。胎儿在被娩出之前通过胎盘接受了妈妈的雌激素，也有一部分是胎儿自身分泌的。出生后来自母体的雌激素很快中断，新生儿增生的子宫内膜发生脱落，使阴道出血，几天后会自然停止。

新生儿出现假月经后，如果流血量不多，又无其他部位的出血，就不必做任何处理。但是应勤换尿布，保持会阴部的清洁与干燥。最好每次换尿布时用温开水由前向后冲洗一下阴部，然后用柔软的干毛巾蘸干就可以了。

吐奶

新生儿吐奶是很常见的现象，大部分是正常的溢奶，经常发生在刚吃完奶后不久，吐出的是刚吃下的奶或在胃酸作用下形成的奶块。通常，奶水顺着新生儿的口角流出，而不是大口喷出。出现这种情况可以采取少吃多餐的方法，控制好喂奶速度，防止因吃奶过急而吞入过多空气。喂奶后，妈妈应该把新生儿竖着抱起来，同时轻拍其背部，让新生儿将吃奶时咽下的空气排出去。

如果新生儿吐奶量大且是喷射性的，可能存在先天性肥厚性幽门狭窄，应该及早就医。

新生儿的喂养

新生儿的消化吸收特点

胎儿在子宫中足月，皮肤、筋骨、脏腑、血脉均已具备，但无论是结构还是功能却均未健全。宋代著名儿科医家钱乙用“五脏六腑，成而未全，全而未状”来形容新生儿的这一生理状况。孩子出生后生长发育很快，身体由小变大，身长增长，体重增加，需要的营养相对比成人多。出生时3千克～3.5千克重的新生儿满月时体重可达4千克～4.5千克，身体各器官的功能也由不成熟到成熟。新生儿生长快，需要的营养多，但消化功能弱，胃容量小，仅30毫升～50毫升，所以食物的质和量如选择不好就容易发生消化功能紊乱，引起腹泻和呕吐，造成脱水酸中毒，严重的可导致死亡。要解决营养需要量多而消化功能差这一对矛盾，关键是合理地选择食物和采取正确的喂养方法。

母乳喂养的优点

母乳是婴儿必需的和理想的食品，其所含的各种营养物质最适合婴儿消化吸收，因此世界卫生组织建议产后6个月实施纯母乳喂养。

❶ 母乳可以为宝宝提供最合适的营养

妈妈在不同阶段分泌的乳汁具有不同的特点，且每个阶段的乳汁都符合宝宝当时的体质，可以提供最合适的营养：

初乳正好适合新生宝宝的胃容量和比较弱的肠道功能，还能增强抵抗力。

成熟乳（10天以后的乳）能满足热能和食量的持续增大。

晚乳（10个月后的乳）营养含量明显减少，但此时宝宝多数已经吃辅食。

❷ 母乳喂养有利于宝宝身心发展

可以促进宝宝身体发育

吃母乳时宝宝需要用力吸吮，在吸吮的过程中，肺部、颈部不断活动，从而得到锻炼。另外，上下腭不断开合、摩擦可以避免将来牙齿排列拥挤。

可以增进情感发展

在母乳喂养的过程中，宝宝和妈妈会有亲密接触和亲切互动，在哺乳过程中感受到妈妈的关爱，宝宝会觉得安全和放松，对妈妈的依赖和信任就会逐步确立，母乳喂养的宝宝和妈妈的亲密关系更容易建立，有利于宝宝以后的感情发展和个性完善。

❸ 哺乳对妈妈的益处

产后立即开始哺乳，可促进妈妈子宫的收缩，减少产后出血。妈妈用自己的乳汁喂养孩子可以促进母婴关系。喂养母乳最为经济、方便、省力、省时，还可减少妈妈患乳腺癌的危险。对于孩子来讲，时常在妈妈的怀中感受安全温暖，有利于其心理和智能的发育。

由于特殊原因不能母乳喂养的妈妈不必强求或自责，只要妈妈能给予宝宝关爱，人工喂养的效果也会比较好。

产后开奶时间

现在提倡“三早”，即早接触、早吸吮、早开奶，它是母乳喂养成功的关键。早接触是将新生儿断脐后就放在妈妈的胸前，直接与妈妈的皮肤接触，并让新生儿吸吮乳头。这时的新生儿正处在觉醒兴奋状态，会非常认真地吸吮，不管是否会吸出乳汁。而且有利于建立牢固的母子关系，对孩子安全感建立和好性格培养也都有益处。

❶ 什么时候给新生儿开奶比较好

一般来讲，在出生1小时之内，经过医生检查没有问题就可以给孩子哺乳了。此时妈妈较累，比较舒适的姿势是妈妈平躺，孩子匍匐在妈妈的胸部吸吮。如果孩子不吸吮，用乳头轻轻摩擦他的嘴即可让他张开嘴。如果吸吮不出，可能是乳腺管堵塞了，需要用毛巾热敷或请教护士。

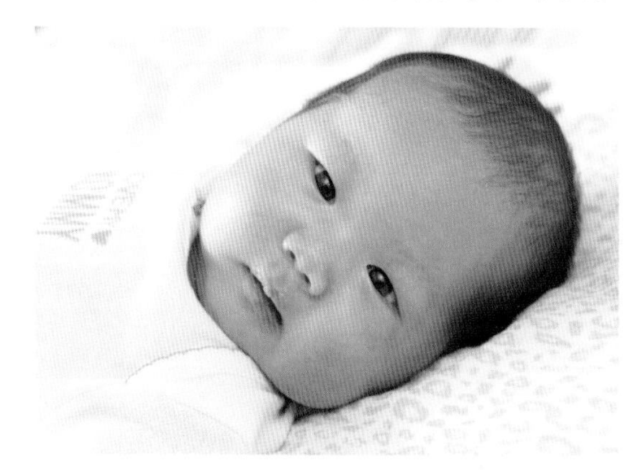

哺乳时间以5～10分钟为宜。产后第1天可以每1～3小时哺乳1次，哺乳的时间和频率与宝宝的需求以及新妈妈感到奶胀的情况有关。

❷ 及早开奶对妈妈的好处

- 有利于母乳分泌，不仅能增加泌乳量，而且还可以促进奶管通畅，防止奶胀及乳腺炎的发生。
- 宝宝的吸吮动作还可以反射性地刺激母亲的子宫收缩，有利于子宫的尽快复原，减少出血和产后感染的机会，更有利于妈妈早日康复。

❸ 及早开奶对宝宝的好处

- 新生儿可通过吸吮和吞咽促进肠蠕动及胎便的排泄。
- 早喂奶使宝宝得到更多的母爱，能尽快满足母婴双方的心理需求，使宝宝感受到母亲的温暖，减少宝宝来到人间的陌生感。
- 因为初乳营养价值很高，特别是含抗感染的免疫球蛋白，对多种细菌、病毒具有抵抗作用，所以尽早给新生儿开奶，可使新生儿获得大量球蛋白，增强他的抗病能力，大大减少宝宝肺炎、肠炎、腹泻等的发生率。

④ 及早开奶对早产宝宝影响大

• 早产宝宝的生理机能发育不完善，要尽早开奶，并尽可能用母乳喂养，并吃上初乳。

• 早产宝宝的吸吮能力和胃容量均有限，摄入量的足够与否需根据宝宝的体重给予适当的喂养量。可采用少量多次的方法喂养早产宝宝。无力吸奶的宝宝可用滴管将奶慢慢滴入其口中，先由5毫升开始喂，以后根据吸吮吞咽情况逐渐增多。一般每2～3小时喂养一次。天热时，可在两次喂奶期间再喂一次糖水，水量约为总量的一半。

每日哺乳次数

① 母乳喂养要按需

宝宝经常性的吸吮可刺激妈妈体内催乳素的分泌，使乳汁分泌更多，也就是说宝宝吃得越多，妈妈的乳汁分泌就越多，宝宝吃得越饱，睡眠时间就会逐渐延长，自然就会形成规律。每一位妈妈的乳汁都是为自己的宝宝设置的，根据宝宝的不同需求，每次喂奶时，乳汁的分泌量、浓度和成分都会有所调节。因此哺乳的妈妈要按照自己宝宝的需要来喂奶。

只要宝宝想吃，就可以随时哺乳，而不要拘泥于是否到了预定的时间。不过，按需喂养不等于宝宝一哭就喂奶，因为婴儿啼哭的原因很多，宝宝哭了不一定就是

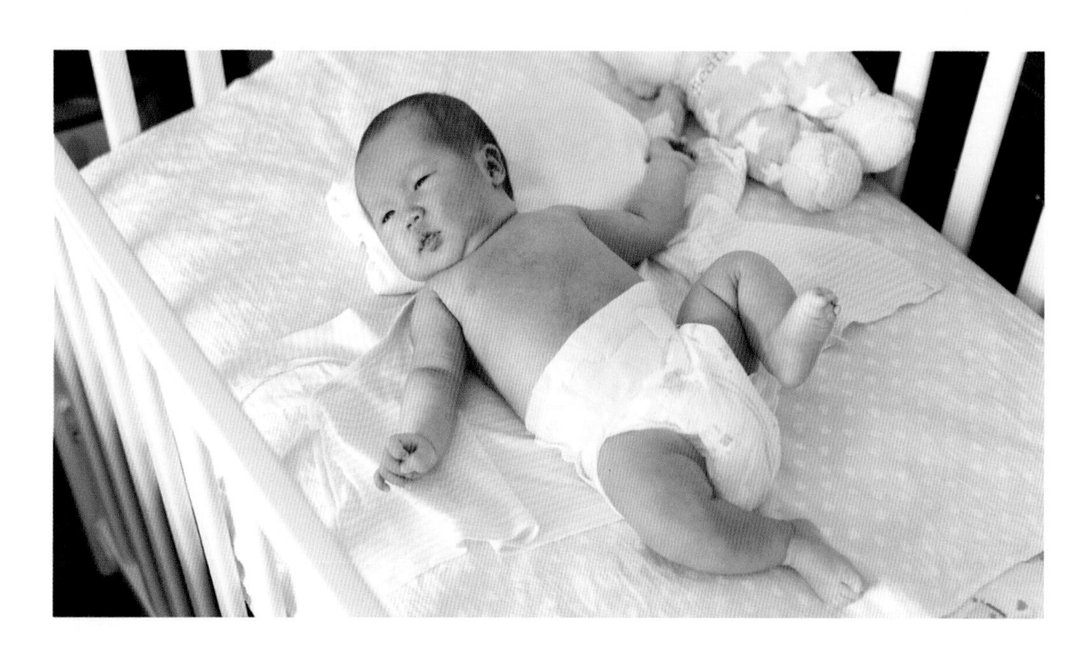

饿了。要看看是不是尿布湿了、有没有身体的不舒服等原因。

❷ 人工喂养要按时

奶粉的成分和母乳大致相同，不过，奶粉中含有数倍于母乳的蛋白质、脂肪和矿物质，新生儿不成熟的消化系统无法完全承受。由于无法根据个体安排奶粉量，人工喂养就需要为宝宝制定一个固定的时间表，以防过饱或消化不良。

一般来说，新生宝宝喂奶的时间间隔和次数应根据宝宝的饥饿情况来定：新生宝宝的胃大概每3小时就会排空一次，因此一般每隔3～4小时喂一次奶即可。

但有的宝宝胃容量较小，或者消化较快，每隔约2小时，胃就会排空，这时妈妈最好满足宝宝的需求，不必一定要等到3小时才喂；有的宝宝胃容量较大，或消化速度较慢，两次喂奶间隔时间较长，但不宜超过4小时。如果宝宝超过4小时还在睡觉，妈妈要叫醒宝宝并给他哺乳。

一般而言，只要宝宝睡眠正常，大便正常，体重增加稳定，就说明宝宝目前吃奶量正常。

母乳喂养的正确姿势

掌握正确的哺乳姿势和含住的技巧，是成功喂哺母乳的关键，妈妈感觉舒适，乳汁流淌才会顺利。

❶ 母乳喂养的正确姿势

宝宝必须与妈妈紧密相贴

无论把宝宝抱在哪一边，宝宝的身体与妈妈的身体应相贴，头与双肩朝向乳房，嘴处于与乳头相同水平位置。

防止宝宝鼻部受压

须保持宝宝头和颈略微伸展，以免鼻部压入乳房而影响呼吸，但也要防止头部与颈部过度伸展造成吞咽困难。

妈妈手的正确姿势

应将拇指和四指分别放在乳房上、下方，托起整个乳房哺喂，避免“剪刀式”夹托乳房（除非在奶流过急、婴儿有呛溢时），那样会反向推乳腺组织，阻碍婴儿将大部分乳晕含入口内，不利于充分挤压乳窦内的乳汁。

❷ 妈妈感觉舒服的哺乳姿势

● 坐在有靠背椅子上，脚下放一个小凳子，抬高膝盖。

● 准备3个枕头，后背垫一个，膝盖上放一个，抱宝宝的手臂下再垫一个，这样，妈妈抱宝宝哺乳就不会弄得腰酸背痛，手酸脚麻。

❸ 剖宫产妈妈可选择的哺乳姿势

● 把枕头、棉被等叠放在身体一侧，高度靠近乳房下缘，让宝宝躺在棉被上，妈妈用胳膊来抱宝宝上身，让他胸部紧贴妈妈胸部，嘴巴含住乳头就可以开始哺乳。

● 妈妈坐在床边，把枕头、棉被等叠放在床上，高度接近乳房下缘，让宝宝躺在上面，妈妈身体前倾，让宝宝的嘴刚好可以含住乳头，妈妈就可以环抱宝宝哺乳。

❹ 让宝宝吃奶不费力的姿势

● 用手臂托住宝宝，他的脖子靠在肘弯处，妈妈的前臂托住宝宝的背部，手掌托牢小屁股。

● 把宝宝的小身体整个侧过来，面对着你，肚子贴肚子。

要点：让宝宝的头、脖子和身体成一线，吸吮、吞咽就会比较顺当。

● 把宝宝放在膝盖和枕头上，或者用矮凳把脚垫高，让他和妈妈的乳房一样高，用膝盖和枕头支撑宝宝的重量，而不是妈妈的手臂。

要点：将宝宝往上、往妈妈乳房的位置抱，让宝宝整个身体靠着妈妈，而不是妈妈的身体往前倾。

❺ 帮助宝宝含住乳晕

● 用手指或乳头轻触宝宝的嘴唇，他会本能地张大嘴巴，寻找乳头。

哺乳时妈妈要注意避免身体向前倾斜，否则肩膀、后背容易受累而酸痛。母乳喂养不会引起乳房、乳头出现持续性疼痛。如有，可能是哺乳的姿势有问题，妈妈可以请教产院护士，或有哺乳经验的妈妈、长辈，请她们看看自己的哺乳姿势是否正确。

● 用拇指顶住乳晕上方，食指和中指分开夹住乳房，用其他手指以及手掌在乳晕下方托握住乳房。

● 趁着宝宝张大嘴巴，直接把乳头送进宝宝的嘴巴，一旦确认宝宝含住了乳晕，妈妈赶快用手臂抱紧宝宝，使他紧紧贴着妈妈。

● 稍稍松开手指，托握住乳房，确认宝宝开始吸吮。

母乳是否充足的判断方法

在判断母乳是否充足时，妈妈要细心观察宝宝的各种反应，还可根据自己的乳房满胀情况来判断。

❶ 根据宝宝的表现来判断

下咽的声音

宝宝平均每吸吮2～3次可以听到咽下一大口，如此连续约15分钟宝宝基本上就吃饱了；如果乳汁稀薄，喂奶时听不到咽奶声，即是乳汁不足。

吃奶后的满足感

如吃饱后宝宝对妈妈笑，或者不哭了，或马上安静入眠，说明宝宝吃饱了。如果吃奶后还哭，或者咬着乳头不放，或者睡不到2小时就醒，都说明奶量不足。

大小便的次数

宝宝每天小便8～9次，大便4～5次，呈金黄色稠便，这些都可以说明奶量够了。如果不够的时候，尿量不多，大便少，且呈绿色稀便，妈妈就要增加哺喂的次数。

❷ 根据妈妈乳房的满胀来判断

母乳是否足够，妈妈自己也可通过乳房的满胀情况来判断：

● 乳房如要撑爆一般地胀,有乳汁从乳头不间断地溢出的满胀感。

● 乳头挺立，乳尖会有触电的感觉，并会有乳汁溢出的满胀感。

两种情况都有，或者只有其中一种情况，都说明母乳是足够的。如果两种现象都没有，而且乳房还回到了怀孕前的大小，说明母乳已经不足。

新生儿是否吃饱的判断方法

由于宝宝无法直接用言语和妈妈沟通，新妈妈就要学会通过观察来判断宝宝是否已经吃饱。

❶ 宝宝吃饱的表现

- 喂奶时可听见吞咽声（连续几次到十几次）。
- 在两次喂奶之间，宝宝很满足、安静。
- 宝宝大便软，呈金黄色、糊状，每天2～4次。
- 宝宝体重平均每天增长10克～30克或每周增加25克～210克。
- 妈妈喂奶前乳房满胀，喂奶后乳房较柔软。

如果宝宝吃完奶后，有以上表现中的任何一条，就表明宝宝已经吃饱了。

❷ 饥饿时的表现

• 孩子哭闹不安，但哭声洪亮，每次喂奶后2小时就开始哭闹，喂水后仍不能坚持到3小时。

• 体重增长缓慢或不增加，大便偏绿色。

乳汁的质量与产妇的膳食有密切关系，产妇应多吃青菜、鱼、肉、蛋、豆类食品，还要多喝汤水，这样才能保证乳汁质量。

乳头平坦会影响哺乳吗

有的新妈妈先天性乳头颈短平、乳头内陷，或产后乳房过度充盈，乳头显得平坦，会给哺乳造成一定困难，新妈妈需采取一些办法纠正乳头凹陷。

❶ 哺乳前

• 取舒适松弛的坐位姿势。

• 用毛巾热敷乳房3～5分钟，同时按摩乳房以刺激排乳反射。

• 挤出一些乳汁，使乳晕变软，继而捻转乳头引起立乳反射。这样，乳晕易连同乳头被婴儿含吮，在口腔内形成一个易使吸吮成功的“长奶头”。

❷ 哺乳时

• 在宝宝饥饿时，让宝宝先吸吮平坦的一侧乳头。此时吸吮力强，易吸住乳头和大部分乳晕。

• 取环抱式或侧坐式喂哺宝宝，以便较好地控制其头部，易于固定吸吮部位。

• 吸吮未成功，可用抽吸法使乳头突出，并再次吸吮。

❸ 哺乳后

• 哺乳结束后可继续在两次哺乳间隙佩戴乳头罩。

• 对暂时吸吮未成功的宝宝，切忌用橡皮乳头，以免引起乳头错觉，给吸吮成功带来更大困难。

乳头扁平、向内凹陷会导致婴儿无法含住乳头，不能吸吮，造成哺乳困难，乳汁分泌旺盛的就容易造成乳汁淤积，导致乳腺炎。可在平时清洗时用手夹住乳头向外牵引，时间长了乳头就可能会向外凸出；也可用吸乳器将乳头向外吸出。

乳头需要频繁消毒吗

很多新妈妈为了给宝宝洁净的乳汁，常常用消毒用品清洁乳头，或者将最开始的几滴乳汁丢弃再喂养。事实上，这种做法是不可取的。

❶ 母乳喂养是有菌过程

细菌对免疫功能的发育起着至关重要的作用。如果宝宝平时不接触细菌、周围的环境太干净，肠道就无法发育成熟。想要维持宝宝正常的肠道功能，应让宝宝适量接触细菌，少菌而非无菌的生活环境很重要。

母乳喂养对宝宝的先天免疫有重要影响。对母乳的研究显示，妈妈乳腺内产生乳汁的小体周围会看到细菌，这些细菌是妈妈在生宝宝之前就准备好的。因为妈妈在生育之前的二三十年间寄存在乳管有很多菌群，这些菌群在宝宝出生后通过正常的母乳喂养可输送给宝宝，这些最初的乳汁有助于新生儿建立平衡的免疫系统。

❷ 频繁使用消毒剂不可取

妈妈要慎重对待频繁消毒乳房的行为。消毒乳房所使用的慢性消毒剂不但让宝宝接触不到有益细菌，而且消毒剂会残留在新妈妈的乳房上，如果被宝宝食用会导致肠道内的细菌平衡被打乱，引起免疫功能受损。过量滥用消毒剂，除了会降低宝宝肠道免疫力之外，还可能会引起过敏性鼻炎、咳嗽、流鼻涕、哮喘、过敏性结膜炎等疾病。

宝宝免疫性疾病的增多，除了与母乳喂养不到位有关，很可能还与环境中消毒剂的使用有关，因此建议家庭中应停止滥用化学消毒剂或消毒成分，特别是要避免慢性消毒剂的食入。

母乳喂养儿需要喂水吗

关于这个问题人们说法不一。有人主张喂水，有人主张不喂。我们的意见是，3个月内的孩子肾脏功能不健全，水分摄入量过多或过少都不好。如果是母乳喂养，而且够吃，两次喂奶之间孩子不哭不闹，便可以不喂水。但在新生儿初生后头几天，妈妈的乳汁分泌不足时，孩子可能因水分摄入量不足造成脱水，从而不停地哭闹、烦躁、尿少或尿布被橘黄色物质（尿浓缩后草酸盐的结晶）污染、皮肤干燥、唾液黏稠，有的孩子舌尖处可见红色芒刺，似杨梅舌，这时应适当补充水分，纠正脱水现象。

另外，如用牛乳喂养或气候干燥、炎热，孩子出汗较多时，可在两次喂奶中间喂适量水，水量不限，可根据孩子的需要增加水量，新生儿期不要喂蜂蜜水，水中也不要加糖，加糖后会影响孩子的食欲，造成其生长发育缓慢。

❶ 母乳喂养不需喂水，奶粉喂养应常喂水

正常情况下，母乳喂养的宝宝在6个月前都不需要喝水，因为母乳中70%都是水分，足以满足孩子需求；奶粉喂养的孩子则需要在每两次喂奶之间适量喂些水，每次20毫升～30毫升即可。

❷ 母乳喂养的宝宝需要喂水的特殊情况

- 孩子发烧、汗多或腹泻的时候，丢失水分较多，需要及时补充，以免缺水引起水电解质紊乱。
- 孩子有便秘现象，需要适当喂水润滑肠道。
- 天气干燥或炎热时，或者孩子嘴唇发干，经常用舌头舔嘴唇也需要适当给孩子喂水。

新生儿不肯吃奶的原因

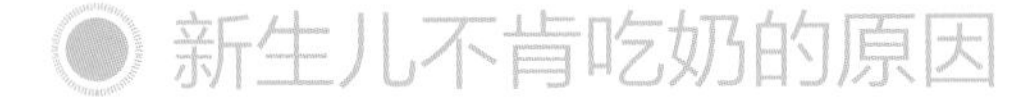

刚出生1～2天的新生儿，因尚未适应外界环境，或者妈妈尚未掌握喂养要领，可能出现短暂的吃奶不好的现象，但不久即能自然好转，孩子体重也会逐渐增加。新生儿拒绝吃妈妈的奶，原因一般有以下几种：

❶ 新生儿可能生病了

如果新生儿出生后吃奶一直不好，或好转后又再次不好，致使体重不增或下降，应该仔细检查有无上呼吸道感染、鼻塞、肺炎、败血症、颅内出血、兔唇、腭裂、鹅口疮、菌痢等疾病，并进行对症治疗。

体重少于1.8千克的婴儿可能没有吸母乳的能力。解决办法是帮助妈妈挤出母乳，并用杯子将挤出的乳汁喂给婴儿，直至婴儿有能力自己吸吮。

如果婴儿患感冒，鼻子会堵塞，鼻子堵塞会妨碍婴儿吸母乳。解决办法是妈妈在每次哺乳前先用消毒棉签将宝宝鼻子里的分泌物清理干净，如果分泌物太干燥，可将棉签用水浸湿。

鹅口疮等造成的口腔疼痛会使婴儿不思母乳，解决办法是用制霉菌素鱼肝油涂抹婴儿的口腔，一日3次，直至鹅口疮消失。为了使药液在口腔停留的时间长一些，应该在吃奶后涂抹。其间可先挤出母乳用奶瓶喂婴儿。

❷ 新生儿用过奶瓶

如果婴儿已习惯了奶瓶喂养，他可能会拒绝吸吮妈妈的乳房，因为吸奶瓶比吸妈妈的乳房更省力。所以要先查看一下婴儿在开始母乳喂养前是否用过奶瓶，遇到这种情况只要一点点耐心地喂，最终婴儿会习惯母乳喂养。

❸ 新生儿和妈妈分开过

如果婴儿在出生后没能及时吸吮妈妈的乳房，或妈妈因生病或其他原因离开过宝宝，他可能会拒绝母乳喂养。如果婴儿是因为这种情况拒绝母乳喂养，只有妈妈改进自己，多与婴儿相处并坚持母乳喂养，婴儿会慢慢习惯吃母乳的。

❹ 妈妈限制哺乳次数

妈妈对哺乳的限制可以导致喂养的失败，如妈妈每天只喂固定的次数而拒绝婴儿的额外需求，每次喂了一定的时间就停止哺乳，婴儿想吃奶的时候妈妈让其等候的时间过长。解决办法是妈妈改进自己的喂养方法，让婴儿逐渐喜欢母乳喂养的方式。

❺ 妈妈做了让新生儿不开心的事

如家庭常规被打扰，如外出访友或搬家，妈妈没有时间给婴儿哺乳；妈妈在吃了蒜或用了新型的香皂或香水后，身体有异味；在妈妈患病时，婴儿也可能拒绝母乳喂养。妈妈是否贴身抱孩子，且显得与孩子在一起很愉快，这些也很重要。有时婴儿拒绝母乳喂养是因为他觉得妈妈对他并不温情。

母乳不足的原因与对策

有些妈妈可能因为自身健康状况的原因、运动的原因或情绪的原因，产后奶比较少，甚至没有奶。出现这种情况信心非常重要。对于绝大多数的妈妈来说，只要坚持催乳、坚持让婴儿吸吮、积极调整自己的心情是完全可以胜任母乳喂养这一重任的。

❶ 母乳量不足的原因

母乳分泌的多少与体质有关

中医认为，气虚的人身体总体功能较弱，容易乳汁分泌不足；血虚胃弱的人营养吸收较差，身体易弱，乳汁分泌也会不足；产时失血过多，一时身体营养不足、体力恢复较慢，容易影响乳汁分泌；40岁以上、血气渐衰的高龄妈妈，由于身体机能开始衰退，会有乳汁分泌不足的现象；有些身体壮实显胖的妈妈，会因痰气太盛造成营养运送不畅，从而出现乳汁稀少的现象；过食咸味会让妈妈少乳，还会发生咳嗽痰堵，影响泌乳。

因体质原因造成的少乳可通过饮食调养得到改善，并成功实现母乳喂养。比如

一时气堵造成的少乳，可用丝瓜5两或莲子5两烧存性，研末，用绍兴酒调服，再盖被安睡，出汗就可通乳；气虚造成的少乳可用猪蹄加木通5钱～7钱、黄芪1两、当归5钱、白芷1钱，炖后吃肉喝汤，或用黑芝麻炒熟研碎，调红糖冲开水喝；血虚、产时失血过多、贫困营养不足、40岁以上血气渐衰的，也都可多吃猪蹄炖汤、黑芝麻红糖水，同时加强饮食营养。

母乳分泌的多少与营养有关

哺乳妈妈营养要全面均衡，尤其要多喝有利于泌乳的肉汤、鱼汤，多吃炖鱼、炖肉和蛋奶类食品，还需要增加新鲜蔬菜、水果和其他营养食物的摄入。有些妈妈由于害怕发胖、体形改变，不敢多吃，尤其是不敢多吃鱼肉类食物，这样做是不科学的。哺乳对妈妈的身体也是一个慢性消耗过程，吃得过少肯定会影响身体的健康，也会影响婴儿的身体健康，一定要放弃顾虑，该吃的就要坚持吃。

母乳分泌的多少与休息有关

婴儿出生后，由于需要哺喂或换尿布的间隔时间很短，妈妈往往在夜间得不到较好的休息，白天还得时不时地料理婴儿的吃喝拉撒，有些妈妈此时会觉得精疲力竭，甚至到了难以应对或支撑不下去的地步。此时亲友们也会纷纷上门来探视新生儿和新妈妈，如果此时再忙于其他家务事或工作，妈妈会非常劳累，体力的透支现象会很严重。过度的疲劳和睡眠不足都会影响乳汁的分泌，造成乳汁减少或营养欠缺，甚至会造成回乳。所以，要特别注意这一点，产后3个月内妈妈最好能减除其他事务，专心于婴儿的哺喂和料理，并尽量找时间休息，婴儿睡时马上跟着睡，亲友探视能让家人接待就让家人接待，能推脱掉的就推脱掉，这样可以使自己获得较充分的睡眠时间，这对增加母乳、保持乳汁充足和营养的稳定性、对婴儿的成长是很重要的。

❷ 母乳不足的判断方法

每次哺乳前妈妈的乳房有没有满胀感；宝宝每次把妈妈的两个乳房都吸空后，宝宝是否还在使劲吸；喂完奶后不到一小时宝宝是否又在找奶吃或哭闹；以及宝宝尿少，生理体重下降多、不恢复，皮肤弹性差，烦躁或不精神等。如果有上述症状，表明宝宝的母乳量不够，以上症状有1～2条就可以证明母乳的不足，应尽快采取措施。

❸ 增加泌乳量的方法

无论是什么原因引起的乳汁不足，首先都要鼓励乳母，使其对母乳喂养充满信心，情绪乐观，虽然奶量少，也要坚持按时喂奶。

吸吮能促进乳汁分泌

通过宝宝的吸吮，能有效地刺激母亲的激素分泌，继而促进乳房内腺体分泌乳汁。另外，新生婴儿在母亲怀内吸吮，能增加母子之间的默契，这种微妙的情感也会增加母体乳汁的产生。

新妈妈要采取正确的喂养频率，对新生儿的喂哺应该做到“按需喂养”。当宝宝哭闹、有吃奶意愿的时候，就应该及时哺喂。

有些妈妈在胀奶的时候，喜欢用吸奶器吸出乳汁，然后再用奶嘴喂宝宝。但如果还没考虑给孩子断奶就采用奶嘴，容易让宝宝产生“奶嘴依赖”，因为吸吮奶嘴比吸吮乳头更容易吃到乳汁，这样会继而放弃费劲儿地吸吮母亲的乳头。随着宝宝吸吮刺激的减少，母亲分泌的乳汁会逐渐减少，甚至停乳。

多吃些催奶食物

在保证营养均衡的同时，也可多吃些催奶食物，比如鲫鱼汤、猪脚煲花生米、木瓜等，能在一定程度上帮助乳汁分泌。

饮食起居合理

新妈妈保持心情愉快并保证充足睡眠会有利于乳汁的分泌。

乳汁过多怎么办

母乳过多，宝宝还经常会被奶呛得咳嗽或喷奶，他可能会因此不愿意吃奶，给妈妈和宝宝带来烦恼。

❶ 宝宝含乳头不正确导致乳汁过多

- 在母乳喂养早期，当新妈妈开始下奶时，乳房会分泌大量乳汁。不过，一旦宝宝开始充分而有效地吃奶了，下奶量应该就会开始调整到正好和宝宝需要的奶量吻合。
- 通常几个星期之后，随着母乳喂养形成规律，母乳过多的现象就会自行调节好了。但对有些妈妈来说，这种问题仍然存在，这往往是由于宝宝含乳头的方法不正确。

• 如果宝宝乳头含得不好，无法有效地吃奶，就需要吃更多次，吃奶次数太过频繁，即使乳房内会积聚乳汁，可能在一段时间内还是会使新妈妈一直都下很多奶。

❷ 让宝宝正确含住乳头的方法

• 每次哺乳前用手或吸奶器挤出一些奶，让乳汁流的速度慢下来。

• 当宝宝开始吸吮并刺激新妈妈泌乳反射时，要轻轻地让他停止吸吮，用毛巾接住最初喷出来的奶，等乳汁流得慢一些后再让宝宝继续吸吮。

• 变换一下喂奶姿势。如果平时用的是摇篮式抱法，那现在不妨试试让宝宝坐起来，面向着妈妈吃奶，新姿势可改善宝宝含住乳头的方式。

Tips

在调整母乳量时，不要把奶挤出太多或在两次喂奶之间挤奶。因为，对乳房刺激得越多，流出的乳汁也越多，这样新妈妈就会下更多的奶。

哪些情况不宜母乳喂养

由于大自然的合理安排，一般妈妈如果自我调养得当，在哺乳期间不易得病，有些小病自身会很快调理过来，身体似乎比以往还健康。但也不能排除得病的可能性，妈妈得病了怎么办?

❶ 有些病不能给宝宝哺乳

妈妈身体虚弱，在未恢复健康之前一般不宜哺乳。严重贫血的妈妈，哺乳可能会增加自己身体的负担，要适当考虑不哺乳或减少哺乳，对婴儿采取混合喂养（一半母乳喂养，一半配方奶喂养）或人工喂养（完全配方奶喂养）的方式。

如果妈妈患有活动性肺结核、严重的心脏病或肾脏病、糖尿病、肝炎等消耗性疾病和严重的急慢性疾病，均不宜给婴儿哺乳；患癌症、精神病也要终止哺乳；患有艾滋病或HIV呈阳性的产妇，由于病毒可能会通过乳汁传染给婴儿，禁止给婴儿哺乳。

关于母体携带乙肝病毒的母乳喂养问题，现在一般认为，携带乙肝病毒的产妇，如果为单纯乙肝表面抗原（HBeAg）阳性，可以考虑母乳喂养；但急性乙肝、乙肝表面抗原（HBsAg）和乙肝e抗原（HBeAg）双阳性的产妇，产后不宜母乳喂养。此外，携带乙肝病毒的产妇应注意个人卫生，喂奶前应认真清洁乳头，避免口对口地喂食，饭前便后要注意洗手。

产后24～48小时内，由于子宫收缩而使大量血液进入血液循环中去，同时原来怀孕时蓄积在组织内的液体也急剧地被回收到血液循环中去，由此使参与循环的血液量大幅度增加，其结果则是大大地加重了心脏负担，对患心脏病的产妇来说，稍有不注意，就会导致心力衰竭的发生。因此，患心脏病的产妇，产后最初3天应当充分休息并严密观察，暂不喂哺，待产后心脏病情比较稳定后再行哺乳。最初几天哺乳，应在保证足够的休息时间的前提下进行，同时仍应密切观察产妇的心率、心律、呼吸、脉搏、血压、体温等的变化，一旦有或疑似有心力衰竭现象，应立即停止哺乳。

❷ 有些病应暂停给宝宝哺乳

产褥感染治疗期间，如患有感冒、发热、急慢性传染病或急性腹泻，应根据治疗药物的种类而决定能否哺乳，如果选用的药物对孩子无害（如青霉素、氨苄西林、头孢菌素类抗生素）可继续哺乳。通常在产后一个月内不选用磺胺类药物，也不用四环素和氯霉素。

在乳腺炎初期或轻度乳头皲裂的情况下仍可继续哺乳。如果乳头开裂严重，已经发生乳房脓肿，则必须停止患病侧乳房的喂乳，健侧仍可继续喂哺。停哺乳期间，应使用吸奶器定时吸出乳汁，以保持乳房持续泌乳功能。病情稍一缓解就让婴儿吸吮乳汁，以免乳汁淤积更加重乳腺炎症，婴儿频繁有力的吸吮或用吸乳器将乳房内的乳汁吸空可以有效防治乳腺炎。

感冒后能哺乳吗

一般来说，在新妈妈发现疾病症状之前，宝宝多半就已经接触到妈妈身上的病毒了。这时候新妈妈如果继续让宝宝吃母乳，他就能够从妈妈的母乳中获得抗体，

这比停止喂奶的好处要大。

给宝宝喂奶时，新妈妈要戴上口罩，以防病毒通过唾液飞沫传染给宝宝；抱宝宝和接触宝宝的用品之前，一定要先把手洗干净。另外，不要直接对着宝宝打喷嚏。

新妈妈不必因为感冒而把母乳挤出来用奶瓶喂给宝宝。如果新妈妈使用吸奶器、奶瓶等物品，宝宝接触病毒和细菌的机会，可能会比让他直接吃新妈妈的奶更大。当然，如果感冒让新妈妈很难受，不方便直接给宝宝喂奶，新妈妈也不妨把母乳挤出来，让家里其他人用奶瓶喂给宝宝。

Tips

不仅感冒后可以喂奶，对新妈妈感染的大多数传染性疾病来说，都没有必要停止给宝宝喂奶，更不应该因此就给宝宝断奶。

新生儿吐奶、溢奶怎么办

宝宝吐奶、溢奶的情况一般都是正常的，因为新生宝宝的胃比较特殊，吃到胃里的食物比较容易回流，一般等宝宝长到6~8个月之后这种情况会自行消失。只要体重增长正常，精神良好，妈妈就不必太过担忧。

❶ 防止宝宝吐奶的方法

- 要掌握好喂奶的时间间隔。一般每隔3~4小时喂1次奶比较合适，不要频繁喂奶，以免宝宝因胃部饱胀而吐奶。
- 在喂奶时，要让宝宝的嘴裹住整个乳头，不要留有空隙，以防空气乘虚而入。

用奶瓶喂时，还应让奶汁完全充满奶嘴，不要怕奶太冲而只到奶嘴的一半，这样就容易吸进空气。

- 喂奶姿势要正确。让宝宝的身体保持45° 倾斜度可以减少吐奶的机会。
- 喂完奶后不要急于放下宝宝，要让宝宝趴在妈妈肩头，再用手轻拍宝宝的背部，让他打嗝，排出腹内的空气。
- 先侧卧再仰卧。放宝宝躺下时，应先让宝宝右侧卧一段时间，无吐奶现象再让他仰卧。

❷ 防止宝宝溢奶的方法

宝宝溢奶是因为吃奶时一些空气被吸到胃里，这些空气在宝宝吃完后会从胃里溢出，同时带了一些奶水出来，就形成了溢奶。溢奶时奶水是自然从宝宝口中流出的，宝宝没有痛苦表情，一般在哺乳过后吐一两口就没事了，妈妈无须紧张，只要每次哺乳后，将宝宝竖直抱起，帮他拍几个嗝出来，将胃里的空气排出，溢奶就会减少。

如果拍完嗝宝宝还会溢奶，就让他俯卧一会儿。不过，俯卧的时候，妈妈一定要守在宝宝身边，以免宝宝窒息。

如果宝宝吐奶、溢奶的同时，有精神萎萎、食欲缺乏、发热、咳嗽等症状，且体重、身高都增长缓慢，妈妈要及时带宝宝就医。

吃剩的奶要不要挤出来

有的时候，宝宝只吃一侧的乳房不够，还需要吃另一侧的乳房，但又不能全部吃干净，只吃一半就够了，在这种情况下，剩下的乳汁是挤出来好呢还是留着好?

- 当挤奶可以促进乳汁分泌时，应挤出来：剩下的乳汁留在乳房中肯定不会变质，但如果把宝宝吃剩的乳汁挤出来之后，下次母乳会分泌得很充足，就可以在每次吃奶之后把剩余的乳汁挤出来。
- 当挤奶无济于乳汁分泌时，可不挤：如果吃剩的乳汁不论挤还是不挤，都不会影响下次乳汁的分泌，就没有挤出的必要了。不过，假如乳汁分泌好，如果不挤出来，夜里乳房可能会发胀而痛，这时则应该挤出。
- 喂奶时，妈妈一定要左右乳房轮换着喂，尽量让一侧乳房吸空后再换另一侧，一般来说8～10分钟能吸空一侧乳房，下次哺乳时调换两侧乳房的先后顺序，这样不仅能让宝宝吃到含脂肪多的后乳，也便于产生更多的奶水。

减少乳头皲裂、疼痛的喂养技巧

连续哺乳几天之后，妈妈的乳头常常会发生皲裂。乳头变得粗糙僵硬，并且出现细微裂纹，严重时会出血。任何触碰甚至凉风吹过都会引起钻心的刺痛。这种情况下，妈妈应该怎样喂养宝宝呢？

- 每次喂奶前用温热毛巾敷乳房和乳头3～5分钟，同时按摩乳房以刺激泌乳。先挤出少量乳汁使乳晕变软再开始哺乳。
- 每次喂奶前后，都要用温开水洗净乳头、乳晕，保持干燥清洁，防止再发生裂口。
- 哺乳时应先从疼痛较轻的一侧乳房开始，以减轻对另一侧乳房的吸吮力，并让乳头和一部分乳晕含吮在宝宝口内，以防乳头皮肤皲裂加剧。
- 如果只是较轻的小裂口，可以涂些小儿鱼肝油，喂奶时注意先将药物洗净；也可外涂一些红枣香油蜂蜜膏，即把红枣洗净去核，加适量水煮1小时，过滤去渣留汁，将枣汁熬浓后放入香油、蜂蜜以微火熬煮一会儿，除去泡沫后冷却成膏，每次喂奶后涂于裂口处，效果很好。
- 勤哺乳，以利于乳汁排空、乳晕变软，利于婴儿吸吮。
- 哺乳后穿戴宽松内衣和胸罩，并放正乳头罩，有利于空气流通和皮损的愈合。
- 如果乳头疼痛剧烈或乳房肿胀，婴儿不能很好地吸吮乳头，可暂时停止哺乳24小时，但应将乳汁挤出，用小杯或小匙喂养婴儿。

Tips

乳头还没皲裂的妈妈要学会预防，哺乳时应尽量让宝宝吸吮住大部分乳晕；每次喂奶时间以不超过15分钟为宜；喂完奶一定要待宝宝口腔放松乳头后，才将乳头轻轻拉出，不能硬拉，或者使用前文的技巧来松开乳头。

怎样挤出和保存母乳

当妈妈乳汁有剩余，或者即将要上班时，可能需要将母乳挤出来，那到底怎样挤奶比较好，挤出来的奶水又该怎么保存呢？

❶ 怎样挤出母乳

挤奶前先要用肥皂把双手洗干净，将拇指放在乳头、乳晕上方，距乳头根部约2厘米处，食指并平贴在乳头、乳晕的下方，与拇指相对，其他手指托住乳房。

挤时先将拇指和食指向胸部方向轻轻压，感到触及肋骨为止，再相对轻挤乳头和乳晕下面的乳窦部位，进行有节奏的挤压运动，手指不要触及乳头，更不能挤乳头。

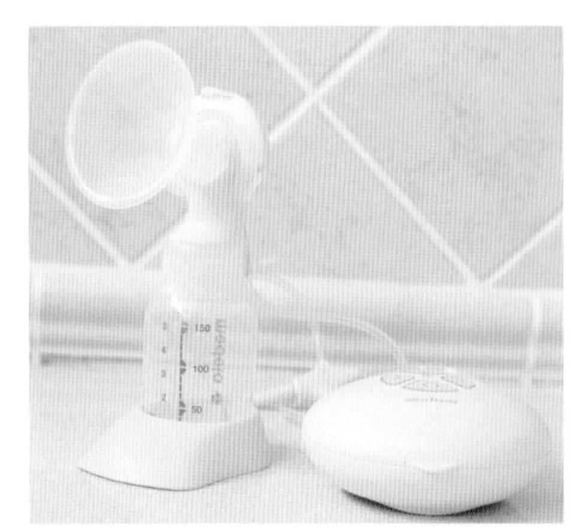

❷ 什么是吸奶器

吸奶器是把乳母的乳汁从乳房中吸出的工具。它的一端是一个可以罩在乳头上的玻璃罩；另一端是一个只能排气不能进气的橡皮球，橡皮球压缩复原时的负压可以将乳汁吸出。

吸奶器选购电动或手动的均可，有些吸奶器可以模仿宝贝吸奶的情形，吸奶效果好，还可以提高激素分泌量。另外，双泵全自动循环式抽取式吸奶器，便于工作时使用，比较节省时间，而且外形小巧，具有冷藏功能，上班的妈妈可以考虑。

❸ 哪些情况下需要使用吸奶器

- 宝宝已吃饱而乳房中的乳汁尚未排空时，应用吸奶器将多余的乳汁吸净。
- 宝宝太小或体力太弱不能吸吮乳头时。
- 哺乳妈妈不能按时哺乳，以致乳汁充溢时。
- 乳头破裂或皲裂而疼痛不能用以直接哺喂婴儿时。
- 在哺乳妈妈服用某些可能对婴儿有害的药物期间，应停止哺乳，这时应按时用吸奶器将奶吸出。

❹ 吸奶器的使用方法

- 先用温水清洗乳房，并加以按摩。
- 把经过消毒的玻璃罩罩在乳晕上，使其严密封闭。
- 保持良好的密闭状态，利用负压把乳汁从乳房中吸出来。

● 将吸出的乳汁放入冰箱，冷藏或冰冻，直至需要时再取出。

❺ 保存母乳的方法

●乳汁挤出后应立即装入已消毒过的干净奶瓶中或冷冻塑料袋里，不要把挤出的乳汁放进装有原先挤有乳汁的容器中。最好在奶瓶外面裹一层保鲜膜，有利于保鲜。

●乳汁经过4℃以下冷藏，可以保存至少4天。如果冷冻完，保存期为3～5个月。解冻后的母乳须在3小时内尽快食用，不宜再次冷冻。

●在奶瓶或冷冻袋的外面贴好标签，详细注明时间，按时间先后顺序给宝宝食用。

●不要使用微波炉解冻母乳，温度太高会破坏母乳中的免疫物质。可把容器放在盛有温水或凉水的盆里解冻；如果时间紧急，可用流水冲。食用前要摇晃几下，因为奶水冻结后会产生分离。

●如果单位没有冰箱，可以将奶放在保温杯中保存，里面用保鲜袋放上冰块，回家后放在冰箱。

❻ 妈妈上班期间吸奶、存奶的技巧

●用吸奶器吸奶每次一般需15分钟，加上清理的时间整个过程不超过20～25分钟，妈妈应尽量利用工休时间吸奶。

●找一个安静隐私的空间，吸奶前要放松心情，可以喝一大杯温水或温果汁，还可看着宝宝的照片。

●白天工作期间，即使再忙也要设法保证每3小时吸1次奶，可以有效防止奶胀和泌乳量减少，使哺乳得以继续下去。

夜间喂奶应注意什么

夜里是生长激素分泌旺盛的时候，所以要保证充分的休息，不要频繁打扰宝宝，喂奶次数也要尽量减少，让他逐渐养成白天玩耍、夜里休息的作息规律，这样父母的负担也会减小很多。

在原来基础上减少1次夜间喂奶。新生儿一般每夜都需要喂奶2～3次，那么就可以在原有基础上减少1次，平常喂3次的就减少至2次，平常喂2次的就减少至1次。只

要喂奶间隔不超过6小时就没有问题。

具体操作的时候可以将日间最后一次喂奶的时间向后推1小时，原本8点的推到9点，而将日间最早1次喂奶的时间提前，原本7点的提前到6点。这样在夜间只需要喂1～2次奶就可以了。

Tips

在孩子出生后的前两周，妈妈都是比较累的，尤其是每天前半夜的这段时间特别累。因此，爸爸要多担当点，承担起看护孩子的责任。

需要混合喂养的情况

一般情况下，妈妈都想全母乳喂养，但有些妈妈，由于一些客观原因不能每顿都给宝宝喂母乳，这时候妈妈可以购买合适的奶粉进行混合喂养。孩子出现以下症状时就需要考虑进行混合喂养了：

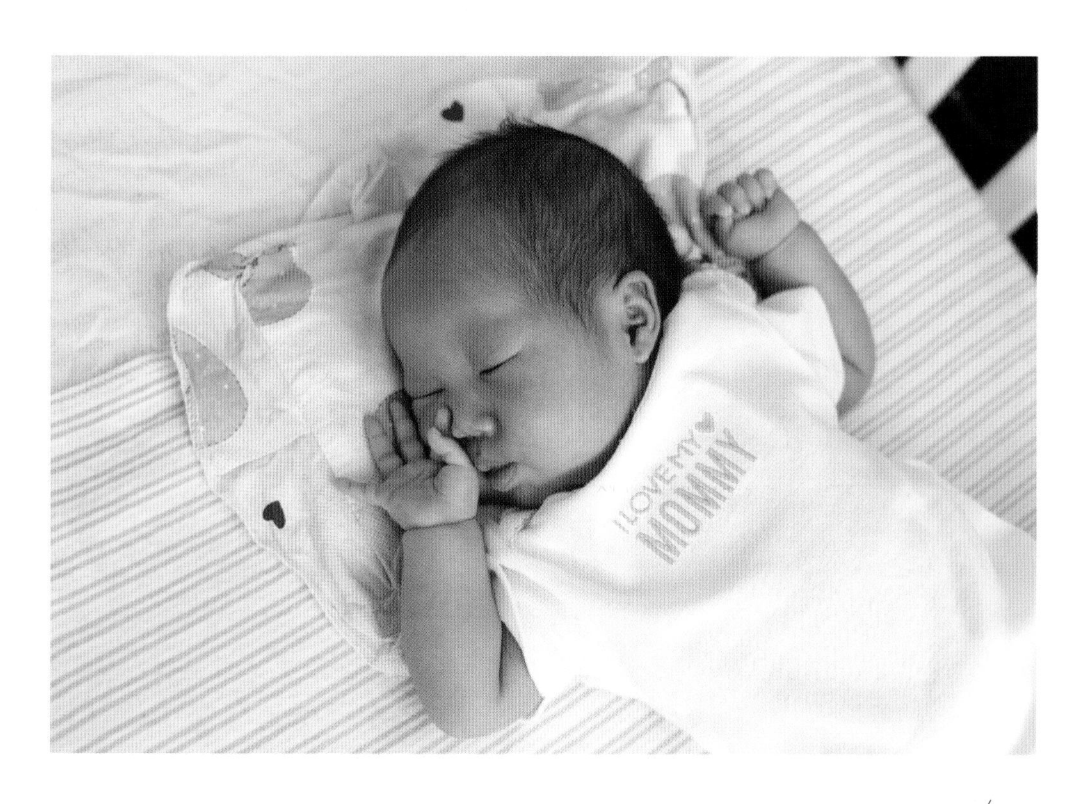

❶ 从日常生活中观察

观察宝宝在日常生活中的表现，可以看出母乳是否足够，宝宝能不能吃饱，需不需要添加奶粉。

- 出生5天后的新生儿，在24小时内小便的次数小于6次。
- 出生5天后的新生儿平均一天不到一次大便。
- 新生儿大便次数较多，但量较少。
- 新生儿吃奶时用力，但咽下的很少，听不到有规律的连续的吞咽声，有时新生儿会突然放弃乳头，大声啼哭；哺乳后没多长时间宝宝又开始哭闹，多数时间看上去显得很疲劳。
- 妈妈的乳房看上去不胀满，乳汁少而稀薄；给宝宝喂完奶后，妈妈的乳房显得空空的，摸起来不太柔软。

❷ 注意宝宝体重的增加

留心宝宝体重增加情况，体重增加情况可以反映母乳的喂养是否充足，也可以作为是否给宝宝添加奶粉的依据。如果宝宝每周体重增长不足125克，或在满月时体重增长不足500克，就说明宝宝吃不饱，需要进行混合喂养。

❸ 产假结束的情况

有的妈妈在产假结束后，需要重新回到工作岗位，不能够继续给宝宝纯母乳喂养，这时候也需要混合喂养。

Tips

在添加配方奶粉后，建议妈妈也不要立即停止母乳喂养。尤其是母乳分泌不足的妈妈，要增强自信，继续母乳喂养，在宝宝不断的吸吮中，泌乳量还是有可能继续增加。

混合喂养的具体方法

对于宝宝来说，原则上采用母乳喂养，采用混合喂养的，只限于母乳确实不足，或妈妈有工作而中间又实在无法哺乳的情况。

❶ 混合喂养的两种方法

方法一：每次哺乳时，先喂5分钟或10分钟母乳，然后过一会儿再用人工营养品来补充不足部分。

方法二：根据乳汁的分泌情况，每天用母乳喂3次，其余3次或4次用人工营养品来喂。

混合喂养时，如果想长期用母乳来喂养，最好采取第一种方法。因为每天用母乳喂，不足部分用人工营养品补充的方法可相对保证母乳的长期分泌。如果妈妈因为母乳不足，就减少喂母乳的次数，就会使母乳量越来越少。第一种方法比较适用于母乳不足而有哺乳时间的妈妈，第二种方法适用于无哺乳时间的妈妈。

❷ 混合喂养的具体方法

出现以上情况就需要考虑在母乳喂养的基础上为婴儿添加配方奶等其他乳品了。可以每次先喂母乳，如果婴儿没吃饱，再补充一定量的配方奶或其他乳品。但一定要让婴儿将妈妈的乳房吸空，这样可以刺激乳汁分泌，不至于使母乳量日益减少。补充的乳量要按婴儿食欲及母乳量多少而定，一定不要过多，否则会影响婴儿喝母乳的量。切记不论母乳多少，一定不要轻易放弃母乳喂养。

婴儿每天或每次需补充的奶量，要根据婴儿的月龄、胃口大小和母乳喂养的情况确定。在最初的时候，可在母乳喂完后再让婴儿从奶瓶里自由吸奶，直到婴儿感到吃饱和满意为止，这样试几天，如果婴儿一切正常，消化良好，就可以确定每天该补弃多少奶了。以后随着婴儿月龄的增加，补充的奶量也要逐渐增加。若婴儿自由吸乳后有消化不良的表现，应略稀释所补充的奶或减少喂奶量，待婴儿一切正常后再逐渐增加。

混合喂养的常见问题

❶ 宝宝不吸奶瓶怎么办

很多宝宝出生后不久，妈妈要上班不得不将奶水挤出用奶瓶喂养宝宝，或者其他原因需要给宝宝添加配方奶的时候，宝宝却拒绝吸奶瓶，不管奶瓶里是母奶还是配方奶，这时该怎么办呢?

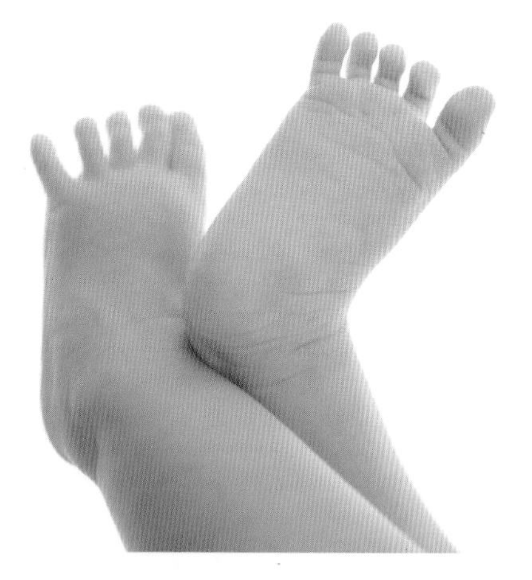

做好心理准备

母乳喂养的宝宝一般都不喜欢吃奶瓶。因为宝宝已经习惯吸乳头的感觉以及妈妈身上的味道，这都与吃奶瓶不一样。想让吃惯母乳的宝宝爱上奶瓶，需要宝宝付出哭闹、挨饿的代价。让宝宝接受奶瓶是一个循序渐进的过程，需要逐步训练。妈妈千万不要着急，要有足够的耐心并且要长期坚持。

选好喂奶时机

在孩子饥饿时用奶瓶喂奶，喂养前至少2～3小时不给宝宝任何吃的，直到孩子感觉饥饿并有食欲。

对于比较敏感的宝宝，奶瓶喂养开始可以在睡前先进行母乳喂养，等宝宝有睡意时，改用奶瓶喂养。

喂奶前抱抱、摇摇、亲亲宝宝，使宝宝很愉悦。千万不要在哭闹或生病时用奶瓶喂养。

喂养姿势要正确

通常采用坐姿，一只手把宝宝抱在怀里，让宝宝上身靠在妈妈肘弯里，手臂托住宝宝的臀部，宝宝整个身体约45°倾斜；另一只手拿奶瓶，用奶嘴轻轻触宝宝口唇，宝宝即会张嘴含住，开始吸吮。

❷ 怎样让宝宝既吃母乳又接纳奶粉

当母乳不足的妈妈进行混合喂养一段时间后，最容易发生的情况要么是放弃母乳，要么是宝宝厌食奶粉，而只有保证充分的营养，宝宝才能健康成长。应该对不同阶段的宝宝使用不同的喂养方式。

新生儿和6个月内的宝宝：先母乳后配方奶

每次哺乳时，先喂母乳，让小宝宝将两侧乳房吃空，间隔一段时间再用配方奶补充，吃多少由宝宝自由取舍。这样可以在宝宝最需要母乳的阶段维持母乳的分泌，让宝宝吃到尽可能多的母乳。

6个月以上的宝宝：配方奶喂一顿，母乳喂一顿

婴儿中后期，母乳的分泌会减少，此时宝宝逐渐添加辅食，这种轮换式的间隔

喂养方式可以满足宝宝的需求，让宝宝更充分地利用配方奶的营养。

如果上一顿宝宝吃的母乳，到下一顿喂奶时，妈妈感觉乳房很胀，奶比较多，那这一顿仍然应该喂母乳，以利于乳汁的分泌。

断奶期宝宝：先配方奶后母乳

先用奶瓶哺喂充足，不足的部分再用母乳补充，这个阶段处于断奶期，母乳很快减少，且不再能满足宝宝的需要，宝宝通过辅食和配方奶及牛奶能得到饱足，不会再使劲儿吸吮母乳。

❸ 宝宝只吃母乳、不吃奶粉时怎么办

宝宝如果只肯吃母乳，不肯吃奶粉，妈妈要先看一下：宝宝是不喜欢奶粉的味道，还是不喜欢奶嘴的触感，然后再具体调整。如果母乳装在奶瓶里，宝宝喜欢吃，说明宝宝是不喜欢奶粉的味道，妈妈可以为宝宝换一种味道接近母乳的奶粉；如果奶粉调好放在杯子里或小勺子里，宝宝愿意吃，说明宝宝是不喜欢奶嘴的触感，妈妈可以给宝宝换一种较柔软、接近妈妈乳头触感的奶嘴再试试，或者在喂奶前，用热水烫一下奶嘴，使之软化并接近妈妈乳头的触感，如果宝宝还是不肯接受，妈妈可以继续用小勺子喂宝宝。

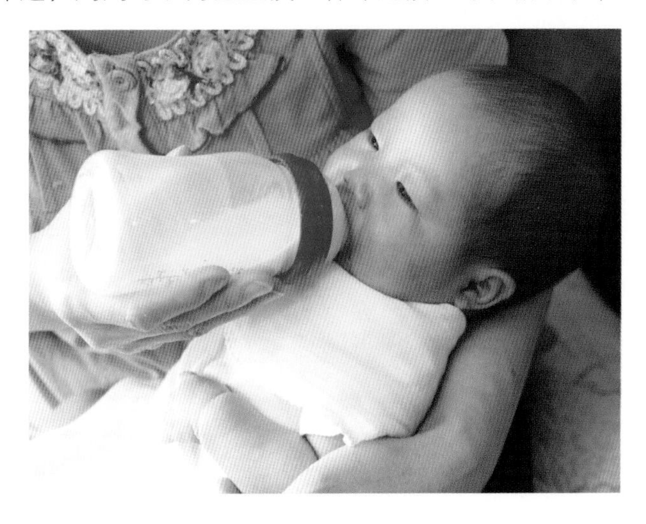

多尝试几次

要有耐心，也要有信心，多喂几次，对一种新食物的尝试，一般不会超过10~15次，宝宝就会接受了。

换一种配方奶

配方奶的种类很多，如果宝宝实在不喜欢这款奶粉，可以尝试换一种，建议先买试用装或小包装，待宝宝喜欢后再买大包装。

给宝宝更多的关爱

当需要给宝宝喂配方奶时，妈妈在喂奶时应多与宝宝进行母子对视和交流，让宝宝充分感受到妈妈的爱。

❹ 宝宝只吃奶粉、不吃母乳时怎么办

有的宝宝在吃过奶粉以后，就不再愿意吃母乳，这也可能有两个原因，一是奶粉味道香浓，甜度较大，宝宝喜欢这种奶粉，就开始拒绝不太香浓的母乳；另一个是奶嘴的出奶孔较大，宝宝不需要费很大力就可以吃饱，从而拒绝要费很大力气才能吃饱的母乳。妈妈这时候可以通过选择甜度较低、味道接近母乳的奶粉来调整宝宝的口味偏好，也可以适当购买出奶孔较小的奶嘴，让宝宝吃奶时适当出些力，使宝宝吃奶粉时的感觉，与吃母乳时的感觉相似。

坚决不放弃母乳

母乳是新生儿最科学、最合理的食品，母乳的作用是任何代乳品都无法比拟的，应尽量让宝宝吃上母乳，况且，有的妈妈奶下得比较晚，但随着产后身体的恢复，乳量会不断增加，如果此时放弃了，就等于放弃了宝宝吃母乳的希望。

Tips

宝宝不吃配方奶，有可能是不喜欢橡皮奶嘴，可以考虑换一个，或者每次喂奶前用温水将奶嘴冲一下，使其变软与妈妈的乳头温度接近，喂奶时给宝宝裹上一件妈妈的衣服，让他闻到妈妈的气味，降低对奶瓶和奶嘴的陌生感。

充分利用有限的母乳

混合喂养需要充分利用有限的母乳，尽量多喂母乳，母乳是越吸越多的，如果妈妈认为母乳不足，就减少母乳的次数，会使母乳越来越少。

夜间妈妈休息，乳汁分泌量相对增多，宝宝需要量又相对减少，可以满足需要，因此夜间以母乳喂养为好，但如果母乳量实在太少，还是应以配方奶为主，以免缩短喂奶间隔时间，影响母子休息。

需要人工喂养的情况

一般情况下，妈妈产后都会有乳汁分泌，只要坚持让婴儿吸吮、加强营养并保持信心，即使开始乳房不胀、没有泌乳的妈妈也可以进行母乳喂养。但如果妈妈身体极其虚弱、营养不良或产时失血过多，经过调养和加强营养身体仍然很虚弱，泌乳仍然很少，给婴儿哺乳会使妈妈身体难以支撑，这种情况下就只好采用人工喂养

了。妈妈如果有结核病、活动期肝炎、艾滋病或其他急性慢性传染病、严重的心脏病、肾炎、贫血等也不宜进行母乳喂养。

有少部分宝宝患有一些先天性疾病，不适合吃母乳，这时候的宝宝就需要妈妈用奶粉进行人工喂养。

❶ 患半乳糖血症的宝宝

宝宝如果患有半乳糖血症，不能母乳喂养。半乳糖血症是先天性的酶缺乏症，由于酶的缺乏，母乳中的乳糖不能很好地代谢，会生成有毒的物质，有毒物质会影响神经中枢的发育，从而导致宝宝智力低下、白内障等。这时候妈妈可以为宝宝选择不含乳糖的特制奶粉进行喂养。

❷ 患苯丙酮尿症的宝宝

患有苯丙酮尿症的宝宝，同样不能母乳喂养。宝宝由于酶的缺乏，不能使苯丙氨酸转化为酪氨酸，造成苯丙氨酸在体内的堆积，这会干扰脑组织代谢，从而导致智力障碍、毛发和皮肤色素的减退。这种情况下，妈妈可以给宝宝买特制的专供苯丙酮尿症宝宝食用的奶粉。

Tips

有的宝宝早产或患有唇腭裂，没有吃奶的能力，需要妈妈用滴管、小勺或杯子进行人工喂养。

❸ 患枫糖尿症的宝宝

宝宝如果患有枫糖尿症，也不能母乳喂养。患有枫糖尿症的宝宝，要特别注意控制蛋白质的摄入，因此不能母乳喂养，妈妈可以为宝宝选择蛋白质含量较低的食物如米粉、特制奶粉等喂养。

人工喂养的具体方法

人工喂养的最佳食物是婴儿配方奶，其营养成分与母乳最为接近。不同的宝宝消化功能和胃口不同，对喂养的需求也就不同，妈妈可以根据宝宝的具体情况进行喂养。

❶ 每天喂奶时间安排

新生宝宝大概每2小时就需要喂一次奶，在晚上可以每4小时喂一次，如果宝宝胎龄偏小，还需要缩短喂奶间隔，每顿少喂一点儿。

❷ 怎么计算喂奶量

每1千克体重，每天需要100毫升～200毫升奶，由此可知，一个3千克的宝宝每天需要的奶量约是450毫升，即每顿60毫升～70毫升。这是一个平均的值，妈妈可以根据宝宝吃完奶之后的表现适当调整。

❸ 每两顿奶之间给宝宝喂点水

宝宝在消化吸收奶粉中的蛋白质、碳水化合物、矿物质时，消耗了大量水分，因此妈妈要记得给宝宝补水，不然宝宝的肾脏负担会加重，还容易发生便秘。而且，给宝宝补水的时间也有讲究，最好定在两顿奶之间，不过可以在宝宝喝完奶之后少喂一点儿水清洁口腔，但是最好不要喂奶前喂水，因为喂奶前喂水会影响宝宝的食欲。此外，给宝宝喂水时，每次喂大约50毫升即可。

最好给宝宝喂白开水，白开水有利于平衡宝宝体内电解质。但是有的宝宝不肯喝白开水，如果这样，妈妈可以在水里加点儿葡萄糖，但是不可过甜，以大人感觉不到甜，甜味隐隐约约为准。

Tips

当婴儿喝牛奶过敏时，可试着停服牛奶2～4周，然后再开始喂以少量牛奶，先喂10毫升，如未出现过敏现象，每隔几天增加5毫升，逐渐增加，找出不发生过敏反应的代乳品，不足的量可以补充。

新生儿的养护细节

皮肤护理

❶ 新生儿衣物的选择

新生儿的皮肤娇嫩，所以衣服以柔软、宽大、易穿、易脱、舒适、不脱色的棉质品为宜，不要用化纤布料和质地较硬的布料。化纤布料中残存的毒性物质对人体有害，还可使人的皮肤产生过敏反应；质地较硬的布料很容易擦破孩子的皮肤，发生感染。

刚出生的孩子脖子特别短，所以在为他做衣服时不必做衣领。有了领子反而容易造成局部皮肤摩擦破溃。衣服也不要用纽扣，用两条软带系住即可。

棉衣用的棉花也要松软暖和，衣服的颜色宜取浅色，以利于发现脏物。上衣的式样以斜襟为好。衣服上束的带子不要扎得太紧，而且要束在衣服外面，不要直接束在皮肤上，以免擦伤。

在临产前数天应将准备给新生儿穿的衣物置于日光下暴晒，去掉异味。挂在室外的尿布或衣物在使用前要检查有无小虫爬在上面，抖净后再用，防止孩子被虫咬伤或小虫爬入身体内，引起严重后果。

❷ 新生儿被子的选择

新生儿的被子应轻、软、暖，不要过重过厚。过重影响孩子呼吸，过厚使孩子烦躁不安。冬天用棉被，夏天用毛巾被。如用热水袋在被子内加温，应待被子温暖后，在孩子入睡前取出。床褥要平整，弹力要适当，以免小儿俯卧时不易翻身，或引起脊柱弯曲。床褥上铺薄棉褥，用床单将床褥和棉褥包上，并经常更换。还可用棉花制作尿布垫，放于孩子臀下，以防尿液浸湿床褥。

被褥应用棉花做。注意9个月以下的婴儿不宜用羽绒被褥及电热毯，以免温度过高、碎毛被吸入鼻孔或发生意外。为了防止婴儿脊柱弯曲，1岁以前不要枕枕头。在婴儿头部放一条柔软毛巾，以便吸汗，但需保持清洁干燥并经常更换。1岁以后可用薄枕，大小最好以新生儿头部稍移动时不离开枕头为宜。

给新生儿洗澡

新生儿在医院一出生，护士即开始每天为其洗澡，洗完后孩子可香甜地睡上一大觉。而新生儿被接回家后，有的新手父母不敢给孩子洗澡，特别是不敢洗囟门那一块儿，怕“捅破了”，怕孩子受风。结果，孩子头顶着一层黄黑色的硬痂，又痒又难受，时间一长很不好洗，必须用植物油慢慢地闷一下才能将这层厚厚的痂洗掉。其实，给新生儿洗澡并不是一件难事，只要注意以下几点即可：

❶ 洗澡前的准备

• 将室温提高到25℃～28℃之间。提高室温可用空调，也可用电暖器。关好门窗，不要有对流风。

• 准备好洗澡时所需的物品：浴盆、婴儿皂、擦洗用的小毛巾或海绵块儿、包裹用的大浴巾、擦鼻孔及耳道用的药棉、爽身粉、鞣酸软膏、75%的酒精（处理脐带用）、换洗的衣服和包裹用的单子或小被、尿布等。

• 浴盆内先加冷水再加热水，水温以40℃为佳，可以用婴儿洗澡专用的温度计测试，也可以用手背或手腕测试，感觉温暖不烫即可。

• 给新生儿洗澡的大人要摘掉手表、戒指、手镯等金属类物品，以防剐伤、硌伤新生儿的皮肤。为避免弄湿大人的衣服，还可以准备一条围裙。

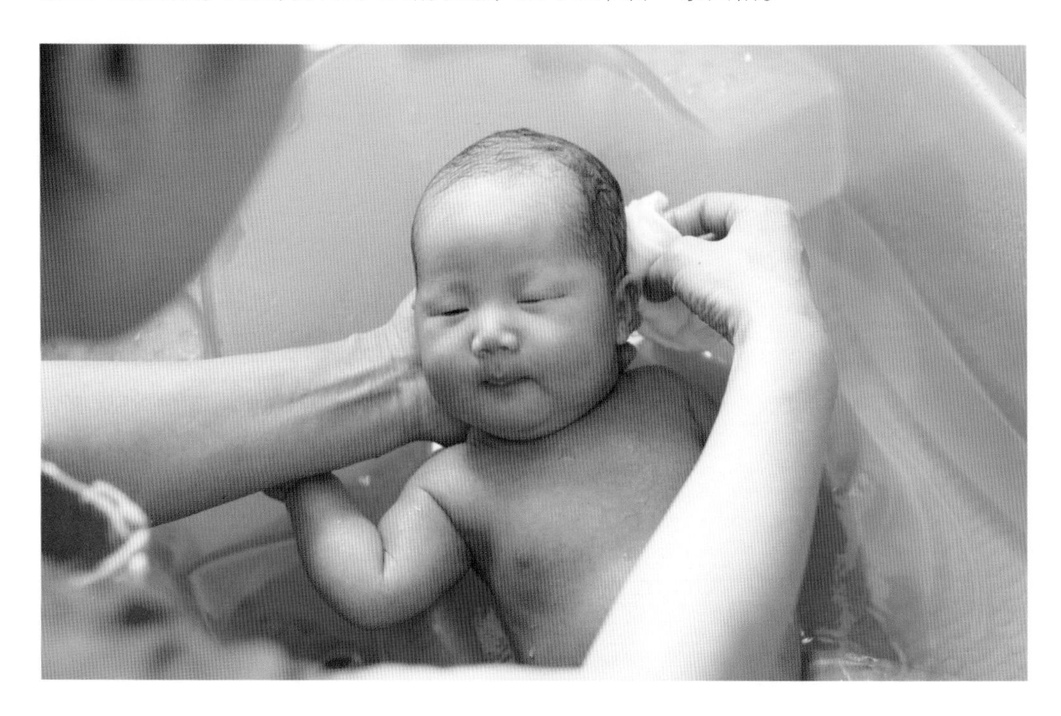

❷ 洗澡的步骤

● 脱去新生儿的衣服，用浴巾包裹住下半身。

● 将新生儿抱到浴盆边，如浴盆放在地上，就将新生儿放在大人的大腿上；如浴盆放在高处，就将新生儿的身体托在大人的前臂上，置于腋下。用手托住新生儿的头，手的拇指和中指分别压在新生儿的两个耳朵前，以避免洗澡水流入耳道。也可用左肘和腰部夹住新生儿的臀部和双腿，并用左手托起新生儿的头。

● 洗脸。用小毛巾或海绵块儿蘸上水由内向外轻轻擦洗，具体顺序是：额头→眼角→鼻根部→鼻孔→鼻唇沟→口周→颌→颊部→外耳道。需要注意的是，一定不要用任何香皂，包括婴儿皂。因为新生儿的面部皮肤非常敏感，只用清水即可。

● 洗头。先用清水把新生儿的头发打湿，再涂上婴儿洗发液轻轻揉洗，最后用清水冲洗干净。要注意清洗耳后的皱褶处。

● 洗身子。脐带未脱落的新生儿脐部洗湿也没关系，洗后用75%的酒精擦干即可。洗的顺序是：先胸腹部再后背部。要重点清洗颈下、腋窝皮肤的皱褶部分。

洗完上身后用浴巾包好，将新生儿的头部靠在大人的左肘窝，左手握住新生儿的大腿，开始洗下半身及双下肢。洗的顺序仍然是由前至后，重点部位是腹股沟及肛门。女婴的外阴有时有白色分泌物，应用小毛巾从前向后清洗；男婴应将阴茎包皮轻轻翻起来洗（如果无法翻起不要硬行处理，可以在体检时咨询儿保医生）。脚趾缝也要分开来清洗。

脐带已经脱落的新生儿，可在洗完头面部后撤去浴巾，大人用手和前臂托住孩子的头部和背部，将其全身放入水中，但头颈部不要浸到水里，以防洗澡水呛入口鼻中。擦洗的顺序仍是先上后下、由前至后。

● 洗完后迅速将新生儿放到准备好的干浴巾中，轻轻蘸干身上的水，千万不要用力擦，以免擦伤新生儿的皮肤。

● 腋下、颈部、腹股沟及皮肤皱褶处洗后一定要擦干，涂少许婴儿爽身粉或五合粉防止淹坏。如已淹坏，洗净后要保持局部干燥，如颈部及腋下可用软的纱布或棉花垫上，使皮肤与皮肤之间分开，这样可很快痊愈。

● 用75%的酒精擦拭脐带，先擦外周，再换一根棉棍擦脐带里边，最后用干棉棍蘸干。

● 臀部用护臀霜薄薄地抹上一层。

● 把宝宝抱入小被中，包好或穿上衣服。半小时之内尽量不要打开包裹，以利于保湿，防止水分丢失。

● 用药棉轻轻蘸干宝宝的鼻腔和耳道，以防有水进入后存留。

洗完澡后就可以给宝宝喂奶了，然后让宝宝舒舒服服地睡一觉。

Tips

洗澡时的注意事项

● 洗澡的时间应选择在吃奶前半小时左右，这样可以避免喂奶后洗澡的反复体位变化而导致吐奶。

● 新生儿洗澡的用具要专用，不和其他人混用，以防交叉感染。

● 洗澡前一定要仔细检查所需的物品是否准备齐全，不要在洗澡过程中抱着湿漉漉的宝宝东找西找。

● 新生儿皮肤有湿疹时只可用湿疹洗剂，或只用清水，以防对皮肤的刺激。

● 如果洗澡过程中需要再加水，要在另外一个盆中调好水温，再倒入新生儿洗澡的浴盆中，以防烫着孩子。

● 给新生儿洗澡的时间不要过长，一般在5～10分钟内完成最好。

● 洗澡时要观察宝宝的全身有无异常，如皮肤有无小脓包、四肢活动有无异常等。

囟门的护理方法

新生宝宝头部前后各有一个地方头骨没有合拢，摸上去手感柔软，并有与脉搏一样的跳动，医学上称为“囟门”。前面的囟门较大，呈菱形，叫作前囟；后面的囟门较小，叫作后囟。

❶ 囟门的清洁

囟门如果受到感染，脑膜或大脑就容易被感染，引起脑膜炎或脑炎。妈妈可以在给宝宝洗澡时，清洁囟门，用宝宝专用洗发液轻轻揉一会儿，然后用清水冲净即可。如果宝宝囟门上有污垢不易洗掉，建议妈妈不要用力搓揉。可以用消过毒的纱布蘸取一点儿麻油（干净的、熟的麻油）敷在宝宝的囟门处，软化2～3小时后，就可以很容易地洗掉了。

❷ 囟门的保护

妈妈在照顾宝宝时，不要让硬物或尖锐的东西碰触宝宝头部。如果不慎擦破了宝宝的头皮，可以立即用棉球蘸取酒精帮宝宝消毒，以免感染。另外，室温比较低或者要带宝宝外出时，最好给宝宝戴上帽子，或用毛巾罩住囟门。

Tips

后囟在宝宝出生的时候只留下了约一指宽的缝隙，大约3个月后就会合拢，我们通常提到的囟门都是指前囟，这个区域在宝宝长到1～1.5岁的时候会合拢，最晚不会超过18个月。

囟门反映出的健康问题

在宝宝患病时，囟门也是观察宝宝疾病进展的一个重要窗口，囟门饱满膨起要特别警惕，说明颅内压增高，这是脑膜炎、脑炎的一个重要临床体征；而囟门凹陷时，则要注意宝宝有无脱水的现象。

❶ 囟门鼓起

- 囟门突然鼓起，在哭闹时更明显，手摸有紧绷绷的感觉，并伴有发热、呕吐、颈项强直、抽搐等症状。颅内可能有感染，有可能是脑炎或脑膜炎，应马上就医。
- 囟门逐渐变得饱满，可能是颅内长了肿瘤，或者硬膜下有积液、积脓、积血等，要尽早就医。
- 长时间服用大剂量鱼肝油、维生素A等可使囟门饱满，需要咨询医生停服或者减少服用量。

❷ 囟门凹陷

- 如果宝宝正在腹泻、发热或者使用了大量脱水剂，而囟门凹陷，提示宝宝已经缺水，要及时补充。
- 宝宝长期过度消瘦，要查看一下宝宝的囟门，如果囟门也出现凹陷，可以判断宝宝营养不良。

❸ 囟门早闭

●宝宝囟门早闭时必须测量其头围大小，如果头围大小低于正常值，可能是脑发育不良。

●有些身体正常的宝宝，在5～6个月时前囟门也仅剩下指尖大小，似乎要关闭了，其实并未骨化，应请医生鉴别。

Tips

为预防感染，囟门要经常清洁，如果头皮有外伤要及时消毒，以免感染到囟门皮肤，另外，外出或温度较低时要戴帽子保护。

学会观察新生儿的大小便

食物被吃进胃里后，营养会为人体所吸收、利用，其余消化吸收不完全的废物、残渣，就会变成排泄物，借着粪便将毒素与废物排出去，形成正常、健康的身体循环。“便便”是否正常，是宝宝是否健康的晴雨表。

❶ 新生儿的大便

新生儿在出生后，头两三天大便可为均匀的黏性较强的墨绿色或棕色的胎便，这是胎儿在子宫内咽下的羊水及肠道脱落组织形成的。在出生两三天以后，大便可随食物的影响，先排混合样大便，即内有胎粪伴少许黄色奶瓣样大便，以后逐渐转成黄色便。

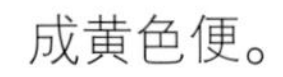

母乳喂养的孩子，大便为金黄色且比较黏稠的糊状便，但开始时可为黄色稀便，或为蛋花汤样微带酸味的大便，有的有少量白色的奶瓣，每天排便次数多少不一，有时一天1～4次，有时一天5～6次，甚至更多些。母乳喂养的孩子粪便含水分比单纯牛乳喂养者要多，可在孩子放屁时崩出

少量黄色稀水样大便。这种情况要持续两三个月后才逐渐转成黄色黏稠的糊状便。

人工喂养儿，也就是单纯牛乳喂养儿，大便呈淡黄色或土黄色，略带腐败样臭味，比吃母乳的孩子大便要干些，多为不成形软便，每日排便一两次，但量较多。

另外，也有一种孩子，在纯母乳喂养过程中，出生不足一个月，就出现间隔三四天才排一次大便的情况。排便时用力屏气，脸涨得红红的，好似排便困难。在给孩子做检查时发现：孩子精神状态良好，肚子不胀，饮食不受任何影响；排便时一次量很多，为黄色黏稠糊状便，且伴有臭味，这属于正常的“攒肚”，不必惊慌及做其他处理。这种婴儿体重增长较快。

如果孩子的大便有以下情况，需要引起父母的注意：

- 粪便很稀且有臭味，同时伴有呕吐、不吃东西等异常情况，这种情况很有可能是新生儿腹泻。腹泻对新生儿的威胁很大，甚至可危及生命，不可耽误，要立即请医生诊断、治疗。
- 如果在新生儿的尿布上见到血，可能是消化系统有问题或是有其他疾病，这种情况也不能耽误，要及时去医院检查治疗。
- 如果粪便中有其他不正常的东西，父母无从判断，这时也要去医院检查，以免错过治疗疾病的最佳时机。

❷ 新生儿的小便

新生儿小便颜色一般为淡黄色，清亮。出生第一天的尿量较少，约10.3毫升，出生后36小时之内都属正常。随着哺乳摄入水分，尿量会逐渐增加，每日可达10次以上，日总量可达100毫升～300毫升，满月前后可达250毫升～450毫升。

有少数新生儿出生后头几天的尿布呈现淡红色斑迹，这是由于尿中含尿酸盐较多所致，不需特殊处理，多喂些水即可。如尿为浓茶色可能为肝脏疾患，需到医院就诊。

另外，冬天尿液发白都是正常的，是因为含钙物质遇冷形成的，父母无须担心。

臀红和尿布疹的处理

❶ 臀红的处理

新生儿大小便后，尤其是大便后，一定要清洗，臀部涂少许鞣酸软膏防止发生臀红，及时更换尿布。男婴要注意将阴囊下的大便擦干净，并用清水冲洗，局部

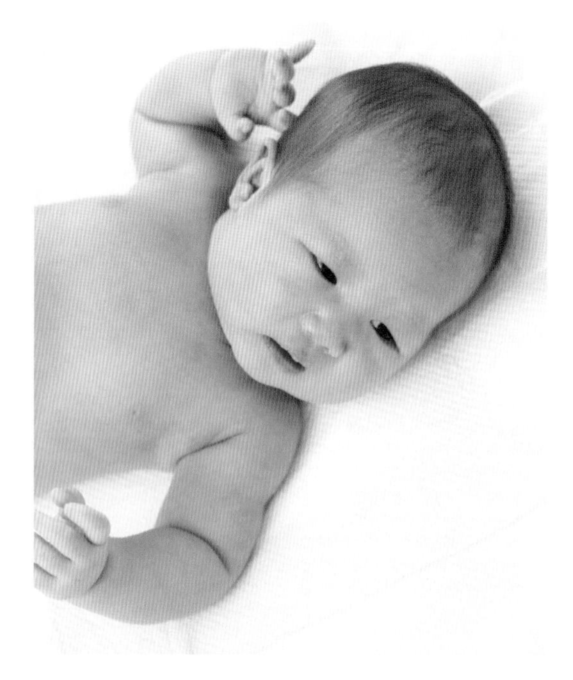

保持干燥，防止臀红及便痂形成。换尿布时要注意婴儿的全身情况，如有无皮肤灼热发绀、呼吸急促、脐部出血、皮疹、黄疸等。换好尿布后把脐部暴露，防止在脐带根部未脱落前尿湿淹着脐部，造成脐部感染，引起脐炎。最好是换一次尿布变换一次新生儿的体位，防止把头睡偏。换尿布时动作要轻柔而迅速，以免新生儿身体暴露时间过长引起感冒。

尽量避免使用不透气的尿布，如塑料、橡胶之类。尿布如不是一次性的，每次清洗时要用碱性小的肥皂，避免用洗衣粉。碱性大的肥皂洗过的尿布会刺激婴儿的皮肤，导致臀红的发生。

❷ 尿布疹的处理

如臀部及大腿内侧发红，同时伴有小米粒大小的红色皮疹则为尿布性皮炎，也叫“尿布疹”。可将患处用温水洗净后擦干，用40瓦～60瓦灯泡烤照，每日1～2次，每次20分钟，2～3天就可痊愈。需要注意的是，用灯烤时灯不要离新生儿的皮肤太近，否则容易灼伤皮肤；也不要在患处及周围涂油，因为油吸热快，也容易灼伤皮肤。晒太阳也同样能治疗尿布疹。

私处护理方法

由于宝宝还小，许多年轻的爸爸妈妈在照顾宝宝的时候常常会忽略私处，但是宝宝的私处护理是非常重要的，它甚至决定着宝宝今后的健康。

❶ 男婴私处的清洁方法

- 妈妈先洗净自己的手，再把柔软的小毛巾用温水沾湿，擦干净肛门周围的脏东西。
- 用手把阴茎扶直，轻轻擦拭根部和里面容易藏污纳垢的地方，但不要太用力。

●阴囊表皮的皱褶里也是很容易积聚污垢的，妈妈可以用手指轻轻地将皱褶展开后擦拭，等宝宝的私处完全晾干后再换上干净、透气的尿布。

❷ 女婴私处的清洁方法

●妈妈先洗净自己的手，再把柔软的小毛巾用温水沾湿，从前向后擦洗。先清洗阴部后清洗肛门，以免肛门脏污污染阴道。

●大腿根部的夹缝里也很容易粘有污垢，妈妈可以用一只手将夹缝拨开，然后用另一只手轻轻擦拭，等小屁股完全晾干后再换上尿布。

❸ 新生儿私处护理需要注意的问题

●女孩阴道内菌群复杂，但能互相制约形成平衡，在护理的时候尽量不要去打乱这种平衡，所以清洁时单用温开水即可，千万不要添加别的东西。

●水温要控制在38℃～40℃，避免宝宝皮肤被烫伤的同时，也可避免男宝宝的阴囊被烫伤。

●新生儿期，宝宝与尿布密不可分，为保护私处，尿布一定要干净。用过的尿布可以用滚开水浸泡30分钟再清洗，然后放在阳光下暴晒干，彻底消毒杀菌。收纳尿布的地方也应该是通风干燥的。

●给宝宝清洗外阴的盆和毛巾一定要专用，不应再有其他用途。最好用脱脂棉、棉签或柔软纱布浸透水给宝宝擦拭，要比用毛巾好；使用的盆最好为金属质地，以便用其加热洗涤用水。

Tips

有些妈妈有在宝宝私处扑爽身粉的习惯，其实这很不妥当。爽身粉可能会通过女宝宝的外阴进入阴道深处，影响宝宝健康。

脐部的日常护理方法

脐带是胎儿与母体胎盘相连接的一条带子，是母体供给胎儿营养和胎儿排泄废物的必经之道，长约50厘米。脐带在宫内扭转及打结会给胎儿带来不良影响，造成胎儿的血液供应减少或中断，引起胎儿宫内缺氧，造成胎儿宫内窘迫。当胎

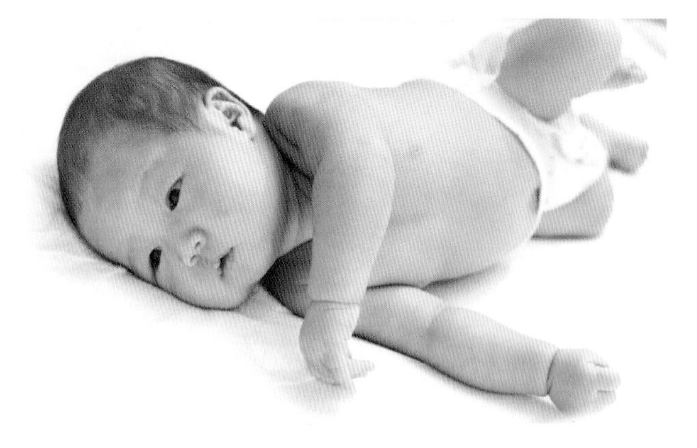

儿离开母体后，脐带就失去了它的生理作用。胎儿娩出后，医生会在离儿体1厘米~2厘米处将脐带结扎剪断，断脐后留下的残端呈蓝白色、发亮，几小时后变成棕色，以后逐渐干枯、变细而成黑色，一般新生儿出生后3~7天在脐部皮肤与脐带交界的地方脱落。夏季时间脱落稍短，冬季时间略长，最长达20余天。在脱落前局部会有少许血性分泌物，多为咖啡色，如果脐轮(脐周的皮肤)不红肿则为正常现象。

回家后头几天最需要注意的就是脐带护理，宝宝出生后7~10天，脐带会自动脱落，在脐带脱落前，为了避免脐带感染，一天至少要帮宝宝做3次脐带的护理，那么具体做法是怎样的呢?

❶ 脐带脱落前的护理

保持脐部的干燥与清洁

在脐带脱落前，每天都要用浓度为75％的酒精清洗、消毒被剪断的脐带周围和脐带的根部，至脐带脱落后局部干燥为止。方法是先用一根酒精棉棍沿脐周擦一圈，然后再换一根新的酒精棉棍擦拭脐带的根部。如果脐带已结痂，将结痂轻轻掀起，再换一根酒精棉棍擦脐带的根部，然后涂一点脐带粉，或上一点诺氟沙星粉，以预防出血的伤口被感染。需要注意的是，用酒精棉棍擦洗脐带的次数每天不要超过2次，酒精使用得多了会烧坏新生儿健康的皮肤。每天给新生儿洗澡后要尽快用消毒的棉花棍蘸干脐带的根部，不要让脐带的根部存水。

不要包裹脐部

有些新妈妈怕弄脏了和碰疼了新生儿的脐带，就用纱布缠绕在新生儿的腰部，将脐带包裹起来，或用一块厚厚的纱布盖在脐带上，再用胶布粘在新生儿的腹部。这样不但起不到保护脐带的作用，相反会有很多弊端，如大面积包裹的纱布更易被汗及尿液等污染；新生儿娇嫩的皮肤易对胶布发生过敏现象，在撕掉胶布时还有可能撕伤新生儿的皮肤；在被包裹住的脐带内，湿热而且不透气，细菌很容易繁殖而引起炎症；因为有严严实实的包裹物，脐带内发生什么情况不容易及时发现，甚至于脐带长了肉芽或化了脓都没发现，后果是很严重的；因为包裹住的脐带内不通风，使脐根不易干燥，而脐带被结扎以后要等到干燥后才能够脱落。所以，我们经常看到，有的新生儿出生都十几天了，脐带仍未脱落，多数是因为包裹住脐带，脐带内密不通风，使脐根不易干燥而造成的。

不要怕碰新生儿的脐部

有些新妈妈怕碰着新生儿的脐带而引起出血，其实，新生儿的脐带剪断结扎后形成一个创面，可能有渗血，创面和所渗出的血会结成一个痂块，结痂后如果不去管它，痂块儿会严严实实地盖住脐带根部。这是细菌很好的生存环境，因为，很多细菌是厌氧的，它们在无氧的条件下会很快繁殖。因此，不要怕碰新生儿的脐带，尤其是结痂后，每天都应该用酒精棉棍掀起痂块，擦一擦脐根部。

❷ 脐带脱落后的护理

脐带脱落下来后，留下小小的伤疤，几天后就会痊愈。在脐带脱落的时候，可能会有以前的血滴出现，如果宝宝肚脐有黏液渗出或者发红，可以先用2%的碘酒消毒，然后用75%的酒精擦拭，同时应该咨询医生。

为了防止感染，脐带脱落后，仍要继续护理肚脐，每次先消毒肚脐中央，再消毒肚脐外围，不要让尿布的前端盖住宝宝的肚脐，要保证肚脐透气，直到确定脐带基部完全干燥才算完成。

Tips

脐带脱落前，如果要游泳或者洗澡，需要用防水贴贴住脐带、脐窝，离开水后及时做清洁干燥。另外，宝宝的衣服要经常换洗，用尿布的话不要盖住脐带，以免脏污感染。

脐部异常情况的处理

❶ 新生儿脐疝

有少部分新生儿脐部在脱落痊愈后逐渐凸起，用手按压可以变平，同时感到凸起物中有液体。当孩子哭闹、咳嗽、腹胀时，脐部凸出会更明显，有的似核桃大小，这种现象在医学上叫“脐疝”。形成脐疝的原因是新生儿脐部的肌环和皮下组织发育不完善，使局部形成一个缺损，腹腔压力增高时，肠管进入疝囊致使脐部凸起。多数婴儿在一年内脐疝可自行消失，不需特殊处理，如脐疝巨大可考虑到医院手术处理。

❷ 怎样预防新生儿脐炎

- 妈妈在产前要防治感染性疾病，加强围产期保健；要选择正规的医院分娩。
- 断脐后的一周内要护理好脐部，保持局部干燥和清洁卫生。
- 习惯用尿布的家长要勤给宝宝换消过毒的尿布，并防止粪便尿液污染，不要让尿布覆盖住脐部，以免厌氧菌生长繁殖。
- 为宝宝卧室创造一个洁净的环境，所用的床上物品、内裤、毛巾及婴儿尿布等，以抗菌织物制成的为好。

❸ 新生儿脐炎，妈妈该怎么做

宝宝得了脐炎，炎症轻者可用3%过氧化氢冲洗局部，洗净后涂络合碘，或将增效联磺片研成细末，撒在肚脐上，并注意保持局部干燥。如果形成脓肿者，需及时切开引流换药。若变为慢性肉芽肿者，使用10%硝酸银，或硝酸银棒给予局部烧灼，肉芽较大应手术切除。一旦孩子发生菌血症或败血症，则需尽快住院治疗，选准抗生素，以控制病情发展，及早治愈。

❹ 什么情况时应及时去医院就诊

- 脐部分泌物增多，有黏液或脓性分泌物，并伴有异味时。
- 脐部潮湿、脐周围腹壁皮肤红肿。
- 脐孔溶血，或脐孔深处出现浅红色小圆点，触之易出血。

眼部护理

❶ 注意眼部卫生

胎儿经过产道时可能被细菌、病毒所感染，引起新生儿眼炎。轻者出现黄白色脓性分泌物，严重者可导致失明，造成终生遗憾。因此，新生儿出生后医院会为新生儿眼睛滴眼药，就是为了预防眼炎的发生。

新生儿的眼睛无论在解剖学还是在生理学上，都没有发育完善，大约一年后才能获得正常的视觉功能。因此，一定要注意眼睛的卫生，洗脸用具，包括毛巾、脸盆等，一定要专用。每日消毒一次。在护理新生儿时，护理人员要先将手洗净，避免交叉感染，在给新生儿洗头、洗澡时，不要让洗发液、浴液进入眼中。

另外，有少数新生儿眼睛经常流泪，可能是新生儿泪囊炎。这是由于鼻泪管下端开口处的残膜在发育过程中不退缩，或开口处为上皮碎屑所堵塞，致使鼻泪管不通，可局部滴用抗生素眼药水或到医院处理。

有时因护理不当，新生儿患了结膜炎，或捂盖得太多新生儿上火了，出现眼屎增多、眼结膜有充血等现象，这时可以给新生儿用眼药水，每只眼每次各滴一滴眼药水，每天4次。

❷ 不要使用闪光灯

新生儿出生后，爸爸妈妈都想给宝宝拍照片，留下珍贵的纪念。有时居室里光线不是很强，有的爸爸妈妈就用闪光灯给宝宝拍照，这对宝宝的视觉发育是十分不利的。新生儿在出生前经过了漫长的子宫“暗室”生活，因此对光线的刺激十分敏感。新生儿眼睛受到较强光线照射时还不善于调节，同时由于视网膜发育尚不完善，遇到强光可使视网膜神经细胞发生化学变化，瞬目反射（瞬目反射是一种先天性的防御反射，通常分为不自主的眨眼运动和反射性闭眼运动，可以使角膜始终保持湿润，并且防止异物进入眼内，起着保护眼球的重要作用）及瞳孔对光反射均

不灵敏，泪腺尚未发育，角膜干燥，缺乏一系列阻挡强光和保护视网膜的功能。所以，新生儿遇到电子闪光等强光直射时，可能引起眼底视网膜和角膜的灼伤，甚至有失明的危险。因此，为新生儿拍照时最好利用自然光源，或采用侧光、道光，切莫用电子闪光灯及其他强光直接照射孩子的面部。

❸ 科学护理，预防斜视

当新生儿来到人间，睁开眼睛看这个大千世界、带着好奇心仔细观察和端详父母时，父母会发现孩子的黑眼球是如此之大，致使许多家长认为孩子有斜视。斜视不仅影响美观，也会导致孩子视功能发育异常，特别是影响立体视功能的建立，所以及时发现并纠正是非常重要的。

确诊斜视很容易，方法是：准备一只安有聚光灯泡的手电，在距离孩子约30厘米处，照在孩子两眼间的鼻梁处，同时逗引孩子注意手电。此时在孩子的两眼球上会出现很小的反光点。没有斜视的孩子反光点分别位于两个瞳孔(黑眼球)中央。

如果一只眼睛的反光点在瞳孔(黑眼球)中央，另一只眼睛的反光点偏向耳朵一侧，可能是外斜视。

如果一只眼睛的反光点在瞳孔(黑眼球)中央，另一只眼睛的反光点偏向鼻子一侧，可能是内斜视。

上述检查应多做几次，如果每次反光点都在瞳孔中央，说明没有斜视。如果不在瞳孔中央，就应到医院眼科就诊。一旦确诊斜视，应及时治疗，并认真做好预防。

由于孩子的眼肌正处于发育中，一些不适当的护理有可能导致斜视的发生。有的父母喜欢在孩子的床中间系一根绳，悬挂上孩子喜欢的玩具，逗得孩子经常盯着中间看，时间长了就有可能导致内斜视。正确的方法是将孩子的玩具悬挂在床栏周围，并将孩子特别喜欢的玩具经常更换位置。如果孩子的床一侧靠窗户，那么孩子的头的朝向也应经常变换，一周头向北睡，一周头向南睡，因为孩子喜欢看亮的方向。

鼻部护理

❶ 鼻屎的处理

新生儿因面部颅骨发育不全，鼻及鼻腔相对短小，容易产生鼻屎且不易清除。

发现新生儿有了鼻屎千万不要去掏和抠，因新生儿几乎都没有下鼻道，掏鼻屎时很可能不但掏不出来，反而将鼻屎捅进鼻咽管或气管，后果反而更不好。可以往新生儿的鼻孔里滴一滴植物油，几秒钟后将宝宝的头抬高，鼻屎可自己滑出来；也可在新生儿的鼻梁上敷一块温热的小毛巾，一可使新生儿的鼻腔湿润，二可软化鼻屎，使其自然滑出鼻腔。

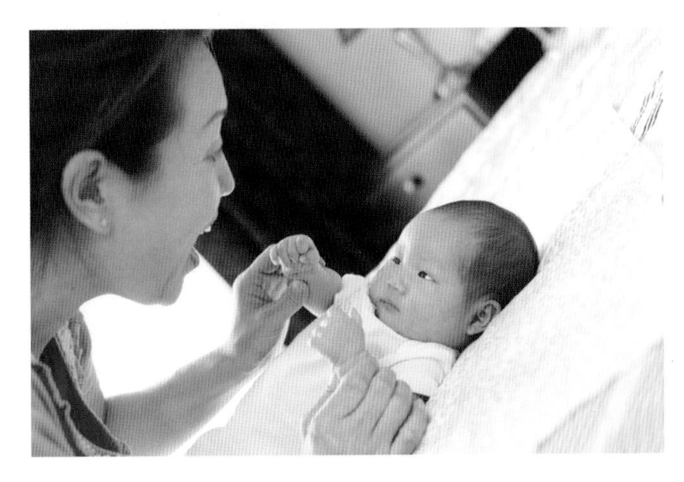

② 鼻黏膜感染

新生儿的鼻黏膜血管丰富，特别易受感染，即便是普通感冒也可使鼻黏膜感染。在鼻黏膜感染时会充血肿胀，使已经非常狭窄的鼻腔更加狭窄，严重时可使鼻腔闭塞，而造成呼吸困难。这时候新生儿会烦躁不安，吃奶时会因喘不上气而拒乳。当新生儿因感冒有鼻涕时，可以用吸鼻器帮助宝宝及时清理，以保持新生儿呼吸的通畅。

耳部护理

新生儿的耳道上下壁很接近，使耳道几乎成缝隙状，羊水、脱落的上皮、皮脂腺分泌物及细菌等，都极易存留在耳道深处，形成耳耵或造成外耳道炎；因咽鼓管短，平卧喂奶易呛奶至鼓室，以上因素均能诱发中耳炎等疾病。因此，护理好新生儿的耳朵非常重要。

❶ 洗脸、洗头时要注意耳部护理

给新生儿洗脸、洗头时一定注意不要让水流入耳道，万一进了水应立即用消毒棉签蘸干。给新生儿喂完奶或水后要让宝宝侧身睡，以防宝宝吐奶后流进耳道。

❷ 外耳道炎的护理

如果新生儿患湿疹，尤其是头面部，很可能蔓延到宝宝的耳道，从而诱发外耳道炎，也极易使耳耵形成。耳耵经奶、水等液体浸泡后膨胀，使新生儿感到不舒服，严重者可引起感染。如果发现新生儿的外耳已经患了湿疹要及时治疗，治疗方法是将宝宝的耳道清洗干净，用棉签将湿疹膏轻轻捻入新生儿的外耳道内，一般每天上午、下午各一次。

❸ 中耳炎的护理

如果孩子患中耳炎，外耳道有分泌物，先用棉签清除，以免妨碍药水流到耳外影响药物的疗效。孩子取卧位或坐位，患耳朝上。用左手牵引患耳耳壳向后下方，使耳道变直，滴入药水，以防造成外耳道损伤。

Tips

婴幼儿的用药量按每千克体重精确核算后才能服用，绝不可按1片、半片来估计着给婴幼儿用药，否则不是吃多了，就是吃少了，少了不起作用，多了就会引起中毒，这是很危险的。

眼耳鼻的清洗

❶ 清洁宝宝的眼睛

平时若看到宝宝眼睛有眼屎，可以利用棉花棒或是纱布的一角蘸生理食盐水或冷开水，由内往外擦拭即可。

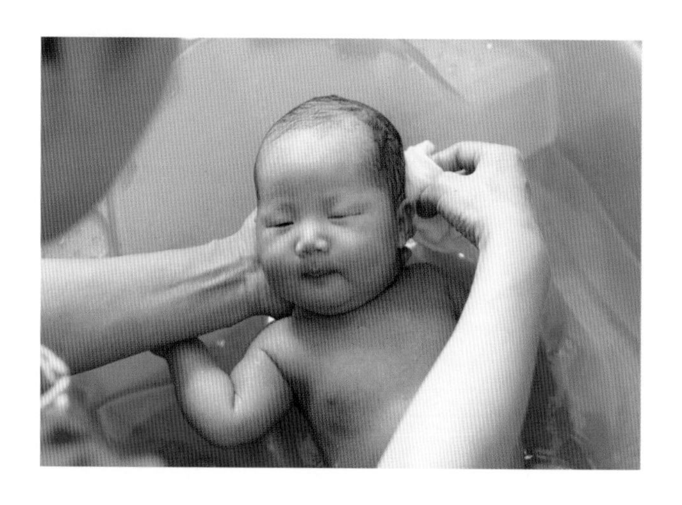

❷ 清洁宝宝的鼻孔

宝宝的鼻子小小的，脏污也不会太大，所以清洁宝宝的鼻孔时，只要利用棉花签蘸冷开水或生理食盐水，用旋转的方式，就能把脏东西卷出来。

当宝宝有鼻涕时，妈妈可使用吸鼻器将鼻涕吸出。

使用吸鼻器之前，记得要先将吸球中的空气尽量挤出，再轻轻放入宝宝的鼻孔中，将鼻涕一点儿一点儿地吸出。

❸ 清洁宝宝的耳朵

洗澡时轻擦拭外耳壳即可。因为宝宝的耳朵相当脆弱，妈妈并不需要特别帮宝宝挖耳朵。很多时候，家长为了帮宝宝清理耳垢，却反而将耳垢越推越往里面，反复掏挖之下很容易让宝宝脆弱的耳道受伤。

给宝宝清洁时，为了不让宝宝因为害怕而抗拒，妈妈不妨事先准备一两样宝宝喜欢的玩具，让宝宝转移注意力，或是趁宝宝睡着的时候再进行。

口腔护理

新生儿的口腔黏膜非常细嫩，血管丰富，唾液分泌少，容易破溃感染。破溃的原因主要有被奶及水烫伤，被硬东西硌伤，擦口腔、挑“马牙”等不良行为造成的擦伤等；还可能是奶瓶、奶嘴消毒得不好或抗生素的滥用等原因引起鹅口疮。新生儿的抵抗力非常低，来自任何一方的致病菌都会威胁其健康，尤其是口腔。

❶ 喂奶前要洗手

无论是母乳喂养还是人工喂养，护理人员在给新生儿喂奶、喂水前后一定要洗手。洗手时注意手上不要有残留的洗手液，而且最好用温水洗手。

❷ 母乳妈妈要保持乳头的清洁

母乳喂养的新生儿，妈妈的乳头是孩子口腔接触最多的地方。而妈妈乳头被污染的机会特别多，如妈妈产后体虚会出汗，妈妈要分泌乳汁，妈妈的乳房、内衣上都会被乳液、汗液污染，尤其是有漏奶情况时，乳房、乳头被污染的机会就更多。所以在喂奶前一定要用温水清洗乳房和乳头。清洗乳头一方面可以保证乳头的清洁，避免对宝宝造成感染；另一方面，用温水洗乳头能增加乳头、乳晕皮肤的柔韧度，使宝宝在吸乳时减少妈妈乳头的疼痛，也可避免乳头皲裂的发生。

③ 奶瓶、奶嘴要及时清洗、消毒

- 奶嘴在使用后要用清水冲洗干净，看看奶嘴的孔是否通畅，不要有奶皮等物的存留。
- 奶瓶要用瓶刷清洗干净，注意奶瓶壁不要有残留的奶液。
- 将清洗过的奶瓶、奶嘴放入清水中煮沸10分钟或蒸20～25分钟。
- 消毒后的奶瓶、奶嘴如不马上用要用消毒的纱布盖好保存，以防再污染。

④ 不要随便给宝宝使用抗生素

有些新生儿在患病后过量服用抗生素，尤其是广谱抗生素，使身体内的正常菌群被抑制或杀死，真菌趁机迅速生长繁殖，导致新生儿患上真菌感染性疾病。比如，真菌中的常见的白色念珠菌，可以使新生儿患鹅口疮，轻者因口腔疼痛而影响新生儿吃奶；重者可导致全身真菌感染，如腹泻或呼吸系统的感染，以及皮肤的真菌感染等。

⑤ “马牙”不用擦

新生儿的口腔内，上腭的中线旁及牙龈边缘上常常可见黄白色的小点，有芝麻粒大小，是胚胎发育过程中上皮细胞堆积或黏液腺潴留、肿胀所致，我们称其为上皮细胞珠，俗称“马牙”。它既不妨碍新生儿吸吮，也不影响日后长牙，出生后数周可自行消退，或者在吃奶时，由于摩擦而逐渐消失，不需做任何处理。有些家长认为“马牙”会影响孩子吸吮，所以就用针挑或用布蘸药水、奶水擦口腔，这种做法是很危险的。因为新生儿的口腔黏膜柔嫩，唾液分泌又少，容易被损伤，而且黏膜下的血管又很丰富，细菌很容易从破损的黏膜处侵入血液。新生儿败血症很多时候就是来源于口腔的炎症。因此，父母要十分小心地保护新生儿的口腔黏膜不受损伤，减少感染的机会，“马牙”不用擦，改掉过去为孩子擦口腔的陋习，科学育儿才能使孩子健康成长。

Tips

有些老人习惯用纱布蘸上茶叶水给新生儿擦舌苔和口腔，这也是很不科学的，万一擦破口腔黏膜也很容易造成感染。如果宝宝的舌苔黄而厚，就给宝宝在两次喂奶之间喝点水，不要给宝宝包裹得太多。如果为了去掉吃奶后口腔中残留的奶皮，喂完奶后给宝宝喝一两口水即可。

睡眠护理

宝宝的睡眠好坏与睡眠姿势密不可分，我们知道，人的睡眠姿势有3种，仰卧、侧卧和俯卧，那么新生儿采用哪种睡姿最好呢？

❶ 刚出生时应采取侧卧位

新生儿出生时，睡觉仍保持着胎内姿势，为了帮孩子排出分娩过程中从产道咽进的羊水和黏液，出生后24小时内应采取低侧卧位，并定时给孩子翻身，从原来的侧卧位改为另一侧卧位。

一般来说，宝宝自己很难会侧着睡，可以在宝宝背部放一个枕头，应该把他的手放在前面，这样的话，即使翻身，也是翻成仰睡的姿势，而不会变成趴睡。

喂完奶将孩子放回床上时，则应采取右侧卧位，以减少呕吐。如果担心孩子吐奶，可以适当把孩子的上半身垫高一些。侧卧时，父母应注意不要将孩子的耳郭压向前方，以免引起耳郭变形。

如果宝宝五官过于靠近、脸型过小、颅骨前后径过大，则可能不适合侧睡，可以采取仰睡与侧睡交替的方式。

❷ 经常变化睡姿

宝宝的头形与枕头无关，与睡姿有关。刚出生的宝宝，头颅骨尚未完全骨化，各个骨片之间仍有成长空隙，直到15个月左右时囟门闭合前，宝宝头部都有相当的可塑性，千万不要让宝宝只习惯某一种睡姿，否则容易把头形睡偏，妈妈应该每2～3小时给宝宝更换一次睡眠姿势，最好两侧卧交替。

❸ 尽量不让宝宝趴着睡

趴着睡导致婴儿猝死的概率比较高。虽然睡姿本身并不是婴儿猝死症的必要条件，但由于宝宝还不能抬头、转头、翻身，尚无保护自己的能力，因此，俯卧睡觉容易发生意外窒息。

新生儿的早期教育

教育从出生第一天开始

100年前，美国一位非常著名的心理学鼻祖威廉·詹姆斯曾经把婴儿期说成是一个“繁花似锦、匆忙而迷乱的时期”。的确，过去我们不十分了解婴儿究竟有多大能力。在大多数人心目中，刚出生的婴儿什么也不懂。人们认为，婴儿的主要任务是生长发育，是长身体，等他们会说话、会走路之后才谈得上教育。这种观点西方人一直坚持到20世纪60年代，在此之前也有很多教育家和哲人提到过对儿童的早期教育，但由于科学研究技术的限制，人们并不知道婴儿究竟有多大的心理能力。20世纪60年代以后，由于心理学研究技术的发展，心理学家发现了许多关于婴儿心理能力的事实，一些心理学家惊呼：“新生儿真是令人惊异！我们过去太低估他们了！”

婴儿出生时脑重已增长到300克～390克，是成人脑重的25%。神经细胞已超过1000亿个，大脑皮层面积占成人的42%。与身体其他器官相比，新生儿脑的大小最接近成人。新生儿一出生就是一个对环境的积极探索者，具有惊人的学习潜能，他们智力发展的潜力很大，应适时、恰当地给予开发。著名的生理学家巴甫洛夫曾这样说：“从婴儿生下来的第三天开始教育就晚了两天。”婴幼儿的身心发展存在关键期，也就是获得某种能力或行为的最佳、最易时期，如果晚一天开始学习就有可能错过了某种能力或行为的关键期。

爱是最好的教育

1岁以内是儿童心理发展的关键时期。研究发现，当1岁以内的婴儿处在充满爱心和有丰富刺激物的环境中时，特别是如果婴儿自发的探索行为得到养育者的及时鼓励时，会大大促进婴儿对环境的积极探索行为，促进他们的智力发育。相反，当婴儿生活在非正常的家庭或孤儿院中，缺少丰富多彩的刺激物和成人的敏感反应时，不仅会造成他们运动技能发展的严重落后，而且当他们长大后，对新环境和陌生人表现得非常害怕，不敢大胆地探索周围世界。智力测验证明，这些孩子的心理发展远远落后于在正常家庭环境里生活的孩子。

常常听到这样的说法：不要婴儿一哭就去抱。于是很多家长就对婴儿的哭置之不理，其实这样做是不科学的，会让婴儿失去安全感。婴儿不会无缘无故地啼哭，当婴儿哭的时候可以先用语言来安抚，比如，可以一边说“妈妈来了”一边查看是什么原因导致婴儿啼哭。有时拍拍婴儿的肩膀、握握他的小手，婴儿就能安静下来。

在给新生儿换尿布、喂奶和洗澡时应该抚摸他的身体、轻柔地同他讲话，以表达父母对他的爱。母乳喂养时是最好的亲子交流时间，母乳的味道、妈妈身体的温度、妈妈的拥抱和充满爱意的眼神都会使新生儿感到安全和舒适。妈妈要特别注意，不要在给新生儿喂奶的时候与他人聊天或看电视，这样会使新生儿感到受了冷落。要在密切观察和精心照料下培养好最初的母子感情，这样婴儿会微笑地面对更多的人，也愿意与更多的人交往。

新生儿除了吃喝之外还要运动和玩耍，和他轻轻地说话，对他微笑，把他举起，或者紧紧地贴身抱一会儿都会使新生儿感受到更多的爱，让新生儿在父母的爱抚中减少不愉快的情绪反应。妈妈要以一种鼓励、喜爱、信任的态度养育新生儿。妈妈和新生儿相互依恋的情感是孩子性格形成的基础，这种关系的建立会增加孩子探索的欲望，使其善于和人相处，很好地面对现实。

气质是与生俱来的

婴儿一出生就有明显的个体差异，每个婴儿都有自己的特点，有的爱哭，有的安静；有的吃奶速度快，有的吃奶慢；有的睡眠多，有的睡眠时间短；有的总需要有大人说话陪伴，有的可以自己玩耍；有些婴儿很快适应生活环境，能很愉快地和生人接触，而有的见生人就害怕，甚至吓得哭起来。这些与生俱来的心理倾向在心理学上称为“气质”。谈到气质，人们很快就联想到举止言谈有风度、有修养、富有内涵的人，其实婴儿的气质与人们通常所理解的“气质”是完全不同的两个概念。

1.气质是一种独特的心理特征

气质是儿童与生俱来的，是独特的心理活动和稳定的动力特征。婴儿早期的气质特征以遗传为主，但也会随着年龄的变化而变化。也就是说，气质虽然是天赋，但也可以因环境影响和教育训练使之发生一定改变。婴儿气质虽有不同分类，但无优劣之分，关键是如何使婴儿的气质特征与环境很好地相互适应。如果气质与环境适应良好，婴儿就相对较容易抚育；如果适应不好，即使一个容易抚养的婴儿也会转变成抚养困难儿。婴儿每一种气质类型均含有积极的一面和消极的一面，因此在儿童的早期教育中，首先要认清婴儿的气质特征，分析婴儿属于哪一种气质类型，以便在教育婴儿中注意发挥优点，克服弱点。

2.婴幼儿气质分类

许多研究者都对婴幼儿的气质进行过分类，主要有传统的4种类型说（多血质、胆汁质、黏液质、抑郁质）、巴甫洛夫的高级神经活动类型说和托马斯、切斯的5类型说。美国心理学家托马斯和切斯对婴儿气质进行了长达几十年的研究，认为婴儿有9个方面的情绪、行为方式是相对稳定的，因此提出了婴儿气质的9个维度：

气质维度	意义
活动水平	在睡眠、游戏、进食、穿衣、洗澡及其他日常生活中身体活动的数量，主要以活跃期和不活跃期的比率为指标
生理节律	指吃、喝、睡、大小便等生理机能活动是否有一定的规律性

续表

气质维度	意义
趋避性	又称初始反应，指对新鲜事物（如陌生人、新情景、新地方、新食物、新玩具、新的程序）的初始反应，是主动接近还是退缩
适应性	对新事物在初始反应后的长期调节反应，适应得快还是慢
反应强度	对刺激反应的强度大小
心境	指日常生活中高兴与不高兴的数量的多少
注意的持久性	主要指集中从事某项活动的时间、范围和分心对活动的影响程度
注意分散度	指外界无关刺激对正在进行的行为的干扰程度
反应阈	引发婴幼儿出现可观察到的反应或注意的刺激的量的大小

托马斯和切斯根据这9个维度的不同表现将婴儿气质分为5种类型：

- 容易抚养型（E型）：生物活动有规律，对新刺激（如陌生人和物）的反应是积极接近，对环境的改变适应较快，情绪反应温和，心境积极。
- 抚养困难型（D型）：生物活动无规律，家长很难掌握婴儿的饥饿和大小便规律；对新刺激（如陌生人和物）的反应是消极、退缩、回避，环境改变后不能适应或适应较慢；情绪反应强烈且常为消极反应，遇到困难大声哭叫，心境消极。
- 发动缓慢型（S型）：对新刺激（如陌生人和物）的反应常常比较消极，活动水平低，反复接触后方可慢慢适应。与困难型不同的是，这类婴儿无论是积极反应还是消极反应都很温和，生活规律仅有轻度紊乱，心境消极。
- 中间偏易型（I-E型）：介于容易型和困难型中间，偏向容易型。
- 中间偏难型（I-D型）：介于容易型和困难型中间，偏向困难型。

婴幼儿情绪发展的特点

❶ 婴儿一出生就有情绪反应

婴儿一出生就有情绪反应，但是这种情绪反应更多地与婴儿的生理需要是否获得满足密切相关，是一种由强烈的外界刺激引起的婴儿内脏和肌肉的节律性反应。

出生不久的婴儿听到平缓的声音时会睁大眼睛，出现微笑；当大人与新生儿说话时，会注视大人的脸；吃饱喝足之后，双眼还会愉悦地打量着周围的世界，不时地晃晃胳膊、蹬蹬腿，偶尔还会发出“咯咯”的笑声。一旦饿了、渴了、尿布湿了就会满脸涨红地大哭，表达自己的愤怒情绪。如果这种不适的感觉不能得到及时解决，哭闹会进一步升级。厌恶的情绪早在婴儿一出生就出现了，主要表现为对不喜欢的食物味道或气味的拒绝，比如给母乳喂养的新生儿换用配方奶或者其他代乳品喂养时，新生儿会以皱眉、耸鼻等厌恶的表情表示拒绝。

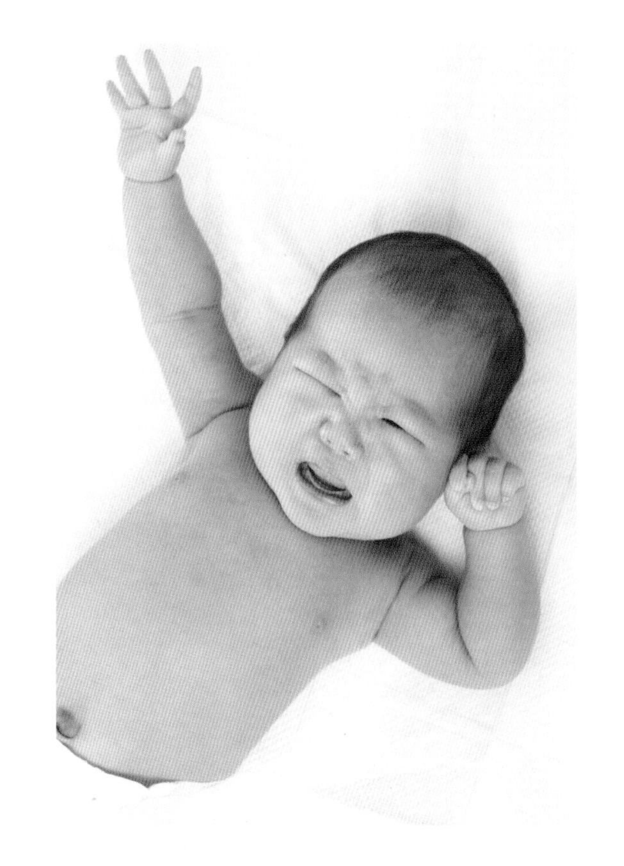

❷ 婴儿的情绪会逐渐分化

随后，婴儿的情绪分化为愉快和不愉快两极，然后在这个基础上继续分化，愉快的情绪分化为快乐、好奇，不愉快的情绪则分化为愤怒、厌恶、恐惧和悲伤等。3个月的婴儿，每当妈妈亲吻、拥抱他时，脸上会露出微笑，并且咿咿呀呀地发出声音回应妈妈；遇到不如意的事情会通过哭闹或者拍打身边的东西来表达自己的愤怒情绪。如果婴儿正在睡觉或安静地玩耍，突如其来的巨大响声会吓得他两臂一举，哇哇大哭。1岁左右的幼儿快乐的情绪表现得更为明显，每当妈妈突然出现在面前，会高兴地笑着扑向妈妈的怀抱。如果想要做某些事情受到阻挠，或者喜爱的东西被夺走，就会噘起嘴巴，进而大声哭叫，并两手摇动，两脚乱踢，用整个身体表达他的不满和气愤。1岁以后，幼儿害怕的东西越来越多，比如黑暗、小动物、商场的塑胶模特，甚至一些花花草草……父母的离开，或者上幼儿园带来的分离焦虑等，都会带给幼儿恐惧感。1岁多的幼儿对食物、玩具和周围的其他事物都会表现出明显的偏好，不喜欢的东西会用手推开，或者干脆扔到一边。到2～3岁，幼儿的情绪逐渐成熟，与成人的情绪基本没有太多区别了。所以，2～3岁的幼儿通常都是人小鬼大，喜怒哀乐样样俱全。2～3岁的幼儿更会很明确地表达自己的这种厌恶情绪：“我不喜欢这个！”“我讨厌那只虫子。”

❸ 父母要尽量满足孩子合理的需要

多拥抱、抚摸、亲吻孩子，给孩子布置一个整洁舒适的房间，多带他外出，多给他看美好的东西、听令人愉悦的声音等，让他置身于一个适合他身心发展的优美环境，激发他的快乐情绪。还要多观察孩子，及时搞清楚他愤怒的原因，有的放矢地平息其愤怒情绪。尽量及时地满足孩子的生理需要，多给孩子一些自由，可减少愤怒情绪的出现。当孩子因为某些事情感觉愤怒时，父母要平和地对待孩子，冷静地帮助他平息自己的情绪。处于恐惧情绪中的孩子往往会哭闹不安，有的还会伴有面色苍白或赤红、出冷汗、心率加速、呼吸急促、血压升高等一系列生理症状。当孩子感觉恐惧时，父母最好把他抱在怀里，并用温和平静的语言告诉他父母会在身边陪伴他。孩子的恐惧情绪一般来自具体情境、具体事物，因此，父母要及时了解他恐惧的原因，做些说明与解释，帮助他减轻恐惧感。

感知觉训练很重要

新生儿是从感知觉开始认识周围环境并和外界取得联系的，感知觉能力发展得越充分，记忆储存的知识经验就越丰富，思维和想象发展的空间和潜力也就越大。因此，从婴儿出生之日起，父母就应该通过多种手段促进婴儿感知觉的发展，积极引导婴儿通过感知觉认识和探索周围的世界。

❶ 了解感知觉的发展规律

出生第一年是感知觉发展最重要的时期，婴儿从一出生就表现出了视觉、听觉、嗅觉、味觉、触觉和动觉多方面的感知觉能力，适当的早期刺激是锻炼各种感官和促使大脑发育最重要的基础。不同的感知觉其发生发展的规律也各不相同。例如，听觉的发展从胎儿时期就开始了；0～6个月是婴儿视觉发育的敏感期；触觉发育的敏感期则在0～2岁；3岁左右是方位知觉发育的敏感期；2.5～3岁是大小知觉发展的敏感期；时间知觉的敏感期会更晚一些，大概在7岁；而观察力则是更高级的感知觉形态，在各项感知觉陆续发育的基础上，3～6岁将迎来观察力发展的敏感期。发展婴儿的感知觉要注意抓住不同感知觉发育的敏感期。

Tips

婴儿不仅有视、听、触觉，而且能对不同的感知觉进行整合。父母一定要注重婴儿感知觉的全面发展而不能只刺激单一的感觉。

❷ 促进新生儿的听觉发育

有些父母总怕声音大了会惊着新生儿，因此走路、说话、做事都尽可能不发出声音，让新生儿生活在一个非常安静的环境里。其实，这种做法是不对的，不利于新生儿的听觉发育。父母应该给新生儿一个有声的环境，家人的正常活动产生的各种声音，如走路声、关开门声、水声、涮洗声、扫地声、说话声等；室外也能传来许多声音，如车声、人声等，这些声音会刺激新生儿的听觉，促进其听觉发育。

除了自然界和日常生活中存在的声音外，还可人为地给新生儿创造一个有声的世界，如买些有声响的玩具——拨浪鼓、八音盒等。妈妈抱新生儿时最好采用左手抱的姿势，让新生儿尽量靠近妈妈的心脏，以便清晰地听到妈妈的心跳声，这是他最爱听并熟悉的声音。

❸ 促进新生儿的视觉发育

让新生儿接触自然的光线变化。有些家长怕房间里光线太亮影响新生儿睡觉，总是拉着窗帘，不敢开灯，把新生儿放在一个相对暗的环境，这种做法是非常错误的，不利于新生儿的视觉发育。应该让新生儿在自然的环境中感觉天黑、天亮，这样会大大刺激新生儿眼睛的感光性，促进视觉发育。

刚出生时，婴儿不知道如何协调转动自己的眼球，眼球转动起来可能有点儿对视或者漫无方向。不过，用不了多久，他就能够两眼持续地注视一个移动的玩具或物品了。将色彩鲜艳带响声的玩具放在距离新生儿眼睛25厘米处，边摇边缓慢移动，吸引新生儿的视线随着玩具和响声移动。坐在新生儿对面，一边喊他的小名一边移动大人的脸，让新生儿注视大人的脸并随之移动。在距新生儿眼睛15厘米~20厘米处慢慢抖动红球，以引起新生儿的注意，再慢慢移动红球让新生儿追视，这种方法不仅可以训练新生儿的视觉能力，还有助于提高新生儿的注意能力。

❹ 促进新生儿的触觉发育

人的触觉器官最大，全身皮肤都有灵敏的触觉。实际上胎儿在子宫里已有触觉，习惯于被紧紧包裹在子宫内的胎儿，出生后喜欢紧贴着身体的温暖环境。如果将新生儿包裹好（不是指捆绑很紧的蜡烛包）可以使他睡得安静。当你怀抱新生儿时，他喜欢紧贴着你的身体，依偎着你。对新生儿的轻柔爱抚不仅仅是皮肤间的接触，更是一种爱的传递。若新生儿在这个时期没有得到父母的爱抚和温暖，就很难对他人产生信任感，日后可能产生冷漠、缺乏安全感等性格问题。因此，爸爸妈妈应尽可能多地爱抚新生儿，这对孩子健康人格的形成十分重要。

妈妈在给新生儿喂奶的时候，可以用一只手托住新生儿，用另外一只手轻轻按摩新生儿的小手指，或者把妈妈的手指放入新生儿的手掌心里，让新生儿紧紧地握住。这样可以刺激新生儿的神经末梢，有助于新生儿的大脑发育及手指灵活。同时，也可以增进母子感情，让新生儿获得安全感。

1～2个月养与育

生长发育特点

体格发育

到这个月的月末，也就是婴儿满2个月时：

- 体重正常均值男婴为6.16千克±0.72千克，女婴为5.74±0.65千克。
- 身长正常均值男婴为60.4厘米±2.4厘米，女婴为59.2厘米±2.3厘米。
- 头围正常均值男婴为39.6厘米，女婴为38.6厘米。
- 胸围正常均值男婴为39.5厘米；女婴为38.7厘米。
- 前囟2厘米×2厘米，部分婴儿前囟缩小；后囟及骨缝基本闭合。

动作发育

❶ 大动作发育

这个月，婴儿出现的大多是没有什么规则的不协调动作。

- 俯卧时将婴儿侧转的头移至中线位置，逗引举头，有时面部可以离开床面少许距离，但稍停片刻头又会垂下来。
- 满月后，让婴儿仰卧，妈妈站在婴儿脚的方向，想办法吸引他注视妈妈的脸，然后轻轻握住婴儿的两只手腕将他拉起，婴儿的头部能保持竖直2～5秒钟。
- 出生后6周的婴儿被抱着立起时头部能竖直稳定。早的出生后3周时就能掌握该技能，晚的要到4个月才能达到，在这个年龄范围内都属于正常。

●有的婴儿能屈肘支起上身。早的出生后3周时就能达到该技能，晚的要到4个月才能达到，在这个年龄范围内都属于正常。

❷ 精细动作发育

●手的动作并不受意识的支配，常常是胡乱摇动，碰到物体时可出现抓握反应。

●用细柄的拨浪鼓触碰婴儿的手掌，他会紧紧握住2～3秒钟不松手。

●开始发现自己的手，喜欢玩自己的手指，能打开和合拢手指。

●喜欢把手指或物品放进嘴里“尝一尝”。父母可以给婴儿提供一些能够放在嘴里咬，又没有被吞进去的危险的玩具，这也是婴儿的一种探索行为。

感知觉发育

❶ 视觉发育

●出生6周的婴儿已经能够看清30厘米～60厘米远的物体。

●会注视抱着他的人，玩具在眼前晃动时能立即注视玩具，视野范围超过90°。可以在婴儿的床头挂一些会动的彩色玩具让他看。

●6～8周时开始出现头眼协调，对水平方向移动的物体，眼可跟随转动到达中线，并注视20秒，但当物体移出视线时还不会跟踪。

❷ 听觉发育

●静卧睁眼时，若听到突然的声音会立即闭上眼睛。

●在哭闹或手脚活动时，听到突然的声音会停止哭闹或终止活动。

●听见柔和悦耳的音乐会面露笑容并安静地倾听。

●睡眠中突然听到尖叫或刺耳的音乐，如摇滚乐、吹打乐等时，会表现出全身扭动、手足摇动等烦躁不安的样子。

●2个月左右会辨别声音的方向，在婴儿近处发出声音，如摇铃铛，婴儿会缓缓转过脸。

❸ 其他感觉发育

●在品尝甜、咸、酸等不同的味道时会表现出不同的反应。

●对强烈的刺激气味表现出不愉快。

●出生后2个月对痛刺激反应开始敏锐，女婴对疼痛反应较男婴敏感。

语言与社会性发育

❶ 语言发育

● 刚出生的婴儿主要通过哭来与家人交流，到了2个月左右，婴儿开始发出“啊—啊—啊”和“喔—喔—喔”这样的元音。如果家人试着回应，他可能又会“啊—啊—啊”地作答。父母应该经常拥抱婴儿，和婴儿说话，让他熟悉父母的声音，分辨说话声和非说话声。如果婴儿3个月时还没有自然地发出“喔啊”声，请带他到医生那儿做听力测试。

● 会睁大眼睛注视和他讲话的人，并伴随有嘴唇的运动。

❷ 社会性发育

● 这个月，婴儿开始注意经常照顾他的人，并会用目光追随，好像是在说：“嘿，我知道你是谁。”喜欢被妈妈拥抱，喜欢听妈妈的心跳。吃奶时眼睛不时看着妈妈，喜欢和妈妈进行目光交流，甚至会手舞足蹈起来。如果婴儿到3个月大后还不会与成人目光接触，应该做一次视力检查，以排除眼睛方面的疾病。

● 从出生第5周开始，婴儿出现社会性微笑。当父母冲着婴儿微笑时，他会报之以微笑。父母经常逗弄婴儿，婴儿会经常笑。但这种微笑没有特别的指向，无论谁逗他，他都会表现出这种微笑。

Tips

如果家人一直作出鼓励性的微笑，但婴儿3个月大时还没有出现社会性微笑，建议咨询儿科医生。

1～2个月养护要点

谨慎对待牛初乳制品

正常饲养的、无传染病和乳房炎症的健康母牛分娩后72小时内所挤出的乳汁称为“牛初乳”。初乳有许多重要功能，因而有人期望通过添加牛初乳提高婴儿的抗感染能力。然而即使是牛初乳，其成分也是很复杂的，经低温真空干燥提炼的牛初乳能否直接食用要审慎思考。医学卫生学认为：只有未曾滥用过抗生素、在饲料中不曾添加激素、有完整、正常的健康记录、产犊3头以上的奶牛所分泌的初乳，经过特殊加工工艺处理后才可以供人直接食用。牛初乳毕竟是母牛产犊后3天内的奶，其蛋白质含量及构成、矿物质和维生素含量并不符合婴儿需要，因此不能直接用来作为婴儿的日常主食乳品。但也不排除将牛初乳作为辅食，与普通奶粉配合使用，牛初乳中某些活性成分得以发挥其功能的可能性。此外，有人宣传可用牛初乳替代人乳，并期望用牛乳或配方奶粉取代人乳，这是违反医学常识的，因为人乳所特有的抗病原体的作用是任何人工加工产物所无法替代的。

不要过早给婴儿添加果汁

以前医生会建议在婴儿两三个月时就添加新鲜的果汁，因为当时配方奶粉并不普及，鲜牛奶中的维生素C含量很低，不能满足婴儿生长发育的需要，添加一些新鲜的果汁可以让婴儿多摄入一些维生素。但现在提倡至少到婴儿4～6个月时再添加果汁，因为过早添加果汁容易造成过敏或消化不良，还会影响奶的摄入量。现在绝大多数婴儿都是吃母乳或配方奶，其中所含的各种维生素和矿物质完全能够满足生长发育的需要，不需要再额外添加果汁。

正确看待婴儿囟门的大小

囟门是婴儿两顶骨和两额骨交接而形成的缝隙，是颅骨生长发育的标志之一。囟门的大小和胎儿发育有关，出生时囟门过大、过小都不能作为疾病的唯一诊断标准，重要的是婴儿出生后头围的生长速度。不论囟门大小，生后随着月龄增长，头围与该月龄组头围平均值的大小相当即是正常的。若出生时囟门小，每月测量头围又增长缓慢，囟门6个月以内闭合，尤其在4个月以内闭合者，头围又明显小于平均值的可能是小头畸形。若出生时头围过大，囟门3厘米～5厘米或更大，需要每日测量。如果头围超过正常生长速度，要进一步做头颅B超，检查是否有脑积水。

囟门是观察某些疾病的窗口，但也不能孤立地把囟门大小作为诊断的唯一手段，要具体情况具体分析。正常情况下，婴儿囟门大并不一定意味着有病。例如，一个婴儿的囟门大于3厘米，观察时囟门处“呼嗒呼嗒”地跳动着，触摸囟门有搏动感，囟门处搏动感是小血管搏动所致，因此不属异常。若出生时囟门小于0.8厘米，但头围生长速度正常，这也不是疾病。出生时囟门虽小或囟门在6个月几乎闭合的婴儿，只要头围生长速度正常，也不能认为是疾病，但要定期测量头围。若婴儿发热伴有精神不振或烦躁、皮疹等，且触摸囟门时有紧张感、张力高或有搏动感，意味

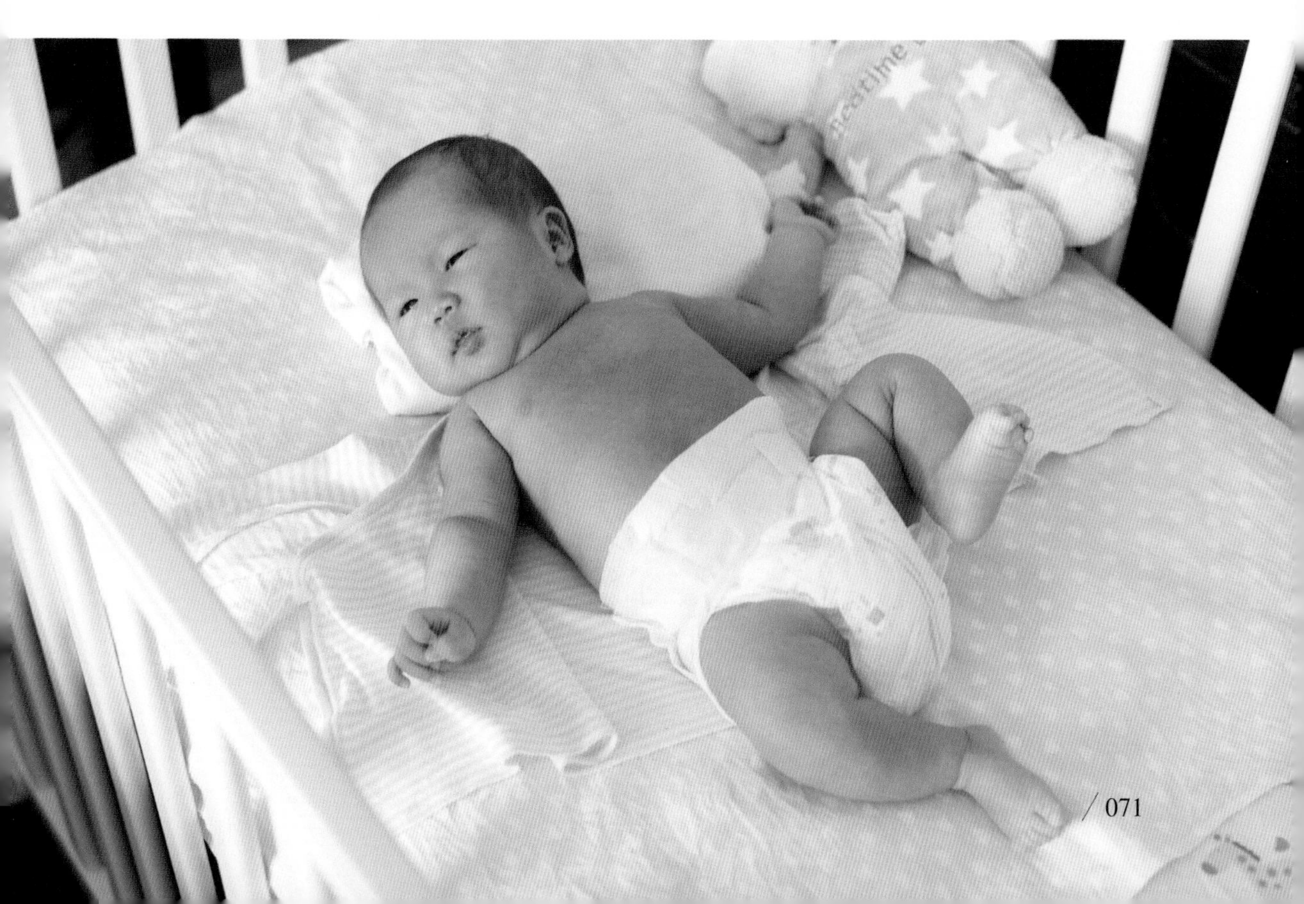

着可能有脑水肿或颅内压增高，表示病情严重；若伴有腹泻，稀水样便，囟门比平常低平或凹陷，可能有脱水。

衣服并不是穿得越多越好

婴儿穿多少衣服要看季节及室内温度，根据天气冷暖、室内温度变化加减衣服。在冬季或天凉时，有些家长怕婴儿冷或着凉，总觉得婴儿穿得少，常常给婴儿穿得又多、盖得又厚。其实婴儿比成人活动多，全身都在不停地运动，吃奶对婴儿来说就是在运动和劳动，如果穿多了就容易出汗。大家有这样的经验，如果一个人衣服穿多了，又经过一段时间的运动和劳动，一定会全身出汗，一旦遇到天气凉的时候很容易着凉感冒。婴儿新陈代谢旺盛，出汗多，当婴儿穿得多、出汗多时，如果给婴儿换衣服或尿布时不注意保暖，很容易使婴儿着凉感冒。夏天有些婴儿穿得也很多，捂得婴儿面部出现汗疱疹，重者全身出现汗疱疹或脓疱疹。那么，婴儿到

底应该穿多少衣服合适呢？一般来说，平时婴儿穿的衣服应和成人一样，甚至还可少穿一件。但带婴儿外出、让婴儿坐在童车里、婴儿活动量减少或不活动时就要加衣服，避免婴儿受凉感冒。

男婴也要经常洗屁股

有些家长常常认为女婴要注意外阴卫生，勤洗屁股，而对男婴，家长就不那么重视了。实际上，这种观点是不正确的。婴幼儿期的男婴大多数有生理性包茎，如果不注意外阴部卫生，常有尿液残留，形成包皮垢，尿碱的刺激还容易并发包皮炎、龟头炎，而且易反复发作。若长时间不能自愈，只能选择手术治疗。所以，男婴也要注意清洗外阴。在清洗时要把包皮尽量向上翻，但动作一定要轻柔，暂时不能翻起也没关系，不要强行去翻。包皮发炎时用小檗碱水浸泡，然后再外涂红霉素眼药膏。慢慢地，随着年龄的增长，阴茎头会自然露出，生理性包茎也就消失了。

有些婴儿暂时不能接种疫苗

尽管做预防接种是保护儿童免患疾病的有益措施，但在有些情况下儿童暂时不宜做预防接种。有如下情况之一者可考虑延缓预防接种。

- 打预防针是机体接受抗原刺激，必然有一定的反应。因此，在打预防针时孩子的身体应该是健康的。如有发热、皮疹或处于感冒初期等都暂时不宜做预防接种，以免加重病情。
- 有急性传染病接触史的婴儿应暂缓预防接种，因为传染病都有一定的潜伏期，如果已被传染了，再打预防针会加重病情。
- 腹泻患儿暂不宜服小儿麻痹糖丸。小儿麻痹糖丸口服需经肠道淋巴管吸收，腹泻时消化功能紊乱，可影响疫苗免疫力的产生。
- 最近6周内注射过丙种球蛋白或其他被动免疫制剂者，为防止被动抗体的干扰作用，应推迟预防接种。
- 某些传染病流行时应暂缓与之有反应的疫苗的接种。例如，乙脑流行时不宜接种百日咳疫苗等。

1～2个月育儿重点

关注婴儿的体重变化

体重是身体各器官、骨骼、肌肉、脂肪等组织及体液重量的总和，是反映近期营养状况和评价生长发育的重要指标。尤其在婴儿期，体重对判断生长发育是否良好特别重要。

正常情况下，婴儿期前3个月体重增长速度最快，3个月末时体重可达出生时的2倍（6千克），与后9个月的增加值几乎相等；1岁时增至出生时的3倍（9千克），2岁时增至出生时的4倍（12千克），2岁后体重增长比较稳定，一直到青春前期。

Tips

计算儿童用药量和液体用量时可参照以下公式：

公式1

1～6个月体重（千克）＝出生体重（千克）＋月龄×0.7（千克）

7～12个月体重（千克）＝出生体重（千克）+6×0.7（千克）＋（月龄－6）×0.3（千克）

2岁～青春前期体重（千克）＝年龄（岁）×2（千克）+8（千克）

公式2

3～12个月体重（千克）＝［年龄（月）+9］÷2

1～6岁体重（千克）＝年龄（岁）×2+8

同龄儿童体重的个体差异较大，其波动范围可在±10%。

让婴儿习惯用勺子喝水

勺子与奶瓶不同，比较适合喂较稠的液体和半固体食物。让婴儿改变吸吮的方法，学会见勺张嘴需要一段适应过程，但要从满月后开始练习，为以后喂辅食做准备。开始用小勺时盛1/3～1/2的液体，将小勺伸进婴儿舌中部，把小勺略作倾斜，将液体倒入婴儿的嘴里，勺子仍留在舌中部，待婴儿吞咽时接住从咽部返流出的液体。婴儿要连续咽两三次才能将嘴里的液体全部咽下，这时再将勺子取出喂第二勺。注意不要用勺子用力压婴儿的舌中部，否则会引起呕吐。

婴儿习惯吸吮，常用吸吮的口形将唇噘起，勺子难以进入舌中部，要稍等片刻，等婴儿把嘴张开。这时最好的办法是同婴儿讲话，大人说“把嘴张开”，并做张嘴动作让婴儿模仿，婴儿张开嘴时马上将勺子放入。经过反复练习，大约到出生第三个月时婴儿就能学会见勺张嘴了，这时就好喂多了，液体也较少在吞咽时返流出来。

继续观察婴儿的大小便规律

一般来说，当婴儿要排便时会表现出脸涨红、使劲儿、发呆，这时可以把婴儿背对着自己抱在怀里，让婴儿呈蹲式，同时加上使劲儿的声音，提示婴儿排便。切莫在婴儿排便时和他玩耍、分散他的注意力。排便后应用温水冲洗肛门，让婴儿逐渐养成良好的排便习惯。

培养婴儿良好的睡眠习惯

这个月，婴儿开始显示昼夜规律，晚上睡眠时间可延长到4～5小时，白天觉醒时间逐渐有规律。

睡眠质量的好坏对婴儿的健康影响很大。睡眠质量好是指能按时入睡、按时醒，睡够应睡的时间，睡得深沉，睡醒后精神饱满、情绪愉快，为此从小就要养成不抱、不拍、按时、自然入睡的好习惯。

❶ 睡眠环境应安静、舒适

婴儿的卧室要空气新鲜，温暖季节可开窗睡，冬季睡前也要进行通风换气，寒冷新鲜的空气是最好的催眠剂。为新生儿创造一个睡眠的气氛也很重要，当婴儿将要上床入睡时电视的声音要放小一些，灯光也要暗一些，白天应挂上窗帘，大人的说话声应尽可能放低；不要在婴儿睡觉的屋内抽烟，被褥枕要干净舒适，与季节相符合，特别是要注意被子不要太厚，避免婴儿有燥热的感觉。

❷ 睡前不要让婴儿过度兴奋

快到睡眠的时间就要使婴儿安静下来，这样他才能逐渐有睡意。因此在睡前半小时应让他自己安静地玩一会儿，使其情绪平静下来。

婴儿也要加强体格锻炼

婴儿除了应该得到适宜的护理和喂养外，还应加强体格锻炼，增强体质，提高对外界气候变化的适应能力和对疾病的抵抗能力。一个出生时很健康的婴儿，出生后如果缺乏锻炼，体质会由强变弱；反之，出生时体弱的婴儿，如果出生后注意锻炼，体质可以变弱为强。所以，体质不是一生下来就固定不变的，强与弱在一定条件下是可以相互转化的。

婴儿的体格锻炼主要是通过日常生活进行的，如晒太阳、呼吸新鲜空气、运动、接受一些不同温度的冷热刺激等，也就是充分利用日光、空气和水来锻炼身体。事实上，凡是经过锻炼的婴儿佝偻病的发病率明显下降，呼吸道疾病大大减少，精神焕发，意志坚强，行动活泼，食欲良好，睡眠安静而持久，身体强壮。

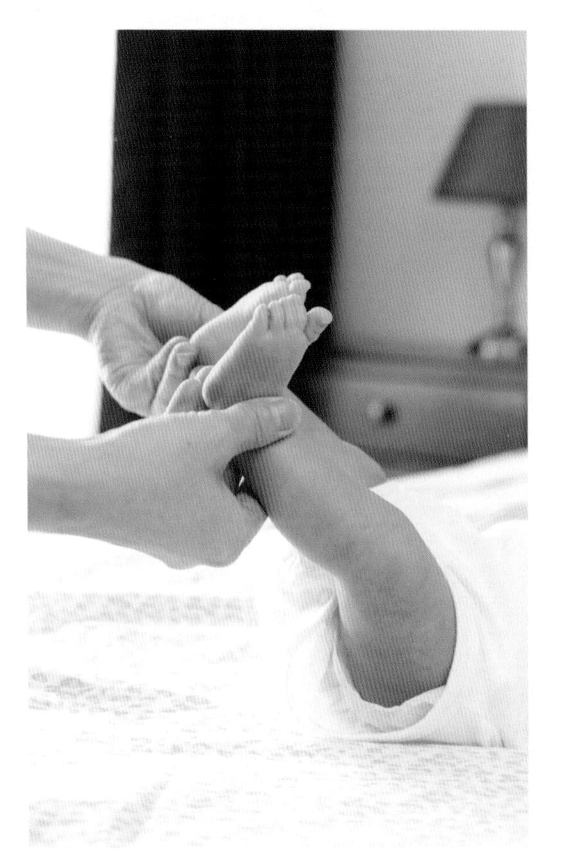

❶ 空气浴

风和日丽的天气可以带婴儿进行户外活动。通过户外活动和锻炼可以逐步训练开窗睡觉(先把窗户开小点儿，逐渐开一扇窗户)，利用冷空气的锻炼增强婴儿的体温调节能力。冬季门窗紧闭，室内缺乏新鲜空气，因此，在冬季也要经常打开门窗，通风换气。

户外睡眠能使婴儿受到阳光、空气和微风的作用，这种方法一年四季都可以进行，特别是在冬天。冷空气的反复刺激能加强婴儿的体温调节机能，提高对寒冷的适应性。冷空气刺激还可以使婴儿睡得快、睡得熟且深长。在天气温暖的季节里，婴儿满月以后就可以在户外睡觉。睡觉时间和次数要慢慢增加，如果已有开窗睡觉的习惯，第一次可以在户外睡2小时左右；三四天后可以再增加一次户外睡眠，即上、下午各1次。冬季户外睡眠的时间是上午10～12点，下午1～3点。

把婴儿抱到户外去以前应当将其包裹暖和，脸上擦点油，鼻子的呼吸要通畅。去户外时宝宝躺在婴儿车上应搭一个小被子，被子的厚薄可根据气温的高低而定。户外睡眠用的被褥要与婴儿同时抱出去。如果铺早了，被子太冷，婴儿不容易睡暖。在睡眠过程中要有成人照顾，随时注意婴儿睡觉的情况和气温变化。只要婴儿从小养成户外睡眠的习惯是不会冻病的。训练户外睡眠的习惯可以从夏天开始，渐渐转入冬季。最好先养成开窗睡眠的习惯，然后再移至户外，决不能在冬季里突然采用这种方法。

❷ 日光浴

日光中含有两种光线，一种是红外线，照射到人体以后可以使全身温暖，血管扩张，增强人体抵抗力；另一种是紫外线，照射到人体皮肤上可以促使皮肤里的7-脱氢胆固醇转化成维生素D，帮助婴儿吸收食物中的钙和磷，调节钙磷代谢，使骨骼长得结实，预防和治疗佝偻病。适量的紫外线可使全身功能活跃，加快血液循环，也能刺激骨髓制造红细胞，防止贫血。此外，它还有杀菌消毒作用，所以经常晒太阳对身体很有好处。

在气候适宜的情况下尽量多暴露一些皮肤在外面，可以让婴儿和妈妈面对面，妈妈抱着婴儿，使其背部迎着阳光，让太阳晒后背，因为背部占体表面积大，产生的维生素D多。若暴露的皮肤少，产生的维生素D就少。通过晒太阳补充维生素D既经济又不用担心中毒。如果在夏秋季，婴儿裸体每天晒太阳超过2小时就足够生理需要了。

需要注意的是，晒太阳时要注意不要让阳光直晒婴儿的头，也不要在烈日下暴晒。

Tips

锻炼中应注意的问题

以下4点在婴儿任何一种锻炼过程中都要遵守：

- 锻炼要循序渐进，开始时给予冷或热的刺激要小，时间要短，慢慢地加强刺激的程度。一种刺激适应了以后再给予另一种刺激，例如户外睡眠，首先要让婴儿习惯开窗睡眠，再从夏季开始户外睡眠，然后才能进入冬季户外睡眠阶段。
- 锻炼要从小开始，并且要坚持不懈，让婴儿逐渐养成习惯，并不断地加以巩固。
- 要注意个别婴儿的特点。在锻炼过程中，由于各人的体质不同，接受冷热刺激的反应也就不同。一般健康的婴儿较易适应，体弱或是神经不健全的婴儿对冷热的刺激往往反应强烈。所以，开始时间应短一些，变化刺激可以小一些，这样他们就能够接受和坚持锻炼，真正不能锻炼的仅是个别的。
- 锻炼要同科学的护理、良好的教养和卫生习惯相结合。虽然通过锻炼可以增强身体的抵抗力，促进发育，但是，如果不注意婴儿身体所必需的营养还是可能得病。所以婴儿的体格锻炼必须和其他各方面密切配合，坚持下去才能收到更好的效果。

育儿专家答疑

◉ 夜里睡眠不实就是缺钙吗

在儿童保健门诊中，以婴儿睡眠不实为主要原因来给孩子看病的家长占相当的比重。很多家长都认为孩子晚上睡不好是缺钙所致，要求给予补钙治疗。事实上婴儿睡眠不实不都是缺钙所致，还与饮食、疾病、环境等多方面因素有关，要具体情况具体分析，查找出睡眠不实的真正原因才能标本兼治。

❶ 饮食不当引起睡眠不实

一些家长晚上给婴儿吃得过饱，高蛋白质饮食，过于油腻。婴儿在睡眠时胃肠蠕动慢，消化能力差，多余的、没有及时消化吸收的食物在胃肠道中发酵、产气，引起腹胀及其他腹部不适，婴儿表现为夜里哭闹、睡眠不安。还有些婴儿饮食不规律，有夜里吃奶等习惯，常常在夜里有饥饿性哭闹，睡眠不安。

❷ 疾病引起身体不适

婴儿不舒服首先表现为烦躁、哭闹。患病时睡眠不安多伴有发热、咳嗽、腹泻等症状，容易找到原因。患有贫血、低锌的婴儿夜里也有不同程度的睡眠不实，还有些婴儿是维生素缺乏，特别是B族维生素缺乏，也会有睡眠不好的症状。有些疾病的恢复期，如腹泻、上感、肺炎等，甚至打预防针后几天之内，婴儿也会有睡眠不安的表现。

❸ 缺钙造成睡眠不安

由于光照不足、维生素D（鱼肝油）摄入量不足、生长过快等原因导致钙吸收不良，引起一系列临床症状，如夜里睡眠不实。一般缺钙引起的睡眠不实常常有睡觉时易惊、有声就醒、出汗多等现象，除了夜里哭外还常伴有肋缘外翻、肋骨串珠、鸡胸、腿弯等体征。

❹ 环境不适造成睡眠不安

室温过高，通风不良，婴儿就会表现得烦躁、口渴、睡眠不安。

婴儿肚脐不干怎么办

婴儿满月了，脐带也已脱落了多日，可脐窝总有些发红，且总是湿漉漉的，这在医学上叫“脐茸”。若脐窝有脓性分泌物，还有窦道，叫“脐窦”。出现以上两种情况都应该到医院外科就诊，由专科医生来治疗。一般脐茸用5%～10%硝酸银灼烧即可治愈。脐窦则首先需要局部抗炎处理，然后和脐茸一样，需要到医院根据情况进一步治疗。

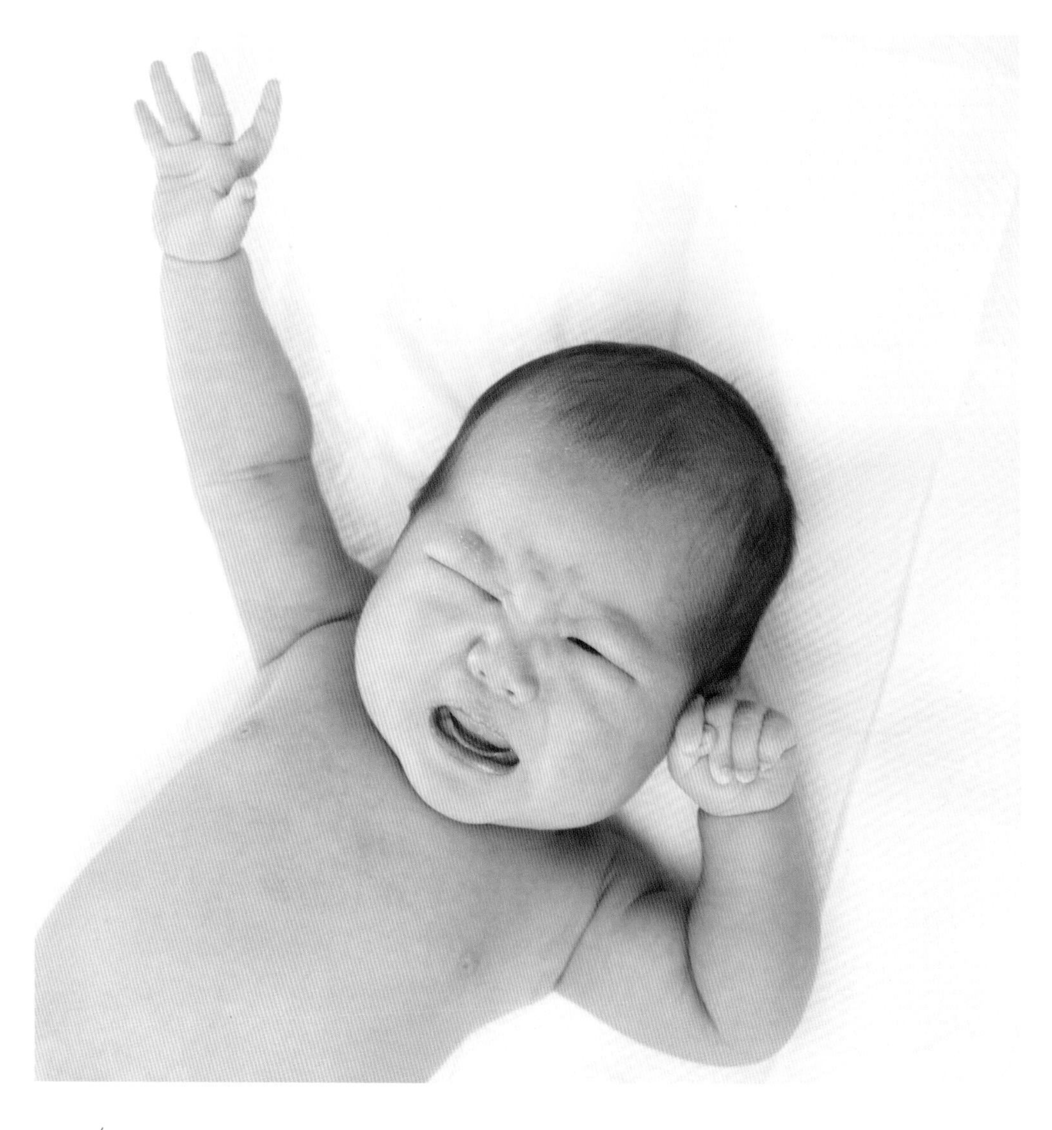

2～3个月养与育

生长发育特点

体格发育

到这个月的月末，也就是婴儿满3个月时：

- 体重正常均值男婴为6.98千克±0.79千克，女婴为6.42千克±0.70千克。
- 身长正常均值男婴为63厘米±2.3厘米，女婴为61.6厘米±2.2厘米。
- 头围的增长速度比胸围慢，男婴正常均值为40.8厘米，女婴为39.8厘米。
- 本月多数婴儿胸围实际数值开始达到甚至超过头围，男婴正常均值为41.2厘米，女婴正常均值为40.1厘米。如果胸围小于头围，表示婴儿身体较瘦，应增加食量。
- 前囟为2厘米×2厘米。

动作发育

❶ 大动作发育

- 俯卧位时能将头竖直并保持在中线，而不是转向一边；头部能持久抬至45°，下颏离开床面5厘米～7厘米；还能从竖直位让头低下，而不是无力地垂下。

●随着颈紧张反射的减弱与消失，3个月左右时，仰卧位头可随看到的物品或听到的声音转动180°。

●能从侧卧转到俯卧，也能从俯卧变成侧卧。早的出生后3周时就能达到该技能，晚的要到5个月才能达到，在这个年龄范围内都属于正常。

●90%的婴儿在出生后2～7个月时能从仰卧转到侧卧（达到该技能的平均年龄是4～5个月）。

●俯卧位能交替踢腿，这是匍匐的开始。

●扶立时髋、膝关节屈曲。

❷精细动作发育

●用拨浪鼓柄触碰婴儿的手掌，婴儿能握住拨浪鼓，让拨浪鼓在手中停留一会儿，还可以把拨浪鼓举起来。

●仰卧时能用手指抓自己的身体、头发和衣服。

●会伸手够积木块，能用手够悬挂的玩具，但不一定能成功。早的1个月时就能达到该技能，晚的要到5个月才能达到，在这个年龄范围内都属于正常。

感知觉发育

❶视觉发育

●仰卧时将拨浪鼓放在婴儿手中，能注视手中的拨浪鼓而不是看附近的东西，但还不能举起来看；将拨浪鼓从其头上部向胸上方移动，两眼能跟随拨浪鼓上下移动；把拨浪鼓拿到婴儿胸上方，引起婴儿注意后拿着拨浪鼓围绕其面部转圈圈，目光有时能跟随拨浪鼓转动，但不很随意。

●把大物体放在婴儿视线内，如积木或杯子，婴儿能够持续地注意。最好每天抱婴儿出去看一看外面的世界，训练他主动寻找刺激物的能力。

●已经具备初步的双眼视觉，即利用两眼与物体距离的不同发现物体的远近。

●有区别颜色的能力，能够看到红色、橙色、绿色和黄色，随后可以看到蓝色。注视彩色圆盘的时间要比注视灰色圆盘的时间长。父母可以提供一些颜色醒目的玩具，以吸引婴儿的注意。

●喜欢看图形的细节，喜欢注视带小格子的棋盘图案。

●开始更仔细地探究人脸的内部特点，注视点更多地停留在人的眼睛和嘴巴部位。

❷ 听觉发育

对能够发出声音的手铃和脚铃非常感兴趣，听见摇铃的声音会把身子和头都转过去，并尝试着用手去抓。父母可以给婴儿提供容易抓住的、能发出不同声响的、具有不同颜色的玩具，比如沙球、响板等，让婴儿自由地触摸、敲打，发出各种声音，激发婴儿的兴趣。

❸ 其他感觉发育

●出生10～12周的婴儿已有一定的大小恒常性。

●能通过口腔触觉区别不同的物品。

语言和社会性发育

❶ 语言发育

●能发出一些简单的音节，多为单音节，如ɑ、ɑi、e、ei、o u等。

●会使用“咿咿呀呀”的声音与大人交流。如果家人和他用“呃啊”之音谈笑，他就会和家人“呃啊”起来，表现得很愉快，但这种声音还不是语言。父母应该经常这样和婴儿交流，当婴儿对父母的谈话做出反应时给予鼓励。这也是对婴儿初始的发音训练，让婴儿将自己的声音同听到的声音联系起来，使其对外界的语言刺激更为敏感。

❷ 社会性发育

●开始认识妈妈或者照料人，看到妈妈准备喂奶会表现出异常兴奋的神情。

●特别爱笑，经常手舞足蹈，盯着父母的脸看好长时间，会“呀呀”地叫个不停，“嘎嘎”地笑个不停。父母应该拿出时间与婴儿玩耍，同时也能借机了解他的脾气秉性，这个阶段父母的作用很关键。

●开始出现有差别、有选择的社会性微笑，对熟悉的人比对不熟悉的人笑得更多，对熟悉的人会无拘无束地微笑，而对不熟悉的人则带有一种警惕的注意。

认知能力发育

• 2～3个月时，当婴儿注意看某种东西，要把这种东西拿走他会用眼睛去寻找，说明婴儿已有了短时记忆。

• 出生2～3个月的婴儿注意已有了选择性，如凝视时的视线总是落在脸的中部，但时间还是很短。带婴儿外出散步时留心他感兴趣的事物，让他认识和感知这些事物，扩大他对事物的注意范围，培养他的观察能力。

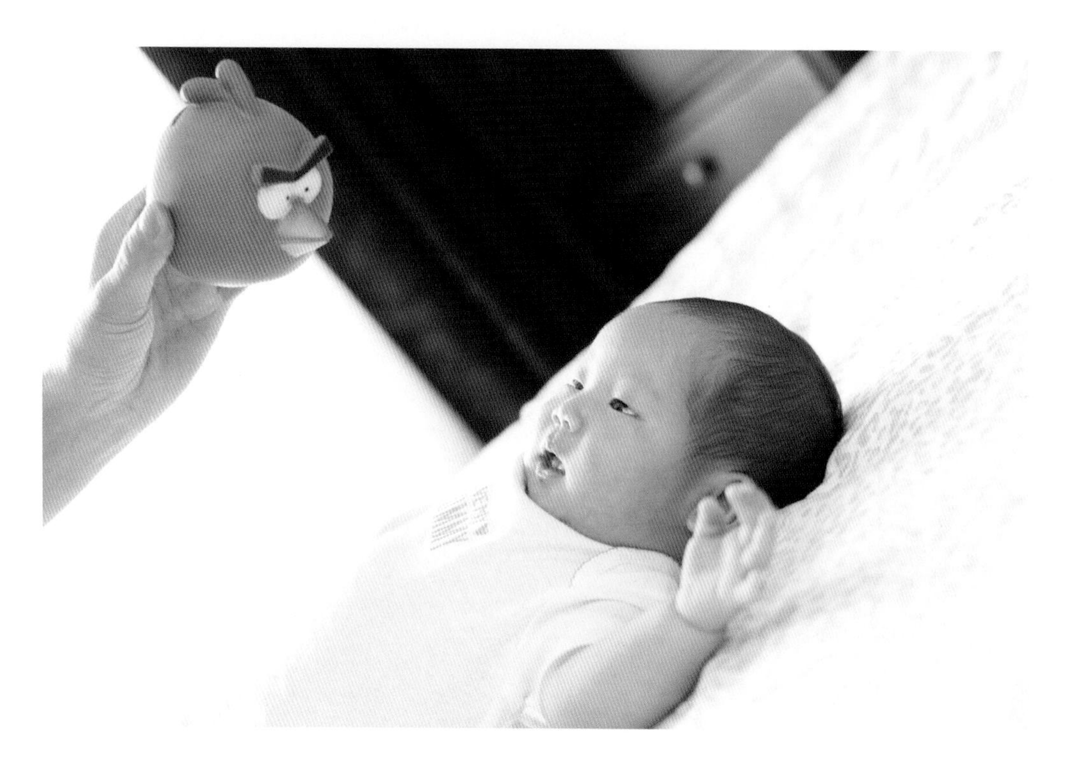

2～3个月养护要点

调整哺乳时间

母乳的成分是随着婴儿月龄的增加而不断变化的，一般产后15～30天后母乳进入分泌旺盛期，成分由原来的富含抗体、蛋白质和矿物质转变为富含脂肪，分泌量也由原来的每次18毫升～45毫升、每日总量 250毫升～300毫升增加到每日总量500毫升～800毫升，3个月后甚至可达1000毫升。

相应地，随着婴儿胃容量的增加，即每次摄入量的增加，婴儿出生56天之后可以逐步由每3小时哺喂1次减为每4小时哺喂1次，大致是上午8时、12时，下午4时、8时，夜间12时，共5次。哺喂时间的调整可以让妈妈得到更好的休息，会更有利于泌乳。

如果产假在家或是全职妈妈，可按早晨6时，上午10时，下午2时、6时，晚上10时的时间安排定时哺乳，这样可以培养婴儿定时睡觉、定时醒来、定时吃奶的好习惯，有利于妈妈休息和自己的生活安排。当然，具体实施时妈妈还可以根据自己和婴儿的具体情况进行调整。

另外，妈妈要注意减少晚上哺喂的次数，渐渐地改为到晚上不用喂、让婴儿能一觉睡到天亮，这样母子都可安睡一夜，有利于母子健康。如果婴儿已养成晚上吃奶的习惯，他到时就会醒来哭闹着要求吃奶，不喂他无法再入睡，妈妈就只好起来喂奶。所以最好从2～3个月起就开始逐渐减少夜间哺喂次数，以培养婴儿夜间不吃奶的习惯，以使母子、家人都能安静地睡一整夜。

补钙吸收是关键

进行母乳喂养的妈妈应该注意补钙，哺乳期间每日应保证摄入1200毫克钙。人工喂养的婴儿，如果每日能喝800毫升的配方奶粉，就能够满足机体对钙的需要。如果婴儿还是缺钙，首先要想到的不是给婴儿吃何种钙剂、钙含量是多少，而是

吸收的问题。同样是100毫克的钙，母乳中钙的吸收率为80%，牛奶中钙的吸收率为60%，食物中的钙如果搭配合理吸收率在50%左右，其他钙元素在30%左右，只不过数量占优势而已。但钙是矿物质，高单位、密集型摄入是非常不容易消化吸收和沉积的，这就是很多脾胃虚弱的婴儿补钙效果不好的原因，而且非常容易导致婴儿大便干结、消化不良，甚至导致脾胃不合。

排除了孩子生病的原因，可以考虑添加鱼肝油，同时需要增加晒太阳的时间和孩子的活动量，促进钙的吸收。最后，才是针对孩子体质开出适合孩子肠胃吸收的钙剂。

怎样判断婴儿是否缺钙

可从以下几个方面观察判断孩子是否缺钙:

❶ 枕秃

孩子因汗多而头痒，躺着时喜欢磨头止痒，时间久了后脑勺处的头发被磨光了，就形成枕秃圈（医学上称“环形脱发”）。但不能说有枕秃的婴儿都缺钙，有些婴儿在夏季出汗或家长为婴儿着装过多容易出汗，出汗过多会引起皮肤发痒。还有些婴儿头面部有湿疹，也会引起皮肤发痒。这些原因均可使婴儿在枕头上蹭头，出现枕秃。确实是因为缺钙引起的枕秃，要在医生指导下补充维生素D及钙制剂。

❷ 精神烦躁

孩子烦躁磨人，不听话，爱哭闹，对周围环境不感兴趣，不如以往活泼、脾气怪等。

❸ 睡眠不安

孩子不易入睡，易惊醒、夜惊、早醒，醒后哭闹难止。

④ 出牙晚

正常的婴儿应该在4～8个月时开始出牙，而有的孩子因为缺钙到1岁半时仍未出牙。

⑤ 前囟门闭合晚

正常情况下，婴儿的前囟门应该在1岁半闭合，缺钙的孩子则前囟门宽大，闭合延迟。

⑥ 其他骨骼异常表现

方颅；肋缘外翻；胸部肋骨上有像算盘珠子一样的隆起，医学上称作“肋骨串珠”；胸骨前凸或下缘内陷，医学上称作“鸡胸”或“漏斗胸”；当孩子站立或行走时，由于骨头较软，身体的重力使孩子的两腿向内或向外弯曲，就是所谓的“X”形腿或“O”形腿。

⑦ 免疫功能差

孩子容易患上呼吸道感染、肺炎、腹泻等疾病。

家长如果观察到孩子在以上项目中占了2～3项以上，就要带孩子去医院，由医生根据孩子出现的症状、体征及血钙化验等判断孩子是否缺钙，以便及时治疗。

注意婴儿抓物入口

3个月龄前后的婴儿虽然手还不太灵活，但看到什么都想抓，抓到马上放入嘴里啃，这是一种生存本能，叫觅食反射。大人放在他手中的东西很快不由自主地又放手扔掉了。婴儿只要无意中抓到东西，马上就会放入口中啃咬，这就是生存本能。大人应将婴儿身旁不洁之物统统收去，经常更换床单，每天清洗玩具，不能洗的玩具不要让婴儿够到。要特别注意的是大人床上不宜放一些危害婴儿之物，曾经发生婴儿在大床上玩耍，将枕头下面的避孕药放入口中吞服的事情。直径小于2厘米的东西都有可能被婴儿吞下而发生危险，父母一定要特别注意。

婴儿放东西入口是一种探索行为，用嘴去啃啃，看看能不能吃。有时把东西翻过来转过去地啃，知道真的不能吃才罢休。家长应当理解，所有婴儿都会经历这个过程，直到真正学会咀嚼，分清哪些能吃、哪些不能吃。

3个月～1岁的婴儿都会抓物入口，要容忍婴儿这一漫长的探索过程，家长做好安全防护即可。不要因为婴儿抓物入口就禁止他拿东西，甚至用手套把他的手包起来，限制或剥夺他手技巧的发展。可以给一些专供啃咬的用具，如咀嚼环让婴儿啃咬。

本月计划免疫

❶ 口服小儿麻痹糖丸

这个月应口服小儿麻痹糖丸。小儿麻痹糖丸的正式名称叫“脊髓灰质炎减毒活疫苗”，是预防脊髓灰质炎（小儿麻痹症）的有效方法。虽然它不是用注射的方式而是用口服的方式，但它也和其他疫苗一样有免疫的作用，只是接种的途径不同，所以它也是预防针。

疫苗采用口服的方式，用清洁的汤勺将糖丸研碎，然后溶于冷开水中服用。切忌用热开水溶化或混入其他饮料中服用，以免将疫苗中的病毒杀死，影响免疫效果。接下来的两个月每个月服1次，即3月龄、4月龄连续服2次，每次间隔时间不得少于28天。如果由于特殊原因当时不能服用，一定要把糖丸放在冰箱冷藏室内。糖丸在20℃～22℃只能保存12天，而在2℃～10℃则可保存5个月。

Tips

不要在哺乳后2小时之内服用，因为母乳中可能有抵抗该病毒的抗体存在，使糖丸失去活性。应在哺乳前半小时或1小时空腹服用。

口服疫苗前1周有腹泻的婴儿或发热、患有急性病的婴儿应该暂缓接种。有免疫缺陷的婴儿和正在使用免疫制剂（如激素）的婴儿应禁用疫苗。对牛奶过敏的婴儿可服液体疫苗。

❷ 检查卡介苗接种效果

这个月还应该带孩子到结核病防治所检查卡介苗接种是否有效。

2～3个月育儿重点

让婴儿感受爸爸、妈妈不同的爱

爸爸要主动同婴儿玩耍，婴儿会感到父母是不同的。爸爸的手强健有力，抱他的方式与妈妈不同；爸爸亲婴儿，脸上有胡须，与妈妈光滑的脸不同；爸爸的气味与妈妈不同；爸爸讲话时声音低沉；爸爸不但会唱歌还会吹口哨。多数婴儿都喜欢让爸爸抱，举高高，被举到空中使婴儿感觉很刺激。男婴很喜欢爸爸豪爽的笑，也更喜欢多一些惊险和刺激。婴儿开始觉察到有两种不同的人，一种像妈妈，一种像爸爸，都很爱婴儿。让婴儿体会母爱和父爱，使他感受到家庭的温暖。父母都爱护自己，自己属于这个家庭，这种家庭观念会影响孩子的一生。

父母每次离开都和婴儿说“再见”并做出再见的手势，每次回来都和婴儿打招呼“妈妈回来了”，让婴儿有最初的社交经验。

提高感觉统合能力

让婴儿仰卧，把系上铃铛的大花球吊在婴儿能看到的地方。拉一根绳子，一头系在球上，另一头系一个松紧带环套在婴儿左侧手腕上。大人扶着婴儿的左手摇动，会牵动大花球上的铃铛作响。大人松手让婴儿自己玩，婴儿会舞动四肢甚至晃动身体使铃铛作响。以后会试着动腿或动胳膊，逐渐知道只挥动左臂就能使铃铛作响。婴儿学会后，家长可把松紧带环套到婴儿的右腕上，婴儿会重新晃动身体，最后会知道只动右腕也可使铃铛作响。这样再把松紧带环轮流套到左、右脚踝上，婴儿也能经过几次试验而找出该动哪一个肢体使铃铛作响。

这是锻炼感觉统合和选择专一性的游戏：从看到花球、听到铃响到支配全身无选择运动是感觉统合过程；再到试验支配哪一个肢体才能收效，是锻炼大脑专门指使选择哪一个肢体活动的专一过程。

手是婴儿最好的玩具

让婴儿仰卧在床上，去掉悬吊在床上的玩具。婴儿在没有玩具、没有人在旁边时会玩自己的小手。先把手伸到眼前观看，然后两手的手指交叉或者手掌搓弄手背玩。他会聚精会神地玩耍，高兴时还发出“啊不，啊咕”的声音，玩五六分钟就累了，开始大声叫唤，要求人来。婴儿在玩手的过程中学会伸展和抓拢手指，学会双手合拢和双手协作，这对以后手的精巧发展有帮助。

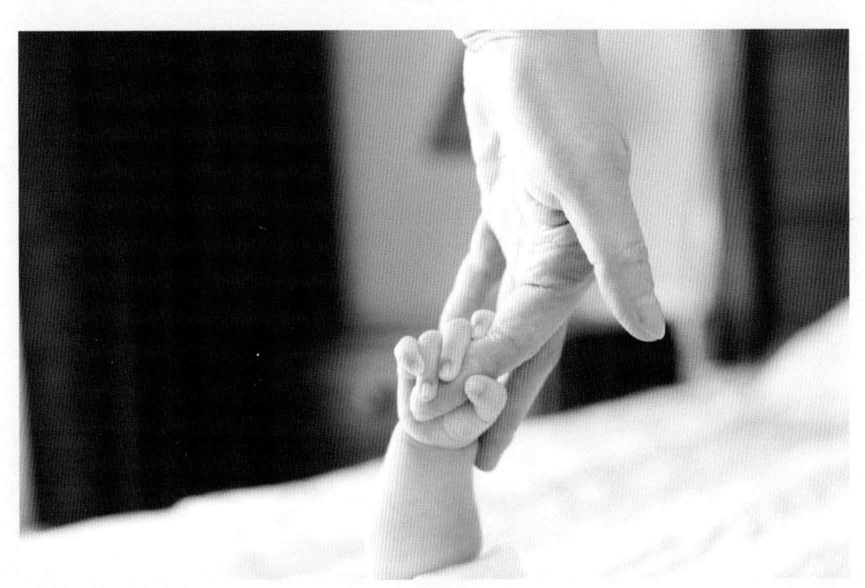

激发婴儿的好奇心

把婴儿抱至梳妆镜前，让婴儿观察自己的形象。婴儿笑时镜中的婴儿也笑；妈妈拉婴儿的手去摸镜子，镜中婴儿也照样伸手；妈妈做怪脸，镜中的妈妈也做怪脸。婴儿开始用头去碰镜子，用身体去撞，用脚去踢，在镜前做各种动作。妈妈告诉他“这是宝宝，那是妈妈”，让他认识自己的形象。

让婴儿看可移动的小镜子，在小镜子中映出抓不到的玩具和自己看不见的东西。大人移动镜子，镜子映出的东西不断变化，会使婴儿惊奇不已。

先让婴儿认识镜中自己的形象，看清楚自己身体的每一部位，也看到妈妈比自己高大，妈妈身上的每个部位都比自己的大；再让婴儿从镜中看到不同位置的东西，引起婴儿探索外界的兴趣。

育儿专家答疑

● 婴儿运动发育异常的信号有哪些

❶ 身体发软

正常的婴儿刚出生时四肢屈曲，而先天性肌肉病、先天性重症肌无力等患儿出生后却表现为四肢松软，好似平摊在床上。而且，不仅肢体活动少，活动幅度也小，学会抬头的时间明显过晚。

❷ 踢蹬动作少

正常的婴儿在出生后常常做踢蹬动作，并两侧交替进行。脑瘫患儿在3～4个月时踢蹬动作明显少于正常的婴儿，而且很少出现交替动作。患儿的上肢常常向后伸，也不会向前伸取物，会坐、会走的时间明显落后于同龄孩子。良性先天性肌迟缓症患儿虽然会坐的时间不延迟，但会走的时间却相当晚。

❸ 行走步态异常

患有先天性髋关节脱位的婴儿虽然学会走路的时间并不晚，但患儿在行走时会表现出异常的步态，像鸭子走路一样。

❹ 两侧运动不对称

身体两侧运动明显不对称，常常提示婴儿有运动功能异常。正常情况下，6个月的婴儿会用手抓掉蒙在脸上的手帕，当压住一侧上肢时会用另一只手去抓。父母可以先按住婴儿一侧上肢，看他能不能用另一侧将手帕抓掉，如果不能，提示另一侧上肢可能有问题。分别挠婴儿的两侧脚心，如果一侧总是活动度小或不活动，提示该侧下肢可能不正常。

⑤ 不会伸手够物

一般4～5个月的婴儿已经会抓玩具，7个月时还会将玩具从一只手换到另一只手。如果一直不会准确抓握眼前的玩具，提示有运动障碍，但也可能与智力发育落后及视觉障碍有关。

有些运动发育落后不一定是异常情况。如果从一出生就把婴儿的四肢包裹得很紧，就会限制婴儿的活动，造成运动发育落后。另外，缺乏训练也会影响婴儿运动发育。而且，婴幼儿的运动发育在遵循一定规律的前提下存在一定的个体差异，比如，婴儿学会自己走的时间不仅与运动发育有关，还与心理及气质特点有一定关系。有些婴儿胆小或特别小心，学会走路的时间相对会晚一些。再有，虽然所有婴儿运动发育的顺序是一样的，但发育速度却不尽相同，在每个运动项目上的发育都存在着或多或少的差异。

婴儿生病时怎样进行人工喂养

如果生病的婴儿没有出现肠道感染病症，食欲也没受影响，继续喂配方奶粉是没有问题的。如果是胃肠道感染，又不明原因，则最好停喂一两次，看看是否与奶粉有关。如果婴儿大便干燥、火大，可以停喂几次配方奶粉，加喂有平火功效的米汤或清火的西瓜汁。婴儿因感冒等其他感染性病症发热时，也可适当停喂几次配方奶，喂些米汤、西瓜汁，有助于症状的消失。对于患其他病的婴儿哺喂加了米汤水的配方奶粉，或在两次哺喂中间加喂一些温开水、米汤，对婴儿的康复是很有好处的。

3～4个月养与育

生长发育特点

体格发育

到这个月的月末，也就是婴儿满4个月的时候：

- 体重正常均值男婴为7.56千克±0.81千克，女婴为7.01千克±0.75千克。
- 身长正常均值男婴为65.1厘米±2.2厘米，女婴为63.8厘米±2.2厘米。
- 从这个月开始，头围的增长速度慢于胸围的增长速度，男婴正常均值为42.0厘米，女婴为40.9厘米。
- 胸围实际数值已经超过头围，男婴正常均值为42.3厘米，女婴为41.1厘米。
- 前囟正常均值为2厘米×2厘米。

动作发育

出生3个月后，婴儿的动作能力发展很快：

❶ 大动作发育

- 在直立状态时能竖直头部，自由地扭转头部四处张望。
- 从仰卧位被扶起时，头仅表现为轻微后仰。
- 腰肌开始发育，扶着髋部时能坐。
- 3～4个月是婴儿翻身能力发展的关键期，也是身体协调性、腰臂力量、手脚力量和平衡能力发展的关键期。这个月，婴儿开始出现被动翻身的倾向，到6个月时就能比较自如地翻身了。学会翻身可以扩大婴儿的视觉范围，使其接收到外界更多的信息和刺激，还可以增强四肢肌肉及腰腹肌肉力量，为日后学爬打下基础。翻身可以促进婴儿空间智能进一步发展，刺激婴儿的前庭平衡觉，促进感觉统合功能发展，对促进婴儿的智能发展有重要意义。

- 用双手扶着婴儿的腋下让婴儿站起来，然后松手（手不要离开），婴儿能在短时间内保持直立姿势，然后臀部和双膝弯下来。

❷ 精细动作发育

- 3个月时握持反射消失，手经常处于张开状。把拨浪鼓放在婴儿手里时，他能握住半分钟左右。如果用悬环触碰婴儿的手掌，能抓住悬环并将其举起来，有时会主动抓握。

- 把婴儿抱到桌前，不论桌面上是否有玩具，他的手指都会比较活跃地摸、抓桌面。当桌上有婴儿感兴趣的东西时，婴儿会尝试着去拿东西，但对距离判断还不准确。

- 大约在3个月零3周时，大拇指会和其他4个手指相对，能更稳当地抓握东西。早的2个月时就能掌握该技能，晚的要到7个月才能掌握，在这个年龄范围内都属于正常。4个月时，让婴儿仰卧在小床上，把拨浪鼓放到他的小手里，鼓励他摇动拨浪鼓，观察他能否将拨浪鼓拿到眼前看并主动摇几下。

- 喜欢用手敲打玩具，让其发出声音以引起大人的注意。

感知觉发育

❶ 视觉发育

- 有了双眼视觉，两眼可以一致运动注视物体。在这之前，婴儿难以通过视觉来确定一个物体的位置、大小和形状，因此还无法准确地在大脑中获得信息，以指导他伸手去拿到一个玩具。

- 视网膜发育更加成熟，能由近看远，再由远看近。

- 把一个有黑白相间条纹的圆筒放在婴儿眼前，同时水平方向移动、转动圆筒，婴儿的眼球会追随圆筒来回转动。

- 视觉的集中时间可达7～10分钟，距离达4米～7米，在1米内有共轭能力。

• 能看到直径0.3厘米的红色小丸，并会用一只或两只手去接触它。

• 对视觉刺激的记忆可以保持24小时。

• 已能精细地区分不同的面孔，能分辨两张中等相似程度的陌生人的照片，还能认出妈妈的照片，看到妈妈的照片时会高兴地笑起来。

• 能辨别彩色与非彩色，喜欢看明亮鲜艳的颜色，不喜欢看暗淡的颜色。

• 开始认识物体是三维的，而不是二维平面的。

❷ 听觉发育

• 3～4个月时头耳协调，头能转向声源，听到悦耳的声音会微笑。

• 看不到父母时，对父母的声音也会保持微笑或保持安静。

• 到4个月时婴儿已经能够准确地根据声音定位，确定声源的位置了。父母可做一个简单的测试：在离婴儿耳朵15厘米处的水平方向摇铃，观察他的反应，如果婴儿能回头寻找声源则说明他具备这一能力。

❸ 其他感知觉发育

• 能区分31.5℃与33℃水温的差别。

语言与社会性发育

❶ 语言发育

当看到熟悉的人或玩具时能够发出“咿咿呀呀”像是说话的声音，这不同于“喔—啊”声，因为它要求用舌头和嘴的前部（而不是嗓子）去发出“呢—呢—呢”和“吧—吧—吧”这样的音。有时还会以笑或出声的方式跟眼前的人与物“说话”。

❷ 社会性发育

• 与人交往的能力增强，会大笑出声。

• 喜欢同大人玩布巾蒙脸的藏猫猫游戏。

• 3个月大的婴儿已经表现出明显的嫉妒心理，当妈妈将注意力转向其他人时（如聊天或其他形式的互动），婴儿通常会蹬腿和发出不满的叫声。 心理学家认为，“吃醋”表现出一个人对失去所爱之人的害怕，婴儿“吃醋”的心理与人际沟通有关，是感觉到某人的出现威胁到自己与亲人的关系后所作出的反应。

3～4个月养护要点

开始给婴儿用枕头

3个月以后，婴儿颈部脊柱开始向前弯曲，应开始让他睡枕头。一开始，枕头的高度以3～4厘米为宜，根据婴儿发育情况，可逐渐调整枕头的高度。枕头的长度应与婴儿的肩部同宽。枕芯质地应柔软、轻便、透气、吸湿性好，可选择蒲绒等作为材料填充，民间常用的荞麦皮和茶叶也都是很好的填充物，可以防止婴儿生痱子或长小疖肿。枕芯的软硬要适中。过去一些家长爱给婴儿睡硬一点儿的枕头，认为可以使头骨长得结实，脑袋的外形长得好看，其实这是没有科学道理的。枕套最好选用半新的棉织品制作。

婴儿新陈代谢旺盛，头部出汗较多，睡觉时出汗易浸湿枕头，汗液和头皮屑混合易使致病微生物黏附在枕面上，极易诱发颜面湿疹及头皮感染。因此，婴儿的枕芯要经常在太阳底下暴晒，枕套要常洗常换，保持清洁。

大小便训练要点

大小便习惯的形成必须通过培养和训练，使婴儿在大小便过程中建立起良好的条件反射。要仔细观察婴儿排尿时的表情，记下间隔时间。半岁以内的婴儿一昼夜要排尿20次左右，每次约30毫升。把尿可以在婴儿睡醒后、喂奶或喂水后10分钟、饭前、外出回来尿布未湿时进行。把尿时可以发出一种信号如“嘘嘘”声，逐渐使婴儿形成听声排尿的条件反射。如果把1～2分钟婴儿不尿就过一会儿再把，把的时间太长婴儿感到不舒服，容易造成拒把，习惯也不易养成。把屎可在早、晚进食后进行，用“嗯嗯”的声音提醒他排便。大小便均应把在盆里。

不要过早给婴儿添加辅食

辅食即母乳或配方奶以外的富含能量和各种营养素的泥状食物（半固体食物），它是母乳或配方奶和成人固体食物之间的过渡食物，能为婴儿的生长发育提供更丰富的营养。有些妈妈看到别人家的婴儿吃辅食了，也急着给自己的孩子加。其实，辅食并不是加得越早、越多越好。如果辅食添加的时机掌握不好，短期内有可能对婴儿的生长发育和妈妈的身体恢复带来不利的影响。0～4个月的婴儿消化吸收系统发育尚不完善，尤其是消化酶系统功能不完善，4个月以内的婴儿唾液中淀粉酶低下，胰淀粉酶分泌少且活力低，过早添加辅食会增加婴儿胃肠道负担，出现消化不良及吸收不良，而且可能还会影响母乳喂养，甚至使婴儿在短期内出现生长发育迟缓。因此，不要过早给婴儿添加辅食。纯母乳喂养的婴儿，如果体重增长正常完全可以到6个月再加辅食，混合喂养或人工喂养的婴儿也要等到满4个月以后再加。

及时发现婴儿的先天眼疾

每次带婴儿进行体检的时候都注意检查一下眼科。医生会检查婴儿的眼部结构和眼球转动是否正常，及其可能存在的先天眼部疾患。如果妈妈平时注意到婴儿的眼睛出现如下异常情况，一定要及时与医生联系：

- 婴儿到三四个月的时候仍然不用视线追踪妈妈的脸或者眼前晃动的摇铃。
- 婴儿无法上下左右全方位地转动一个或两个眼球。
- 婴儿的眼球总是微微晃动，无法保持静止。
- 婴儿的双眼大多数时候都是呈对视的状态。
- 婴儿的一只眼睛或双眼出现下陷或外突的症状。
- 婴儿一只眼的瞳孔出现白色。

如果婴儿出生时早产、曾经有过感染、接受过人工补氧，那么出现视力问题的可能性就更大，比如散光、近视、斜视等。儿科医生在检查诊断的时候会将这些因素都综合考虑进去，然后给予恰当的建议和治疗。

本月计划免疫

❶ 第二次口服小儿麻痹糖丸

❷ 注射百白破三联疫苗

百白破疫苗是百日咳、白喉、破伤风三联混合制剂的简称，是由白喉类毒素、百日咳菌苗和破伤风类毒素按适当比例配置而成的，用来预防白喉、百日咳、破伤风3种疾病。这3种疾病都是儿童常见病、多发病，严重危害着儿童的健康。据世界卫生组织统计，在没有疫苗预防的时代，全世界每年约有6000万儿童患百日咳，年死亡人数在50～100万人,白喉和破伤风的危害更为严重，发病急，死亡率高。

目前我国使用的是含有吸附剂的百白破疫苗，如果在皮下接种过浅或疫苗中吸附剂未充分摇匀，可以引起无菌性化脓。因此，注射后局部出现硬结要及时热敷，促进吸收。一旦化脓切忌切开，可用注射器将脓液抽出。有继发感染时应及时用抗生素治疗。

发热、急性病或慢性病急性发作期的婴儿应缓种。有中枢神经系统疾病（如癫痫）的婴儿、有抽风史的婴儿、严重过敏体质的婴儿禁用。

3～4个月育儿重点

培养婴儿的自我服务能力

要从婴儿阶段起重视孩子自我服务意识的培养，通过婴儿的社会行为着手发展和培养婴儿的自我服务意识，如在婴儿喝水或吃奶时，把婴儿的小手放在奶瓶上，让他触摸，帮助婴儿开展早期的感知活动，这是生活自理能力的最初培养。婴儿自己动手的意识是很可贵的，如果这时阻止他的主动意识，将影响学龄前及学龄期的动手能力，导致学习困难。

多和婴儿一起游戏

婴儿出生的前3个月，父母的主要精力一般都会放在婴儿的喂养和睡眠方面，主要任务是帮助婴儿建立良好的生活规律和生活习惯。从这个月开始，婴儿的精力更加充沛，哭泣逐渐减少，内心的要求开始通过动作、声音和表情传达出来。虽然婴儿还不太会玩，但他非常喜欢玩，特别是喜欢和父母一起玩。因此，从这个月开始，父母应该把育儿的重点转到帮助婴儿建立良好的游戏习惯上。父母应该从对婴儿生活上的照顾中解脱出来，相信婴儿有能力自己决定吃或不吃、睡或不睡，把更多的时间用于和婴儿一起游戏。父母应该给婴儿布置丰富多彩的环境，了解婴儿最喜欢哪种游戏，最好每天能和婴儿玩1小时以上。特别是爸爸如果能有时间和婴儿一起做游戏，婴儿会特别高兴，能够有效地激发婴儿学习新本领和探索新事物的欲望。

选择适宜的玩具

可以给3～4个月的婴儿容易抓住的、能发出不同声响的（手镯、脚环、拨浪鼓）、具有不同颜色、图案以及不同质地的玩具，可发声的塑料挤压玩具是这个月婴儿的最爱。随着视、听、触觉协调能力的发展，玩具应该色彩鲜艳、带有声响，便于抓、拿、摇、捏。如果婴儿在专心玩一件玩具，就不要再给他其他玩具，否则哪样玩具他都不会专注地玩。

训练婴儿两臂的支撑力

在婴儿床上方约60厘米高处悬挂一个色彩鲜艳的大气球，或能发出清脆悦耳声音的彩色风铃。让婴儿先趴在床上，两臂向下支撑着身体。妈妈在一旁摇动大气球或风铃，逗引婴儿抬头、挺胸往上看，并尽量看得时间长一些。婴儿一开始可能支撑得不太好，随着一天天练习，慢慢可以坚持2分钟左右。待婴儿的两臂有了一定支撑力之后，妈妈可以调整大气球的高度，以婴儿仰卧在床时小手和小脚都能够到为原则。经常摇动大气球或风铃，吸引婴儿伸出小手和小脚去抓，这有利于婴儿动作协调性的发展，为学会主动翻身做准备。

练习拉坐和靠坐

婴儿的颈部肌肉能支撑头部重量之后可以练习拉坐。经过坐抱训练的婴儿较容易拉坐；未经过坐抱训练的婴儿，大人用双手扶着婴儿双肩，一面喊“坐起”一面向前向上拉，婴儿会抬起上身配合大人的动作坐起来。练习几次后，大人可用双手拉着婴儿的肘部和前臂，边喊口令边扶婴儿坐起。多练几回，最后才可用食指放入婴儿掌心让他握着，再喊口令让他坐起。口令是让婴儿协同动作的命令，婴儿听懂什么叫作“坐起”后就会听到命令将头伸起，然后上身离开床铺，借大人握力坐起来。

如果拉坐时婴儿的头后仰则不应当做此练习，因为如果颈部肌肉无力，拉坐时婴儿头先后仰，坐位时颈仍无力支撑头会向前低垂。头部突然摆动会使脑内组织发生嵌顿，导致出现枕骨大孔内疝的危险。因此，婴儿应先练习俯卧肘撑或手撑，待颈部肌肉强健到会抬头再练习拉坐。

这个月还应该有意识地让婴儿练习靠坐，强壮婴儿的腰背部肌肉，为独坐做准备。让婴儿背靠着枕头、小被子、垫子等软的东西半坐起来。婴儿很喜欢靠坐，因为靠坐比躺着看得远，双手可以同时摆弄玩具。婴儿靠坐时两条腿会蹬来踢去，身体会因为下滑而躺下；或者重心向左右偏移，身体倒向一侧，所以妈妈应在旁照料，不宜离开。靠坐的时间不宜太久，初学可坐3～5分钟，熟练后也不宜超过10分钟。

提高连续追视的能力

把婴儿抱坐在有镜子的桌前，大人把球从桌子右侧滚向左侧，再从左侧滚回右侧。从镜中可以看到婴儿的眼睛和头跟着球转动。球滚的速度可以先慢后快，看婴儿视力是否能一直跟上。也可以左右推动惯性车，婴儿的眼睛也会跟着小车追视。无论是小球还是惯性车，速度都不宜过快，速度过快会使婴儿视力疲劳。

鼓励婴儿发辅音

大人用口唇使劲儿发“爸”的音，用手指着爸爸或爸爸的照片，尽量使声音与人联系。妈妈为婴儿做任何事都要说“妈妈来啦”“妈妈喂宝宝吃奶”“妈妈给宝宝换尿布”“妈妈给宝宝洗澡”等。有时婴儿伸手去够取玩具，妈妈赶快说“拿拿”；当婴儿拍打吊起来的玩具时，妈妈说“打打”。出生后100天的婴儿大多数都会用口唇发出辅音，有时会自言自语地说“啊不”或“啊咕”，大人也应同时与他呼应地说“啊不”或“啊咕”，让他多说几声。婴儿知道大人喜欢听他发音就会使劲说，把声音拉长或者重复说，大人可用鼓掌表示欢迎，使婴儿经常自己大声发音。

不可能要求婴儿马上懂得音的含义，但经常重复的联系会使婴儿渐渐懂得“爸、妈”是指人，而且能慢慢分清指的是哪一个人。懂得说“爸”时看爸爸，说“妈”时看妈妈。当然这要到出生后150天前后才可能学会，但必须从生后120天前后开始练习，否则懂话的能力会延迟。学习发辅音对以后称呼大人和物品、动作名称都有帮助。

培养婴儿语言—动作协调能力

让婴儿背靠在妈妈怀里，妈妈两手抓住婴儿的小手，教他把两个食指对拢再分开，食指对拢的时候说“虫虫——”，食指分开的时候说“飞”。也可以举着婴儿的小手教他做抓挠的动作。这些是我国民间常用的亲子游戏，可以训练婴儿的手眼协调能力和语言—动作协调能力。

育儿专家答疑

婴儿为什么总是流口水

新生儿唾液腺发育差，分泌消化酶的功能尚未完善，到了3～4个月时唾液腺分泌增多，但还未具备吞咽唾液的能力，故经常发生生理性流涎，即流口水。随着月龄增加，到出牙和增添辅食时口水会明显增多，这不是病态，是正常的生理现象。6个月以后随着咀嚼、吞咽动作的协调发育，流口水的现象会逐渐消失。

若在这一时期患口腔炎，婴儿的口水会突然增多，常伴有食欲缺乏或哭闹等症状，需要到医院就诊治疗。

婴儿为什么会厌奶

很多婴儿都经历过类似的情况，突然间不爱吃奶了，持续的时间有长有短，一般在半个月到1个月之间，也有持续两个月的，这就是我们所说的“厌奶”。厌奶的原因是多种多样的，生病、使用抗生素、内热体质或者是气候（夏季湿热、秋冬上火等）都会导致厌奶，家长要辩证对待，不能一概而论。疾病导致的厌奶称为“病理性厌奶”，要及时治疗疾病，病好了婴儿的饮食也就恢复正常了。

除了疾病之外，导致厌奶的另一个重要原因是婴儿的肠胃在适应新的营养需求，处于吸收转型期，称为“生理性厌奶”，无须治疗。婴儿3个月前主要以消化吸收奶里的脂肪为主，身高、体重增长很快，这一时期的体形被称为“婴儿肥”；3个月以后，婴儿的身体自动调整，增加吸收奶里的蛋白质和矿物质的比例，这个时候就可以添加铁、锌和维生素丰富的食物了。这样的转型时间段分别是3个月、6个月、12个月，随着时间和吸收营养素比例的逐渐改变，小婴儿会脱去“婴儿肥”，进入幼儿体形阶段，这个时候就会显得比婴儿阶段瘦一些，这属于自然规律，很正常，父母们不要过分担心。吸收转型期对婴儿小小的胃肠和肝肾都是一种挑战，最好让婴儿自己适应，这样激发出来的免疫力非常强。

❶ 不要强迫婴儿吃

很多妈妈对婴儿厌奶很着急，千方百计要婴儿吃，可越急婴儿越不吃，针管、喂药器、勺子等“十八般武器”一一上阵，最后弄得婴儿一见奶就哭（恭喜妈妈，婴儿学会表达自己的感情了），妈妈产后身体虚弱还没补过来，一着急奶水里就带有很大的火气，婴儿吃了肠胃不适（里面就和有团火似的，难受死了），奶水甚至会因为着急上火消退了，这样更延长了婴儿的厌奶时间，得不偿失。婴儿出现生理性厌奶说明他的身体开始自我调整了！是为6个月后母体带来的抵抗力消失、启动自己的免疫力进行预演呢。所以，深呼吸，调整好心情，妈妈的温柔和耐心是对婴儿最大的鼓励和支持。

❷ 捏脊疗法治厌奶

妈妈可以适当给婴儿按摩腹部和捏脊，帮助婴儿快速恢复。具体做法是：婴儿俯卧位，妈妈用两手拇指、食指、中指、无名指捏起婴儿背部脊柱两侧的皮肤，从龟尾穴（尾骨）开始，随捏随提，沿脊柱向上推移，至大椎穴止，力度要适当。也可以采用手握空拳状，食指屈曲，以拇指指腹与食指中节桡侧面相对用力，将皮肤

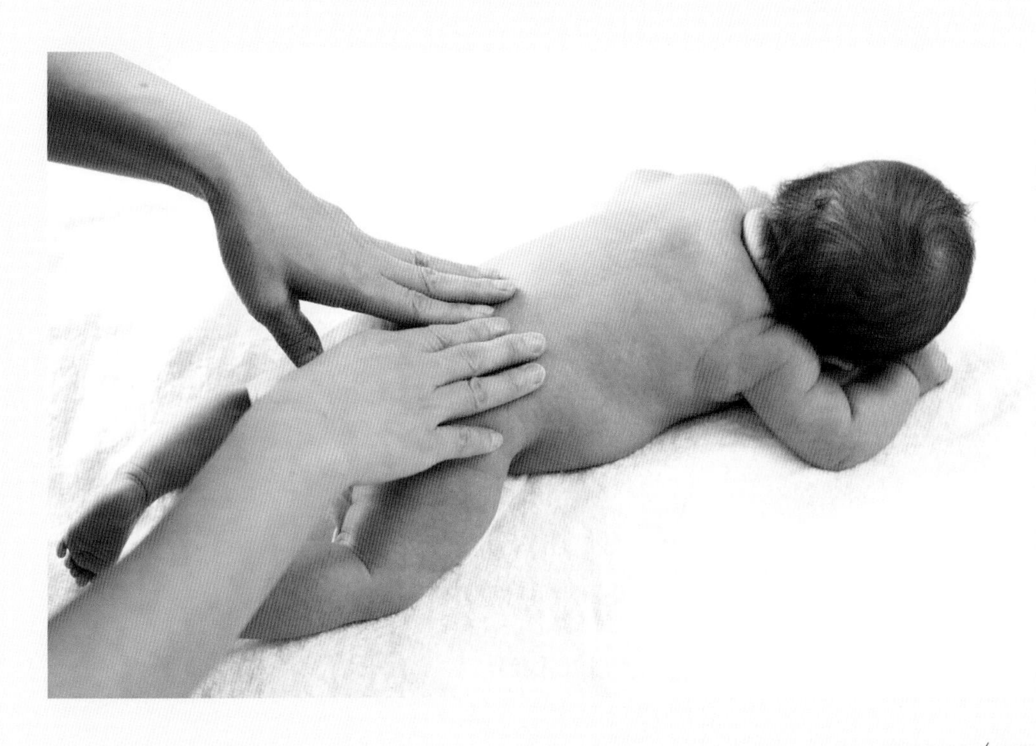

轻轻捏起。双手交替捻动，从龟尾穴开始沿脊柱向上至大椎穴止。捏脊最好在上午做，因为上午阳气生发，效果更好。每天3次，每次捏拿10遍，连续6天是1个疗程。一般情况下，做到三四天时，厌食的孩子就会有饥饿感了。

一开始孩子可能会因为不习惯而拒绝，妈妈不要着急。孩子睡觉前先搓热双手，上下抚摩孩子后背，等孩子不排斥的时候一点一点地捏。不要把孩子捏疼了，孩子的自我保护意识很强，捏疼一次，下次排斥的概率就很大。

❸ 应对厌奶的小妙招

- 吃奶粉的婴儿出现厌奶可以尝试换奶粉，羊奶脂肪颗粒是牛奶的1/3，可以给婴儿吃，而且不容易上火。
- 将牛奶调浓一点或调稀一点。
- 把奶凉凉一点，温度在35℃左右，这一点很重要，有很多有上呼吸道问题的孩子，就是因为小的时候吃太热的奶，咽喉和口腔的黏膜受到长期刺激充血造成的。
- 换奶嘴。婴儿的嘴巴特别敏感，奶嘴软硬是否合适一尝就知道了。
- 如果还不行，就看看婴儿的生长曲线，看看婴儿是不是有一段时间长得特别快，如果是这样，就是在那段时间内过量地喝牛奶，婴儿的内脏非常累，厌奶是在告诉妈妈“牛奶喝得太多了”。建议多喂点儿水。千万不能急，婴儿只要生长得好就应该没有多大的问题。一般不建议经常去医院，医院的环境过于复杂，病毒相对较多，本来婴儿没有病，去医院传染上病就不好了。当然，如果孩子出现较严重的症状，还是应该及时去医院诊治。

4～5个月养与育

生长发育特点

体格发育

到这个月的月末，即婴儿满5个月时：

- 体重正常均值男婴为8.02千克±0.88千克，女婴为7.53千克±0.77千克。
- 身长正常均值男婴为67厘米±2.3厘米，女婴为65.5厘米±2.3厘米。
- 头围正常均值男婴为42.8厘米，女婴为41.8厘米。
- 胸围正常均值男婴为43.0厘米，女婴为41.9厘米。
- 前囟为1厘米×2厘米。

动作发育

❶ 大动作发育

- 在俯卧时能够把头、胸抬离床面，抬头角度与床面呈90°左右，能两眼朝前看，并保持这个姿势。
- 4个月后拉手成坐位时头部不再向后仰。
- 用手将婴儿的胸腹托起悬空时，婴儿的头、腿和躯干能保持在一条直线上。
- 俯卧位，当头保持在90°时，如果一只手臂伸直而另一只手臂弯曲，可不自主地滚向伸出手臂的一侧，从俯卧位变成仰卧位。早的2个月时就能做到，晚的要到7个月才能达到该技能，但只要在这个时间段都属于正常。

- 能靠坐。
- 仰卧时会出现抬腿动作。

❷ 精细动作发育

- 平躺在床上时双手会自动在胸前合拢，手指互相接触，双手呈相握状。
- 在握住拨浪鼓后能将它保留在手中1分钟左右。
- 能够摇动和注视拨浪鼓，但如果拨浪鼓掉下去不能再把它拿起来。

●会用5个手指和手掌心抓握小玩具，5个指头几乎并拢，将东西紧贴手心，这种拿法叫作“大把抓”。

●能抓住近处的玩具。抱婴儿坐在桌子旁，在桌子上离婴儿小手约2.5厘米处放一玩具，鼓励他去抓取，观察他能否用一只手或双手取到玩具。

●在探究物体时双手已能互相调节，可以用一只手拿着一个东西，用另一只手的手指指点着看这个东西。有些婴儿在双手合抱吊起的物品时学会用两只手同时抓住一个玩具，在玩的过程中会放掉一只手，只用其中一只手握住玩具，一会儿又双手合握，玩一会儿再放掉另一只手，使玩具传到不同的手上。这种传手动作多发生在婴儿出生后140～150天，是无意的传手。有意地将一物从一只手放入另一只手中发生在婴儿出生后170～180天或者更迟一些。传手是手技巧进步、双手协调的标志。

● 无论拿到什么东西都会和手一同塞入嘴里。

感知觉发育

❶ 视觉发育

● 这个月，婴儿的大脑信息传递及肌肉控制能力都达到了一个新的水平，能够完成类似伸手拿玩具的动作。可以给婴儿一些容易抓握的摇铃来练习这种抓握技能，否则婴儿可能就会伸手来抓妈妈的头发、眼镜或耳环等物品。

● 能够注意动来动去的玩具，当物体移动时能把该物体从背景物体中分离开来。

● 当玩具掉在婴儿看得见的床面上，或当婴儿正在专注地注视玩具时大人移动该玩具，婴儿能转头去寻找。当小红球慢慢移动过桌面并且让它掉到桌下时，婴儿能将头转向桌边，看着小红球消失的地方。

● 两眼能注视放在桌上有颜色的小丸，如糖丸、彩色小球等。

● 由于视敏度的发展，婴儿开始能辨别更多的颜色。能够把各种颜色归于红、蓝、黄、绿4个范畴，这和我们成人的红绿蓝三原色已经相当接近。在4个月婴儿的眼里，两种不同的蓝色都被看成蓝色，但如果你给他们看黄色和绿色的两个玩具，他们就能分辨出来。心理学家认为，这种对颜色的分辨能力似乎是天生的，因为这个年龄的婴儿还不可能通过语言学会各种颜色的名字。父母应给婴儿准备一些颜色鲜艳的玩具或挂图，婴儿常穿的衣服也最好是颜色鲜艳的。

● 初步形成视觉的大小恒常性（同一物体不管远近都知道是一样大）。

● 能够通过一些部件辨别出一个物体，这是萌生物体永恒性概念（当暂时未看到一件物品的时候知道这件物品仍然是存在的）的初步征兆。因此，这时婴儿特别喜欢玩儿藏猫猫的游戏。妈妈可以用两手蒙住自己的脸，然后突然放开，婴儿看到妈妈的脸一会儿出现、一会儿消失，会觉得很有趣。

❷ 听觉发育

● 对听到的声音有定向能力，比如在婴儿一侧耳后大约15厘米处摇铃，如果婴儿听到了会转过头向发声的方向寻找声源。对于熟悉的声音，如隔壁房间传来的声音、室外动物的叫声或其他响亮的声音，能主动寻找声源。

● 听觉不断改善，更加主动积极地倾听周围人的谈话，喜欢把注意力集中于有变化的语音上。

• 对发声的玩具很有兴趣。父母可以给婴儿准备一些这样的玩具，如八音盒、摇铃、拨浪鼓、各种形状的吹塑捏响玩具等。在婴儿醒时，可在婴儿耳边轻轻摇动玩具，发出响声，引导婴儿转头寻找声源。当婴儿熟悉了这种游戏后可以更换不同的玩具，让婴儿倾听不同的音质和音响。

③ 其他感觉发育

这个月是婴儿味觉发育的敏感期。

语言与社会性发育

① 语言发育

从这个月开始到婴儿满8个月，心理学家将这个阶段称为“连续音节阶段”。

• 能辨别一些语调、语气和音色的变化。

• 能高声叫或发出好听的声音，咿呀作语的声调变得越来越长，似乎想用声音来和大人谈话。在接下来的几个月，婴儿经常发出连续的音节，发音内容大多是以辅音和元音相结合的音节为主，并且有一个从单音节发声过渡到重叠音节发声的过程。

父母应该利用各种机会多跟婴儿进行简单的对话交流，不断重复日常生活中能够接触到的事物或活动。比如，给婴儿喂奶前和婴儿说“吃奶”，给婴儿洗澡前说“洗澡”，拿一个苹果，一边指着苹果一边告诉婴儿“苹果”。无论婴儿是否能听懂，都要耐心、反复地讲，这是帮助婴儿积累词汇的有效方法。

- 对自己的名字有所反应，并开始注意任何一个正在说话的人。

Tips

与婴儿交流时注意句子要简短，吐字要清晰，音调要放高，口形要夸张。

❷ 社会性发育

- 4～7个月的婴儿已能识别高兴、悲伤、生气和恐惧等面部表情，但还不能把照片上的表情同生活中成人的相应情绪联系起来。
- 已经能认识亲人，见到熟人时能自发地微笑，出现主动的社交行为。
- 开始对周围的一切事情产生兴趣，还会表现出满意或不满意的表情。
- 如果大人抱着婴儿坐在镜子对面，轻轻敲动玻璃，吸引婴儿注意镜子中的影像，婴儿能明确地注视自己，并与镜中的自己微笑或“说话”。
- 喜欢被别人抱起来，仰卧时大人与婴儿说话并将他拉坐起来时会发出声音或微笑。
- 吃奶时会将自己的双手放在妈妈的乳房或奶瓶上轻轻地拍打。
- 看到大人在为其准备食物或玩具时会露出兴奋的表情。
- 仰卧时会拉长衣服遮盖自己的脸。

4～5个月养护要点

灵活掌握添加辅食的时机

一般来说，婴儿在4个月以前如果母乳充足，完全可以不添加任何辅食。不用怕母乳营养不够或量不足而给婴儿添喂配方奶、果汁或其他婴儿食品，母乳是最好、最全面的婴儿营养食品。母乳分泌量会随婴儿生长的需要而调整，可以充分满足婴儿所需，不会欠缺。大部分妈妈甚至可以满足双胞胎婴儿或哺喂另一个婴儿的需要，因为需要量增大，母乳分泌也会相应增加。4个月后婴儿由于生长迅速，需要摄入的营养量会增加，而且许多器官迅速发育，功能不断完善，如牙齿开始萌出，面部肌肉及咀嚼肌发育迅速，胃肠道消化吸收流质、半固体食物的能力增强，淀粉酶等酶系统更为成熟，都为吃人生的第一口饭做好了准备。因此，育儿专家普遍认为婴儿4～6个月添加辅食最理想。但婴儿的成长速度各不相同，机体需求也会有相当的差异，有的婴儿纯母乳喂养到6个月时也无须添加辅食。妈妈要注意婴儿的吃奶状况，母乳够喂时就不要太早添加辅食。开始添加的时间应该不早于4个月、不晚于6个月。

纯母乳喂养的婴儿，如果母乳供应充足，母乳的质和量都有保证，婴儿生长发育指数正常，可以在纯母乳喂养至6个月时再添加辅食，但要注意预防婴儿缺铁性贫血的出现。婴儿出现缺铁性贫血一般症状较轻，不易被发现，如脸色稍显苍白，易疲劳、烦躁等，如怀疑婴儿贫血应该到医院进一步检查确诊。哺乳期的妈妈应多吃一些含铁量较高和含维生素C较丰富的食物，以增加母乳中铁的含量，如瘦牛肉、瘦猪肉、鸭血、鸡蛋黄、豆制品等。

及时发现添加辅食的信号

4～6个月是一个长达两个月的时间段，具体到自家宝宝应该在何时添加辅食呢？许多新妈妈都在这个问题上拿不定主意。其实，当婴儿从生理到心理都做好了吃辅食的准备时，他会向妈妈发出许多小信号，只要妈妈细心观察就会发现：

• 婴儿吃母乳或配方奶后还有一种意犹未尽的感觉，婴儿还在哭，似乎没吃饱。《父母必读》杂志曾给出需要添加辅食的参考数据：母乳喂养的婴儿每天喂8～10次，配方奶喂养的婴儿每天的总奶量达到1000毫升，仍然表现出没吃饱的样子。

• 婴儿开始对大人吃饭感兴趣，大人咀嚼的时候婴儿会盯着看，有时候小嘴还会发出“吧唧”声，像只小馋猫。

• 婴儿头部已经有一定的控制能力，可以倚东西坐稳了。

• 喜欢将物品放到嘴里，有咀嚼的动作。当你把一小勺泥糊状食物放到他嘴边，他会张开嘴，不再将食物吐出来，而能够顺利地咽下去，不会被呛到。

• 在你带婴儿去做每个月的例行体检时可以向医生咨询，医生会告诉你婴儿的身高、体重增长是否达标，如果婴儿身高、体重增长没达标就应该给婴儿添加辅食了。

辅食添加的基本原则

❶ 添加数量要由少到多

所谓“由少到多”是指食物量的控制，因为此前婴儿还没有接受过除奶制品以外的其他食物，最初1～2周内辅食的添加只是尝一尝、试一试。比如添加米粉，最初每次只给5克～10克，稀释后用小勺喂给婴儿吃。如果第一次想给婴儿添加少量鸡蛋黄，一次也只能喂1/8个煮熟的鸡蛋黄，用奶稀释或用温开水稀释后用小勺喂食，每天只添加1次，观察婴儿对新添加食物的反应，能不能消化吸收，大便有无变化。例如，辅食添加后大便次数有没有明显增加；大便中的水分有没有明显增多，甚至出现水样便；大便的颜色有没有明显变化，如大便的颜色由黄色、棕黄色变成绿色、墨绿色，甚至出现许多泡沫；婴儿是否有腹胀感，屁比较多。以上现象均说明婴儿对添加的食物不太适应，可以减少辅食的量，如果减量后大便仍然不正常，可以在征得医生的同意后暂停添加辅食。

❷ 添加速度要循序渐进

所谓“循序渐进”是指食物添加量的进程，添加的速度不宜过快，一般可以从每日添加1次过渡到每日添加2次，每次添加的数量不变；也可以每日添加的次数不变，只改变每次添加食物的数量，使婴儿的消化系统逐渐适应新添加的食物。一般如果添加了三四天或1周左右婴儿很适应，可以考虑添加1种新的辅食。婴儿生病时或天气太热应该延缓添加新的品种。

有的妈妈生怕婴儿营养不足影响了生长，早早开始添加辅食，而且品种多样，使劲喂，结果使婴儿积食不化，连母乳都拒绝了，这样反而会影响婴儿的生长。因此，添加辅食应讲究方法，循序渐进。

❸ 食物性状要由稀到稠

辅食的添加应由流质到半流质，然后再到半固体和固体，辅食中食物的颗粒也要有从细小到逐步增大的一个演变过程，使婴儿逐渐适应。

❹ 辅食应该少糖、无盐

中国营养学会妇幼分会编写的《中国孕期、哺乳期妇女和0～6岁儿童膳食指南（2007）》建议，给12个月以内的婴儿制作辅食应少糖、无盐、不加调味品。

“少糖”即在给婴儿制作食物时尽量不加糖，保持食物原有的口味，让婴儿品尝到各种食物的天然味道，同时少选择糖果、糕点等含糖高的食物作为辅食。如果婴儿从加辅食开始就较少吃到过甜的食物，就会自然而然地适应少糖的饮食；反之，如果此时婴儿的食物都加糖，他就会逐渐适应过甜饮食，以后遇到不含糖的食物容易表现出拒绝，形成挑食的习惯，同时也为日后的肥胖埋下了隐患。吃糖过多不仅会引起肥胖，还会影响婴儿对蛋白质和脂肪的吸收与利用；引起维生素B_1的缺乏；还可因血糖浓度长时间维持在高水平而降低孩子的食欲；若不及时刷牙还会增加龋齿的发生率。

“无盐”即12个月以内的婴儿辅食中不用添加食盐。因为12个月以内的婴儿肾脏功能发育还不完善，浓缩功能较差，不能排出血中过量的钠盐，摄入盐过多将增加其肾脏负担，并养成孩子喜食过咸食物的习惯，不愿接受淡味食物，长期下去可能会形成挑食的习惯，甚至会增加成年后患高血压的危险。12个月以内的婴儿每天所需要的盐量还不到1克，母乳、配方奶、一般食物中所含的钠足以满足婴儿的需求。给1岁以上

的幼儿制作食物时可以加一点盐，但量一定要适当。因为儿童期常吃过咸的食物易导致成年期高血压发病率增加；吃盐过多还是上呼吸道感染的诱因，因为高盐饮食可能抑制黏膜上皮细胞的增殖，使其丧失抗病能力。患有心脏病、肾炎和呼吸道感染的儿童更应严格控制饮食中的盐摄入量。需要提醒的是，酱油、鸡精等调味品以及买回来的现成食品中都含有盐。所以，如果添加了这类食品或调味品，还要再减少盐量。

⑤ 最好不添加味精

婴儿的辅食最好不添加味精、香精、酱油、醋、花椒、大料、桂皮、葱、姜、大蒜等调味品。因为辛辣类的调味品对婴儿的胃肠道会产生较强的刺激性，而且有些调味品（如味精）在高温状态下将分解释放出毒素，会损害处于生长发育阶段婴儿的健康。另外，浓厚的调味品味道会妨碍孩子体验食物本身的天然香味，长期食用还可能养成挑食的不良习惯。许多妈妈担心辅食中不加调味品，婴儿会不爱吃，其实母乳或配方奶的味道都比较淡，如果从最初加辅食开始就做到少糖、无盐、不加调味品，婴儿自然会适应清淡的食物口味，而比起母乳和配方奶，辅食的味道已经丰富多了。如果开始添加的辅食含有盐和调味品，婴儿适应了味重的食物，很可能不愿尝试清淡的食物了。3岁以后，儿童的消化功能已发育成熟，各种消化酶发育完全，肠道吸收功能良好，基本可以耐受各种口味的食物。此时便可以给宝宝吃带有调味品的食物了。即便如此，为了孩子，也为了家庭所有成员的健康，建议仍选择少盐、少糖、适量油的饮食习惯为宜。

⑥ 可适量添加植物油

植物油主要供给热量，在烹调蔬菜时加油，不仅使菜肴更加美味，而且有利于蔬菜中脂溶性维生素的溶解和吸收，可酌情、适量添加。一般6～12个月每天5克～10克为宜，1～3岁每天20克～25克，学龄前儿童每天25克～30克。各种植物油的营养特点不一样，植物油中葵花子油、豆油、花生油、玉米油必需脂肪酸的含量较高；橄榄油、茶树油、葵花子油、芝麻油、核桃油不饱和脂肪酸的含量较高，因此，应经常更换种类，食用多种植物油。

4~6个月可以添加的辅食

0~6个月的婴儿舌头只会前后运动，可以把液体或糊状的食物送入喉咙，然后再整个吞下去。因此，这个时期最合适的食物是纯母乳或母乳加少量辅食，辅食一般要加工成糊状。

谷物类	蔬菜水果类	鱼/肉/蛋类	奶类	辅食添加次数
米粉 米粥/汤 10倍粥到5倍粥	果汁 菜汁 果泥 菜泥	蛋黄：1个 鸡肉/猪肉泥	120毫升~180毫升/次，每天5~6次	1次

可以将苹果、香蕉、橘子、番茄等洗净，用开水烫一下，去皮后放在榨汁机中榨碎，再将果泥直接喂给婴儿；也可将小白菜、菠菜等蔬菜煮熟后捣碎成泥喂给婴儿。如果婴儿对蔬果泥开始不适应，有消化不良情况发生，可以先掺一些开水稀释一下，也可以将水果泥加入粥或其他食物中，一般适应几天婴儿就会接受。

辅食添加的具体方法

❶ 从含铁米粉开始添加

在过去很长一段时间，婴儿第一次添加的辅食大多是蛋黄，那时普遍认为蛋黄可以补铁。但近年研究发现，蛋黄虽然含铁量很高，但不容易被小婴儿吸收，过早为婴儿添加蛋黄容易造成过敏，表现为呕吐、皮疹，甚至是腹泻。因此，2002年世界卫生组织提出，谷类食物应该是婴儿首先添加的辅食，最开始可以从小婴儿阶段专用的含铁米粉起步，因为在谷类食物中，米比面更不容易引起过敏，而且一般4个月后婴儿体内储存的铁已经逐渐消耗完了，而母乳中的铁不能完全满足婴儿生长发育的需要，此时强化铁的米粉可以弥补这方面的不足。

4～6个月添加辅食的目的主要是让婴儿逐渐熟悉各种食物的味道和感觉，适应从液体向半固体食物的过渡。可添加的食物主要有：泥糊状食物，如婴儿米粉、蔬菜泥、水果泥、蛋黄泥（有过敏家族史的婴儿要到6个月以后再喂蛋黄）等，也可以添加一些果汁。

肉类食物，特别是瘦肉，也含有丰富的铁，但即使制作成糊状也需要咀嚼后才能咽下，而且肉类食物中含有较多的饱和脂肪酸（鱼除外），不易消化，小婴儿消化酶的数量和活性都没有发育完善，过早吃肉会增加其消化系统的负担。因此，不满6个月的婴儿不要添加肉类辅食。

❷ 奶和奶制品仍然是婴儿的主食

开始添加辅食时仍要保证以母乳喂养为主，一般每日哺乳5次，每4小时一次。每日饮奶量应保证在600毫升～800毫升，但不要超过1000毫升。切记不论母乳多少一定不要轻易、过早地放弃母乳喂养，此时的辅食添加一定要处于"辅助不足"这一点上。

❸ 使用小勺而不是奶瓶喂食

可选择大小合适、质地较软的勺子，开始时只在勺子的前面装少许食物，轻轻地平伸，放到婴儿的舌尖上，不要让勺子进入婴儿口腔的后部或用勺子压住婴儿的舌头，否则会引起婴儿的反感。

❹ 添加速度不要太快

第一次添加一两勺（每勺3毫升～5毫升）、每日添加一次即可，婴儿消化吸收得好再逐渐加到2～3勺，观察3～7天，没有过敏反应，如呕吐、腹泻、皮疹等，再添加第二种。如果婴儿有过敏反应或消化吸收不好，应该立即停止添加的食物，等一周以后再试着添加。食欲好的婴儿或6个月以上的婴儿可一日添加两次辅食，分别安排在上午九十点钟和下午起床后。

几类主要辅食的制作方法

❶ 米汤类辅食的制作方法

米汤类辅食主要是给婴儿补充一定量的碳水化合物、矿物质及少量维生素、食物粗纤维。在婴儿适应了单一品种粮食煮的米汤后可以用两种以上粮食一起煮，以充分发挥蛋白质的互补作用。

大米汤

制作方法：用清水把大米洗净；放入锅中，加适量水；大火煮滚，转小火熬煮至汤汁微白；凉温后，过滤出汤汁。

营养点评：大米的主要营养成分包括蛋白质、碳水化合物、脂类以及B族维生素，是我们食用的主要谷类。值得注意的是，对于谷类食物，淘洗次数越多、浸泡时间越长、水温越高，营养损失越多。

红枣米汤

制作方法：红枣洗净、泡软，掰开后加水煮10分钟左右，取汁；米汤和红枣汁加热，混合均匀；凉温即可。

营养点评：枣味甜，含有丰富的维生素C和维生素P。另外，中医认为，枣有养胃、健脾、益血、滋补、强身之效。

小米汤

制作方法：用清水把小米洗净；放入锅中，加适量水；大火煮滚，转小火熬煮至汤汁微黄；凉温后，过滤出汤汁。

营养点评：小米具有极高的营养价值，富含磷、镁、钾。小米中含有的B族维生素可促进消化液分泌，维持和促进肠道蠕动，有利于排便、预防口角生疮的功效。另外，中医认为，小米还有健脾和胃的功效。

2.汤汁类辅食的制作方法

添加汤汁类辅食主要是为了给婴儿补充水分、少量矿物质、维生素和食物粗纤维，让婴儿品尝食物的多种味道，给婴儿多种感知觉的刺激。对于6个月以内的婴儿来说，鲜榨的蔬菜汁和果汁一定要用温开水稀释，否则婴儿不容易消化吸收，易导致胀气或腹泻。另外，每天添加的量不要超过180毫升，以免影响奶及其他食物的摄入。

番茄汁

制作方法：番茄洗净，放入滚水中稍烫，取出去皮；取1/4果肉，用磨泥器磨成泥；用网筛滤出番茄汁；加2倍于果汁的温开水，混合均匀。

营养点评：番茄含的“番茄红素”有抑制细菌的作用。番茄含有苹果酸、柠檬酸、糖类、胡萝卜素、维生素C、B族维生素，还有钙、磷、钾、镁、铁、锌、铜和碘等多种元素，以及蛋白质、有机酸、纤维素等，对宝宝的成长发育有益。

胡萝卜汁

制作方法：胡萝卜洗净、去皮、切片；将胡萝卜片放入开水中煮10分钟，捞出胡萝卜片，取汁凉温即可。

营养点评：据测定，胡萝卜中所含的胡萝卜素比白萝卜及其他各种蔬菜高出30～40倍。胡萝卜素进入人体后，能在一系列酶的作用下，转化为丰富的维生素A，然后被身体吸收利用，这样就弥补了维生素A的不足。

橙汁

制作方法：橙子洗净，对半切开；用榨汁器榨出橙汁；加2倍于果汁的温开水，混合均匀。

营养点评：橙子中维生素C含量丰富，能增加机体抵抗力，增强毛细血管的弹性。橙子所含纤维素和果胶物质，可促进肠道蠕动，有利于清肠通便，排除体内有害物质。

3.泥糊类辅食的制作方法

这类食品主要是补充蛋白质、碳水化合物、脂类、矿物质（铁、钙、钾等）、少许维生素和食物粗纤维，同时有利于婴儿面部肌肉、舌部运动和吞咽功能的训练。另外，此阶段常给婴儿吃些含铁食物可以预防缺铁性贫血的发生。

蛋黄泥

制作方法：鸡蛋洗净，煮熟，放入冷水中；剥去蛋壳，取出蛋黄备用；用汤匙将蛋黄压成泥状，加入少量温开水或奶调匀即可。

营养点评：鸡蛋的蛋白质集中在蛋清，其余营养物质集中在蛋黄。蛋黄富含蛋白质、脂溶性维生素、单不饱和脂肪酸、磷、铁等微量元素。

香蕉泥

制作方法：香蕉去皮，放入碗中；用汤匙压成泥状。

营养点评：香蕉属高热量水果，据分析，每100克果肉的热能达91卡路里。香蕉富含碳水化合物等营养素，还含有钙、铁、磷等矿物质，它含有的维生素A能增强人体对疾病的抵抗力。中医认为，香蕉味甘、性寒，具有清热、润肺、滑肠等功效。

豌豆泥

制作方法：鲜豌豆洗净，放入开水中煮至熟；捞出熟豌豆，沥干水，放入研钵中捣成泥状；用筛网滤出豌豆泥即可。

营养点评：豌豆中富含粗纤维，能促进大肠蠕动，保持大便通畅。

4.蛋羹类辅食的制作方法

这类辅食主要是补充优质蛋白、脂类、碳水化合物、矿物质（尤其是其中的有机铁，利于婴儿吸收利用）、少量维生素等营养素。

鸡蛋羹

制作方法：鸡蛋放入容器中，滤出蛋清，打散，搅拌均匀；加入适量凉开水，用中大火蒸约10分钟即可。

菜末蛋羹

制作方法：菠菜洗净，切碎；将菠菜碎、蛋黄和少许凉开水放在一起，搅拌均匀；用中大火蒸约10分钟即可。

营养点评：菠菜有“营养模范生”之称，它富含类胡萝卜素、维生素C、维生素K、矿物质（钙质、铁质等）、辅酶Q10等多种营养素。菠菜应先用开水烫一下以去除其中的植酸、草酸等成分。

水果蛋羹

制作方法：将水果切成小粒，备用；将水果粒、蛋黄和少许凉开水放在一起，搅拌均匀；用中大火蒸约10分钟即可。

营养点评：水果蛋羹中的水果可以根据宝宝的喜好随意更换。

让婴儿学习双手扶瓶

用奶瓶喂水或喂奶时鼓励婴儿双手把瓶子抱住，并自己将奶嘴送入口中。由于婴儿的双手还托不起奶瓶，大人要帮助托住瓶底，使液体充满奶嘴，避免吸入空气。也可以用轻一些的小塑料瓶代替玻璃奶瓶，因婴儿有时会失手，塑料瓶子不易破碎。

夏季如何防蚊

- 保持家庭卫生，最好每日清洁蚊子经常出没、躲藏的阴暗、潮湿的地方，如浴厕、水槽、桌脚、橱柜等地方。
- 选择细密的纱窗，婴儿在室内时要随时关好纱门、纱窗，不让蚊子有机可乘。
- 带婴儿外出前或洗澡后，给婴儿身上没有遮挡的部位涂抹适量的驱蚊水或花露水，能有效避免被蚊子叮咬。最好不要在婴儿的手上涂驱蚊水等产品，以免婴儿吃手时误食。
- 可利用橘子皮、柳橙皮晾干后包在丝袜中，放在蚊子经常出没的地方，它们散发出的气味既可防蚊又能清新空气。婴幼儿的呼吸系统还没有发育完善，皮肤的吸收能力强，所以房间内不宜用蚊香和杀虫剂。婴儿吸入过量杀虫剂会发生急性溶血反应、器官缺氧，严重者可导致心力衰竭、脏器受损或转为再生障碍性贫血。
- 勤洗澡、爱清洁。汗液中的乳酸对蚊子最具吸引力，所以婴儿身上一出汗就要及时清洁，为婴儿勤洗澡、勤换衣服，随时保持皮肤干爽。可在浴盆里滴几滴花露水或精油，这样不仅会使婴儿皮肤清爽，也能驱蚊，但要注意使用不能过量，以免刺激婴儿娇嫩的皮肤。
- 带婴儿外出纳凉最好选择在下午5点到晚上7点半之间，这段时间蚊子相对较少。尽量避开树木、花坛和草地等蚊子活动频繁的地方。

本月计划免疫

- 第三次口服小儿麻痹糖丸。
- 注射第二针百白破三联疫苗。

小儿麻痹糖丸共需服用三次，本月最后一次服用。

4～5个月育儿重点

发展婴儿的自我意识

人们不仅能认识周围世界，还能认识自己，既知道自己的身体外貌，又能意识自己的各种心理活动，并对此进行评定，这就是自我意识。自我意识的发展是大脑成熟的标志，积极的自我意识表现使婴儿有较多的自我认识的能力和自我价值感，自信心强，独立性强，可以避免或减少儿童的社交退缩行为。

出生第一年虽然婴儿的自我意识不强，但能意识到自己的存在，多让婴儿照镜子可促进自我意识的发展。妈妈可抱着婴儿，让他面对着一面大镜子，敲敲镜子，叫他看镜子里面的自己。婴儿看到镜子里的人会感到很惊奇，他会注视着前面的镜子。妈妈对着镜子笑，婴儿看着镜子里有他熟悉的妈妈的面孔，他会感到愉快，也会对镜子里自己的影像感兴趣，并用手去拍打镜中的自己。经常让婴儿照镜子，让他摸摸镜子中自己的脸、妈妈的脸，教他说“这是宝宝，这是妈妈”。随着月龄的增长，婴儿逐渐会对镜中人表现出友好和探索的倾向，渐渐认识到镜中的妈妈和镜中的自己，对自我意识的萌芽有重要意义。

学会向两侧翻身

让婴儿仰卧在床上，妈妈轻轻握着婴儿的两条小腿，把右腿放在左腿上面，这样会使婴儿的身体自然地扭过去，变成俯卧，多次练习婴儿就能学会翻身。

婴儿先学会向一侧翻身，以后他会熟练而且主动地向习惯的一侧翻身，有时不用逗引也会自己将身体翻过去变换体位。这时大人要有意识地在他不熟练的一侧逗引，让他练习翻身。可将婴儿一侧的腿搭在翻身一侧的腿上，用玩具逗引并扶着他的肩朝要翻的一侧转动，使婴儿向不熟练的一侧翻身。婴儿有了侧翻的经验，练几次之后不用帮助就能自己翻过去。熟练地向两侧翻身是为下个月做180°翻身做准备，要让婴儿自如地向两侧翻身才有可能顺利地做双侧180° 翻身。

练习主动抓握

把拨浪鼓拿到婴儿面前摇晃，然后将拨浪鼓放在婴儿胸前伸手即可抓到的地方，诱导他去碰和抓。如果婴儿抓了几次都没抓到，可直接放在他的手中让他握住，然后再放开，教婴儿继续学抓。如果婴儿只看拨浪鼓而不伸手抓，可用拨浪鼓触他的小手，逗引他伸手去抓；或把拨浪鼓放在他手中，然后摇晃他的手，让拨浪鼓发出响声，引起他的兴趣。

抱婴儿靠在桌前，在距其1米远处用拨浪鼓逗引婴儿，观察他是否注意。将拨浪鼓逐渐靠近婴儿，让婴儿一伸手即可触摸到拨浪鼓。如果婴儿不主动伸手朝拨浪鼓接近，可引导他用手去抓握、触摸和摆弄拨浪鼓，这样可以培养婴儿接近、触摸和摆弄物体的能力。

练习循声找物

抱婴儿坐在矮凳上，用带铃铛的玩具同婴儿玩耍。玩具越放越低，最后掉到地上发出声音，看婴儿是否用眼睛去寻找玩具。有过上述经验之后，抱婴儿坐在桌旁摆弄玩具，有意把带铃铛的玩具掉落地上，看婴儿是否用眼睛循声寻找。也可以把金属材质的小勺掉到地上发出声音，看婴儿是否寻找。

在婴儿出生120天之前不会去寻找看不见的东西，因为他认为看不见的东西并不存在。玩藏猫猫儿游戏之后，婴儿知道毛巾的后面有人；现在又看到物品落地会发出声音，便会循着发出的声音去寻找落地之物。让婴儿听到物品落地时会发出声音，再用同样的声音吸引婴儿用眼睛在地上寻找发出声音的物品，使婴儿记住物品落地发声的过程，学会循声找物。

◉ 促进婴儿的听觉发育

可以在家里的阳台上挂一只风铃，当风吹动风铃时便会发出悦耳的声音。这种不定时发出的声音可以经常在婴儿的耳边萦绕，即使在父母顾不上的时候也能帮助刺激婴儿听觉的发展。父母还可以用嘴、牙齿、舌头配合发出各种声音，婴儿喜欢看父母的脸，也很容易被父母嘴里所发出的各种奇怪的声音所吸引。把平时婴儿发出的各种声音录下来，哭声、叫声、笑声……在婴儿心情愉快时放给他听，他会因为感兴趣而倾听得非常专注。

◉ 学认第一种物品

出生后130～140天的婴儿可以学认某一种东西。许多婴儿最先认识灯，有些婴儿喜欢猫或汽车。家长要观察婴儿常看什么，或对哪种东西最喜欢，就可先教哪一种。每次说物品名时婴儿用眼去看就表示婴儿认识了该种物品。

抱婴儿到台灯前，用手打开或熄灭台灯。开始时，婴儿只盯着妈妈的脸，继而看妈妈的手，他会注意到手动一下灯就亮了，再动一下灯就灭掉，这时他的注意力已被这一亮一灭的灯所吸引。当抱婴儿离开灯时，问婴儿“灯呢”看他是否能用目光盯住灯的方向。如果抱他到不同的位置，他的目光仍盯住灯，就说明他学会了。以后每天复习2～3次，再反复问几次，看看他是否真正记住了。

有些婴儿特别喜欢门，因为出了门就能到外面去玩，这时可以先教他认“门”；有些婴儿喜欢看汽车在马路上跑，教他先认“嘀嘀”就认得快；还有些婴儿喜欢看他爱看的那幅彩图，教他先认彩图会记得最快。让婴儿将声音与某一种物品联系起来，听到声音会用目光盯住这种物品。婴儿也很容易记认最爱吃的香蕉或苹果，有些婴儿认得奶瓶，会转头去找。

育儿专家答疑

宝宝湿疹可以预防吗

现在很多宝宝都容易患湿疹，其实，只要家长平时多注意，湿疹是可以预防的：

- 尽量纯母乳喂养，并减少易过敏食物的摄入。
- 怀疑牛奶过敏时可改喂豆奶或特殊需要配方奶粉，这样可使蛋白变性而减少过敏。
- 添加蛋黄、鱼虾类食物宜在7个月后。
- 生活护理中应避免过热、过湿。虽然湿疹并不是由于潮湿引起的，但过热、过湿往往会导致湿疹加重。
- 内衣应选纯棉制品，避免使用易使湿疹加重的化纤和羊毛织物。
- 用温清水洗脸、洗澡，保持皮肤清洁；避免用碱性强的肥皂和其他洗浴用品。
- 避免宝宝抓搔患处，防止继发感染。 尽量远离过敏原是最好的预防方法。

5～6个月养与育

生长发育特点

体格发育

到这个月的月末，也就是婴儿满6个月的时候：

- 体重均值男婴为8.62千克±0.94千克，女婴为8千克±0.9千克，是出生时的2.6倍。
- 身长均值男婴为69.2厘米±2.47厘米，女婴为67.6厘米±2.4厘米，比出生时增长了约20厘米。
- 头围均值男婴为43.9厘米，女婴为42.8厘米。脑重达600克左右，小脑的发育速度达到高峰，以后减慢。
- 胸围均值男婴为43.9厘米，女婴为42.9厘米。
- 前囟为1厘米×2厘米。
- 个别婴儿出牙0～2颗。固体食物使牙龈强健，有利于牙齿萌出，因此应鼓励婴儿咬一些饼干、烤馒头片之类需要咀嚼的食物。

动作发育

婴儿的动作开始由无意识变为有意识。

❶ 大动作发育

- 俯卧位前臂可以伸直，手撑起，胸及上腹部离开床面，能自己从俯卧位翻成仰卧位。

● 会用双手撑住身体像蛤蟆样靠坐，逐渐到自己放手坐稳。90%的婴儿在出生后5～9个月时会独坐（达到该技能的平均年龄是7个月）。

● 仰卧时能举起伸直的两腿，看着自己的脚丫，还能从仰卧位翻滚到俯卧位，并把双手从胸下抽出来。

● 俯卧时四肢喜欢乱踢腾，大人用手顶住婴儿的脚掌心，婴儿可以随着蹬腿动作向前移动。

● 大人用双手扶住婴儿的腋下，让婴儿站立，婴儿的臀部能伸展，两膝略微弯曲，能支持大部分体重。当大人向上托举婴儿时，婴儿的双腿有一定的张力。

❷ 精细动作发育

- 5～6个月是双手协作能力产生和发展的关键期。婴儿开始学习双手传递物品或双手协作拿取、抱持物品，这个时期对培养婴儿双手的不同分工合作能力非常重要。
- 给婴儿一张纸，他能用双手抓住纸的两边，把纸撕开。妈妈可以给婴儿一些白纸（纸不能太软，太软的不好撕），上面先撕一些小口子，让婴儿练习撕。撕纸带来的“嘶嘶”作响以及撕纸导致纸张大小产生变化等都能极大地激发婴儿的兴趣，他会乐此不疲地玩个不停。
- 将一块手绢或者薄布盖在婴儿脸上，他会伸手将布拉开。
- 开始发展拇指的能力，经过大把抓式握物之后，会进一步以拇指和其他4个手指相对将物握稳，这种握物法称为“对掌握物”。学会对掌握物后，满6个月时能两只手同时各抓住一个玩具，开始学习对敲和传手。

感知觉发育

❶ 视觉发育

- 调节眼睛晶体的功能达成人水平，能注视远距离的物体。
- 可通过改变体位来协调视觉，出现手眼的协调动作。
- 6个月左右的婴儿已有深度知觉。
- 对色彩鲜艳的玩具能注视30秒。

❷ 听觉发育

能区别爸爸或妈妈的声音，能欣赏玩具中发出的声音。

语言发育

- 懂得简单的词、手势和命令，理解具有情境性。
- 大人背儿歌时，婴儿会在某一句之后做出相应的动作。

5～6个月养护要点

婴儿为什么容易缺铁

缺铁性贫血是常见的全球性营养问题之一，婴幼儿、生育期女性是缺铁性贫血的高危人群。婴幼儿在出生的第一年体重增长非常迅速，身体对铁的需要量超过成人。妈妈在怀孕时将自己体内的铁通过胎盘输送给了胎儿，足月生产的婴儿在出生时身体里有较多的铁，可以在出生后的4～6个月内满足身体快速生长的需要。6个月以后，婴儿从妈妈那里得来的铁就不够用了，此时就必须从食物中吸收铁，但这个时期的婴儿饮食仍以奶类为主，母乳所含的铁已不能够满足婴儿的需要，添加其他含铁的食品是为婴儿提供铁的最好方法。

6个月以上的婴儿如不及时地、循序渐进地添加辅食很容易缺铁；另外，早产儿或低出生体重儿（出生时体重低于正常标准）出生时身体里的铁相对较少，很多婴儿患不同程度的缺铁性贫血；哺乳妈妈偏食、饮食习惯不良或饮食含铁量太少也是造成婴儿缺铁的主要原因。

如何判断婴儿是否缺铁

大多数缺铁的婴儿发病缓慢，易被家长忽视，等到医院就诊时多数病儿已发展为中度缺铁性贫血。因此，家长一定要注意观察婴幼儿早期贫血的表现，并定期带婴儿进行体检，以便早期发现、早期治疗。临床病例证实，医生检查出异常之前婴儿即可出现烦躁不安、对周围环境不感兴趣等表现，有的婴儿可有食欲减低、体重不增、皮肤黏膜变得苍白等表现。如果发现婴儿出现了以上异常的精神或行为表现，建议带婴儿到医院去做一下红细胞和血红蛋白的检查，看看各项指标是否正常，以明确婴儿是否存在缺铁性贫血。

注意补充含铁食物

此时，孕后期储存在婴儿肝脏的铁已接近耗竭，需补充含铁食物。补铁能使婴儿髓磷脂合成加快，促进神经系统发育，促进婴儿的学习和记忆。可以给婴儿加喂一些熟枣泥、动物肝泥、蛋黄、菠菜泥、青菜泥等，可以在上午、下午两次喂奶之间加喂一两勺含铁丰富的食物泥，也可找医生开一些适合婴儿服用的含强化铁的补剂，但两者之间，食补总比药补好，所以应首选食补。

蛋黄含铁量较高，婴儿也较易接受。将鸡蛋煮熟后剥出蛋黄，将蛋黄放在碗里用勺子研碎即可。注意不要直接用蛋黄泥喂婴儿，蛋黄泥太干，容易噎着婴儿，可用温开水或橙汁稀释喂婴儿。蛋黄泥喂得过早会使婴儿胃中积食，出现食欲下降、不想吃奶等症状。一旦给婴儿喂食蛋黄后出现这样的情况，可以先停喂蛋黄；如果婴儿的食欲还是没改善，可以先饿婴儿一天，等他很饿、急于进食时再开始喂奶。

Tips

蛋黄不宜与各类辅食及奶类同时吃，以免谷类的植酸及奶中有机物干扰铁的吸收。

除了蛋黄之外，动物肝脏也是很好的补血食物，可以给婴儿吃一些肝泥。将鸡肝或猪肝煮熟后，取一小块放碗里用勺子研碎。最好选择鸡肝，因为鸡肝质地细腻，味道比别的肝类鲜美，婴儿喜欢吃，也容易消化。猪肝相对比较硬，即使捣碎成泥后还会有硬颗粒，吃起来口感不如鸡肝，也容易出现积食。用粥汤或牛奶将肝泥调成糊状喂婴儿，也可加入粥中喂婴儿。注意同样不要直接用肝泥喂婴儿，肝泥由于质地较干也易噎着婴儿。喂肝泥后婴儿如果出现与喂蛋黄后一样的积食症状，处理方法同上。

粥类辅食的制作方法

5个月的婴儿可以喝些粥类辅食。

二米粥

制作方法：两种米洗净，备用；加入适量水，用大火煮滚，转小火煮成粥即可。

营养点评：小米含有多种维生素、氨基酸、脂肪和碳水化合物，营养价值较高。与大米一起煮粥，营养更全面。

红薯粥

制作方法：大米洗净，备用；红薯洗净、去皮，切成小块；加入适量水，用大火煮滚，转小火煮成粥即可。

营养点评：选购红薯时，要挑外表光滑的、类似纺锤形状的红薯，已经发芽且表面凹凸不平的不宜选购。若红薯表面有腐烂状的黑色小洞，或者表面有疤痕也不宜购买。

让婴儿爱上粗粮

所谓粗粮是指除精白米、富强粉或标准粉以外的谷类食物，如小米、玉米、高粱米等。婴儿从4～6个月加辅食后就可以考虑吃点粗粮了。

❶ 常吃粗粮、果蔬的6个好处

清洁体内环境

各种粗粮以及新鲜蔬菜和瓜果，含有大量的膳食纤维，这些植物纤维具有平衡膳食、改善消化吸收和排泄等重要生理功能，起着“体内清洁剂”的特殊作用。

预防婴儿肥胖

膳食纤维能在胃肠道内吸收比自身重数倍甚至数十倍的水分，使原有的体积和重量增大几十倍，并在胃肠道中形成凝胶状物质而产生饱腹感，使婴儿进食减少，利于控制体重。

预防小儿糖尿病

膳食纤维可减慢肠道吸收糖的速度，可避免餐后出现高血糖现象，提高人体耐糖的程度，利于血糖稳定。膳食纤维还可抑制增血糖素的分泌，促使胰岛素充分发挥作用。

解除便秘之苦

在日常饮食中只吃细不吃粗的婴儿，因缺少植物纤维，容易引起便秘。因此，让婴儿每天适量吃点膳食纤维多的食物，可刺激肠道的蠕动，加速排便，也解除了便秘带来的痛苦。

有益于皮肤健美

婴儿如吃肉类及甜食过多，在胃肠道消化分解的过程中就会产生不少毒素，侵蚀皮肤。若常吃些粗粮、蔬菜，能促使毒素排出，有益于皮肤的健美。

维护牙齿健康

经常吃些粗粮，不仅能促进婴儿咀嚼肌和牙床的发育，而且可将牙缝内的污垢除掉，起到清洁口腔、预防龋齿、维护牙周健康的效果。

❷ 科学合理吃粗粮

适量

对正处于生长发育期的婴儿，每天推荐摄入量为年龄加上5克～10克。对小胖墩儿、经常便秘的婴儿，可适当增加膳食纤维摄入量。有的婴儿吃粗粮后会出现一过性腹胀和过多排气等现象，这是一种正常的生理反应，逐渐适应后，胃肠会恢复正常。婴儿患有胃肠道疾病时要吃易消化的低膳食纤维饭菜，以防止发生消化不良、腹泻或腹部疼痛等症状。

粗粮细作

把粗粮磨成面粉、压成泥、熬成粥或与其他食物混合加工成花样翻新的美味食品，使粗粮变得可口，增进食欲，能提高人体对粗粮营养的吸收率，满足婴儿生长发育的需要。

取长补短

粗粮中的植物蛋白质因所含赖氨酸、蛋氨酸、色氨酸、苏氨酸低于动物蛋白质，所以利用率较低。弥补这一缺陷的办法是提倡食物混吃，以取长补短。如玉米红薯粥、小米山药粥，小麦面配玉米或红薯面蒸的花卷、馒头，由黄豆、黑豆、青豆、花生米、豌豆磨成的豆浆，等等，都是很好的混合食品，既提高了生物价，又有利于胃肠道消化吸收。

均衡多样

饮食讲究的是全面、均衡、多样化，任何营养素要想发挥作用都需要多种营养素的综合作用。在日常饮食方面，应限制脂肪、糖的摄入量，适当增加粗粮、蔬菜和水果的比例，并保证优质蛋白质、碳水化合物、多种维生素及矿物质的摄入，才能保证营养的均衡合理，有益于婴儿健康地生长发育。

理性对待微量元素的补充

铁剂、锌剂这类微量元素之所以被重视，是因为它们量微却作用大，少了不行，多了也不好。由于媒体宣传的原因，现在许多家长把视线过多地集中在了微量营养素上。其实，婴儿的生长发育需要全面的营养素，碳水化合物、蛋白质、脂肪的摄入同样重要，微量营养素的吸收也要依赖它们的帮助而完成，父母在关注孩子微量营养素状况的同时一定不要忘记膳食的全面合理。有关微量营养素是否缺乏的判断是一个专业性很强的行为，除了根据化验结果，还要综合婴儿的喂养史、临床症状以及体征来判断，普通家长很难通过感觉做出准确判断，一定要听取专业医生的建议。

婴儿不宜吃蜂蜜

蜂蜜对成人是一种很好的滋补品，它不仅含有丰富的维生素、葡萄糖、微量元素和某些有利于促进新陈代谢的生长素与抗氧化元素，而且味道甘美，又有润肠、滋阴的功效，中医认为蜂蜜有利于保持肠道的畅通。

有些父母用温开水将蜂蜜冲淡了喂给婴儿喝，把它当成如葡萄糖类的营养品，或调在配方奶中给婴儿食用。其实，婴儿不适合吃蜂蜜。蜂蜜中含有对人体不利的肉毒杆菌芽孢，成人抵抗力强、排毒能力强，这种芽孢无法在成人体内繁殖，但婴儿抵抗力弱，芽孢能得以生存并繁殖。婴儿稚嫩的肝脏无法排解芽孢繁殖时产生的肉毒素，容易出现中毒症状，比如水样腹泻，反应迟钝导致的瘫痪、呼吸急促甚至衰弱，全身无力甚至无力吸奶，严重的还可能还会出现生命危险。

给婴儿开辟一个游戏区

有条件的家庭可以为婴儿准备一个游戏室，没有条件的可以在客厅一角给婴儿开辟一个游戏区，让婴儿在游戏区内玩玩具，这样既安全又可以保持客厅的整洁。玩具最好放在婴儿随手就可以拿到的地方，不要把玩具放在抽屉或者高处，防止夹伤婴儿的手指。要定期检查玩具的完整性，是否有脱落、解体、棱角损坏，避免婴儿吞食，或者被破损处划伤。

本月计划免疫

注射第三针百白破三联疫苗。

5～6个月育儿重点

从躲避生人到接受生人

出生后6个月前后的婴儿能区分生人和熟人，明显依恋妈妈。怕生是一种保护自己寻求生存的防御性反应，妈妈要理解婴儿保护自己的意识，同时要逐渐让他能接受生人，适应人多的社会环境。

来客人时妈妈抱婴儿去迎接客人，暂时不让客人接近婴儿，让婴儿有机会观察客人的说话和举止。适应一会儿后，妈妈再抱婴儿接近客人，这时只让客人同妈妈对话，偶尔看婴儿笑笑，不接触婴儿，使婴儿放松戒备。告别时只要求婴儿表示“再见”，客人并不接触婴儿。第二次或第三次再见面时，客人可拿个小玩具递给婴儿。如果婴儿表示高兴，客人可以把手伸向婴儿，看婴儿是否愿意让客人抱一会儿。客人抱婴儿时妈妈一定不要离开，使婴儿感到可以随时回到妈妈怀抱。有过这种经历，婴儿就会从躲避生人到接受生人。如果不采取稳妥的步骤，让客人突然抱起婴儿，会使婴儿产生恐惧和害怕，以后就更加躲避生人并且难以纠正。依恋妈妈是正常的现象，让婴儿接受其他人要慎重并且有个过程，才有利于婴儿社交能力的发展。

让婴儿学会“善解人意”

让婴儿懂得分辨大人的表情，知道是赞许还是批评，与人配合。婴儿做对了，妈妈笑笑或者抱起来亲亲表示赞扬；婴儿做错了，妈妈要马上收起笑容，表情严肃表示不赞成或者生气，婴儿会马上停止动作注意大人，或者因害怕而哭起来。妈妈要态度明朗、善恶分明，用不同的表情使婴儿认识到这样做会使妈妈高兴，那样做会使妈妈生气。多次的表情和语言声调使婴儿学会通过观察大人的表情理解大人的意思。

学会翻身180°

先学从俯卧翻到仰卧。在婴儿俯卧时在其身后摆弄一个发声玩具，婴儿会转身来看，很自然地松开一只支撑的手。大人把发声玩具移到高处，让婴儿的身体随着移动，当下肢也抬起来时就成仰卧。婴儿仰卧时，在婴儿身体的任一侧放置玩具，诱使他侧卧。然后将玩具放到婴儿头顶的方向，诱使婴儿抬头去看玩具，身体渐近床铺最后翻成俯卧。经常练习从俯卧翻到仰卧，熟练后再学从仰卧翻到俯卧，两者联合起来，为下个月360° 翻身做准备。

Tips

要有视（玩具）、听（大人的声音）、触觉（大人牵拉）等诱导，与运动结合训练，为继续翻滚、够取打基础。

由蛤蟆坐到坐稳

6个月左右应该重点训练婴儿坐起的能力，从靠着坐、扶着坐到独立坐，从光能坐起，到学着逐渐坐稳，并且能坐着自如地变换姿势。

先让婴儿练习靠着坐，前面放几个玩具让婴儿拿着玩。婴儿要够取玩具就会离开靠垫，由于婴儿的头太重身体就会前倾，如同蛤蟆一样有时要用手去支撑。大人将他扶到靠坐的垫子上，不一会儿婴儿身体又再度前倾。这种状态要过1～2周，待婴儿的颈部能完全支撑头的重量时就能离开靠垫完全坐稳。

练习蛤蟆坐是为独坐做准备。婴儿都喜欢坐起来，因坐着比躺着看得远。蛤蟆坐起时仍可伸一只手去够东西，也可坐着转动方向。但大人要在旁陪着，防止婴儿跌倒或者扑向前方，蛤蟆坐只能坚持10分钟，不宜过久，要注意防止跌倒或疲劳。

练习扶腋蹦跳

让婴儿在快乐蹦跳时练习部分负重，锻炼下肢肌肉，为将来爬行和站立做准备。大人坐位，将婴儿抱站在膝前，扶住婴儿双腋让其在膝上蹦跳，或者扶着婴儿站立桌上，播放节拍分明的儿童音乐，让婴儿快乐地跳跃。如果婴儿双腿能部分负重，双腿在蹦跳之时能部分伸直，扶持的力量可减轻。每天上、下午各练习1～2次，每次时间不宜过长。

手拍认识之物

在墙上挂上一排一图一物的彩图，抱着婴儿站在图前，当大人说到婴儿认识的图中之物时，婴儿会伸手准确地拍在图上。只能要求婴儿拍中他最喜欢的一幅（8个月后才会指），不可能要求婴儿一下子记住许多幅。婴儿喜欢认花、猫、灯和汽车，这时能伸手拍中1～2种就算很好了。

婴儿出生4个半月之后，如果会盯住看一种认识的东西，到现在也许能学会认第二种。现在婴儿不但会用眼去看，还会用手去拍，即能用眼和手去表达已经记住的事物。婴儿能记认1～2种东西或图画，表明婴儿已经建立手、眼和记忆联系的神经通路，即开始有了学习能力。

同妈妈玩藏猫猫

妈妈和婴儿面对面坐好，妈妈一边温柔地说："宝宝不见了！"一边用一块手绢把婴儿的脸遮住，观察婴儿是否会用手把布拽下。如果婴儿把布拿下来了，妈妈要用愉快的声音说："宝宝又出来了，太棒了！"然后再重复进行。如果婴儿不会用手拽下手绢，妈妈就拿着婴儿的小手，帮他拽下来，并愉快地说："宝宝出来了。"妈妈也可以自己用手绢盖住头，说："妈妈不见了！"几秒钟后自己拿下手绢，逗婴儿说："妈妈又变出来了！"然后再用手绢盖住自己的头，问婴儿："妈妈去哪里了？"鼓励婴儿用手拉下妈妈头上的手绢。

育儿专家答疑

帮助婴儿睡一夜整觉

随着月龄的增加，到了5个月时，大部分的婴儿夜里一觉可以睡上5～8小时，有的婴儿能一觉睡到天亮。在这个过程中，很多时候婴儿看上去像要醒了，但是未必会真正醒来。因为婴儿的一个睡眠周期包括深睡和浅睡两个阶段。浅睡的时候，婴儿有时会微笑，或者噘噘嘴，做一些鬼脸，呼吸不均匀，胳膊、腿动一动，有时还会“哼哼”出点儿声音，这都是正常的现象。不必担心婴儿是不是又醒了，这些声音可能会持续几分钟，一会儿就又安静下来，婴儿会自然过渡到深睡阶段。即使婴儿真的醒来了，可能过一两分钟又会接着睡着，此时不必急于去抱婴儿，让婴儿的睡眠一个周期接着一个周期循环下去。但是如果婴儿连续哭了几分钟，那就要查看具体的原因了。

6～7个月养与育

生长发育特点

体格发育

到这个月的月末，也就是婴儿满7个月的时候：

- 体重均值男婴为8.91千克±0.94千克，女婴为8.32千克±0.9千克。
- 身长均值男婴为70.6厘米±2.4厘米，女婴为69.1厘米±2.4厘米。
- 头围均值男婴为43厘米±1.3厘米，女婴为42.1厘米±1.3厘米。
- 胸围均值男婴为44厘米±1.9厘米，女婴为42.9厘米±1.9厘米。
- 前囟为1厘米×2厘米。
- 大多数婴儿在6个月前后出第一颗牙。

动作发育

❶大动作发育

- 拉手成坐位时头部主动离开床面抬起，腰背直挺并主动举头，能自由活动，身子不摇晃。坐在童车或带围栏的椅子里能直起身子，不倾倒，当身子倾倒后能自己再坐直。
- 婴儿从6个月时开始，在父母的帮助下出现不熟练的爬行动作。爬行有助于胸部和臂力的发育，使婴儿的活动范围大大增大，有利于婴儿空间智能和感觉统合能力的发展，也有助于认知的发展，意义重大，应该加强练习。早的5个月时就开始爬行，晚的要到11个月时才会爬，90%的婴儿都在这个时间段掌握了该技能，但也有一些婴儿没有学会爬就直接学习走路了。

- 大人的双手扶着婴儿的腋下，让婴儿站立起来，婴儿的下肢能支撑体重。

❷ 精细动作发育

6个月后，婴儿手的动作明显灵巧了，一般物品均可熟练地抓起。

- 这个月，婴儿能手指弯曲做扒弄和搔抓动作，还会用拇指和其他手指一起把身边的物品扒到自己手边。父母应该准备一些婴儿感兴趣的物品，让婴儿练习够取。物品不要离婴儿太远，因为现在婴儿还不能移动较远的距离。
- 会捏取绳子。可以在婴儿面前放一个能够拖拉的玩具，对婴儿说："宝宝，把玩具拉过来。"大人可以先帮婴儿把拖拉玩具的线拉过来，然后鼓励婴儿自己用拇指和其他手指去捏取线绳，再帮着婴儿把玩具拉过来，以此锻炼婴儿的食指和其他手指的捏取能力。也可以拿一个软塑料玩具，在婴儿面前捏出声音，再鼓励婴儿自己把玩具捏出声，训练婴儿拇指和食指的小肌肉动作。
- 看见玩具或其他东西不再两手同时伸向物体，而是伸出一只手去够。
- 能两只手同时各抓住一个玩具，开始学习对敲和传手。
- 从6个月开始婴儿能够自己将手里的饼干送入嘴里，看到父母拿杯子喝水会有模仿的欲望。

感知觉发育

❶ 视觉发育

- 双眼视觉已经发展得相当好了，能够利用双眼视觉来察觉物体离自己的远近，从而调节手臂的动作去够摸物体。心理学家的一项最新研究证明，只要把东西从婴儿够得着的地方放得稍微远一点，使他们够不着，他们就会戏剧性地放弃够摸的努力。
- 视敏度已接近成人，更加关注那些出现在视野中的小东西，并试图用手捡起来。他甚至能够用手把葡萄干或鹅卵石类等细小的物体都耙到自己身边，然后用整只手把这些物品攥在小拳头里，然后送到嘴里。这时父母一定要格外小心，避免婴儿因吞入小物品而引起意外。

●能看出图形的边界，并且能知觉到仅存在于主观头脑中的物体轮廓线。

●能以平稳、细腻的眼动跟踪运动的物体，即使物体不运动也能根据其特征把它从背景物体中分离开来。

❷ 听觉发育

●叫婴儿的名字他会转向呼叫人，并露出友好的表情，以示回答。

●和婴儿说话、给他唱歌时，他能静静地看着，注视说话人的口型，有时还发出声音来回应。

●能按照成人的意图追寻声音。

●当电视、广播开启时能灵敏地朝向声源。

❸ 其他感觉发育

7个月时，当刺激皮肤某点时手可准确地抚摸被刺激的部位。

语言与社会性发育

❶ 语言发育

婴儿生后六七个月是语言开始逐渐发育的时期，也是训练婴儿语言模仿能力、发音准确性的关键阶段。这个月，婴儿已经能够发出许多音节了。妈妈与婴儿讲话时要让婴儿看见自己的口形，用纯正的语音教他。

●当婴儿发现通过舌头的动作可以发出各种不同的声音时，他会持续不断地发出“咿咿呀呀”的声音。同时，他还会通过改变嘴形来改变发出的声音。有时候婴儿会故意发出一些响亮的声音，试一试他的声音能够传多远。

●会发出不同的声音表示不同的需求，如饥饿、疼痛、不满等，但是音节不够清楚。

●可以把语言划分为一个个较大的单元，这对婴儿理解语言是十分重要的。

❷ 社会性发育

●对父母或者其他照顾者的依恋表现得更为明显，并且会更为积极地以自己的方式去接近和寻找依恋对象，依恋对象离开时会哭起来。

●已经能够理解成人对他的态度和语言，如果批评他，他会不高兴或是放声哭起来；如果给他快乐的表情，他会表现得很活跃，同时会模仿他人的动作，例如做拍手、再见、伸手要抱等动作，这些动作表示必须要与语言同时出现，使婴儿能够渐渐地将语言和动作联系起来。

●对周围环境越来越感兴趣，会发现越来越多有趣的事物，并且会将注意力集中到这些有趣的事物上。在没人陪伴的情况下能自己独自玩10分钟左右。

6～7个月养护要点

继续添加含铁食物

6个月后婴儿可吃1个蛋黄做成的泥，肝泥可以吃两勺。动物肝脏和动物血含血色素铁，较蛋黄铁易吸收，吸收率达22%～27%，不易受谷物植酸和蔬菜中的草酸干扰。绿色蔬菜、有色水果和黑木耳都含铁，但不如血色素铁容易吸收。每周可以轮流补充动物肝、血各两次。

让婴儿练习咀嚼

出生后6～12个月要让婴儿学会咀嚼，逐渐接受固体食物，这样才有利于婴儿的成长。让婴儿练习咀嚼可使其牙龈得到锻炼，利于乳牙萌出。1岁前未学会咀嚼固体食物的婴儿牙龈发育不良，咀嚼能力不足，未养成吃固体食物的习惯，就会拒绝吃干的东西。如果所有淀粉类都弄成糊吃，不经咀嚼便咽下，一来未经口腔唾液淀粉酶的消化；二来半固体食物占去胃的容量，会使奶类的摄入量减少，不利于婴儿生长发育。

给婴儿1个手指饼干，妈妈自己也拿1个，用牙咬去一点儿，慢慢咀嚼。妈妈的动作会引起婴儿模仿，婴儿也会咬一小口，学着用牙龈去咀嚼。婴儿即使未萌出乳牙，或只有下面两颗小门牙，但他的牙龈有咀嚼能力，能将饼干嚼碎咽下。有些婴儿虽不会咀嚼，咬下饼干后会用唾液浸泡软直接咽下。有时由于浸泡不均，部分未泡软的饼干会引起呛噎。妈妈可多次示范，用夸张的咀嚼动作引起婴儿的兴趣，使婴儿学会咀嚼。

缓解婴儿的出牙不适

每个婴儿出牙的时间不完全相同，早一些的在出生后4个月，晚一些的大约在10个月时，大多数婴儿都是在出生后6～7个月长出第一颗乳牙。乳牙分为切牙、尖牙和磨牙，下牙要比上牙先萌出，并成双成对，即左右两侧同名的乳牙同时长出。最先萌出4颗下切牙，随后长出4颗上切牙，大多都在1岁时长出4个上切牙和4个下切牙。然后，再长出上下4颗第一乳磨牙。乳磨牙的位置离前面的切牙稍远，这是为即将长出的乳尖牙也就是虎牙留下生长空隙。此后，略微停顿后，4颗尖牙会从牙龈留下的空隙中“脱颖而出”。一般来讲，在1岁半时萌出14～16颗乳牙，最后萌出的4颗乳牙是第二乳磨牙，它们紧紧靠在第一乳磨牙之后。2～2岁半时20颗乳牙全部出齐，上下牙龈各拥有10颗乳牙。

婴儿出牙前或出牙时会出现一些反应，比如容易哭闹、夜睡不安、食欲下降、轻微发热等。家长不必过于担心，这些不适现象只是暂时的，待乳牙萌出后就会很快好转或消失。家长需要做的是，多陪伴婴儿玩耍，多搂抱婴儿，多与婴儿说说话，帮助婴儿保持平稳的情绪。另外，出牙期间抵抗力会有所下降，容易发生感冒或出现一些异常情况，要加强护理。

婴儿开始长牙的时候会咬手指、玩具、衣被，适当吃磨牙食物非常必要，父母可以为婴儿准备一些磨牙饼干。一些特制的磨牙饼干对出牙期的婴儿很适宜，不仅可以通过咀嚼减轻婴儿的牙龈不适，而且有助于乳牙萌出，促进牙弓和颌骨发育。也可以让婴儿啃咬牙胶，帮助婴儿减轻牙龈的不适感。

如果婴儿过了10个月，乳牙还迟迟没有萌出，医学上称“萌出延迟”，应该带婴儿去看一下口腔科医生，尽早查找出原因，以采取针对性的治疗措施。

正确护理婴儿的乳牙

乳牙萌出期间，每次给婴儿吃完奶、喂完食物或每天晚上睡觉前，应给婴儿喂些温开水，并用手指牙刷帮助婴儿擦洗齿龈或刚刚露出的小乳牙。乳牙完全萌出之后要继续使用手指牙刷，从唇面到舌面轻轻擦洗小乳牙，并轻柔地按摩齿龈，帮助婴儿减轻不适。在平时生活中要注意将婴儿经常咬的物品进行清洗，并保持小手的清洁，还要勤给婴儿剪指甲，以免引起齿龈发炎。

当发现婴儿有吃手指、咬嘴唇或啃东西等坏习惯时，父母要引起注意，尽快想办法纠正，以防形成错乱的牙齿关系，导致牙齿长得东倒西歪，很不整齐。

龋齿是食物经过口腔中正常寄存细菌的发酵，产生酸性产物，对牙齿的珐琅质进行腐蚀，使牙齿发生脱钙、坏掉而造成的。一般来说，奶水对乳牙的损害程度与吃奶次数的频度、每次吃奶时间的长短及持续不良哺喂习惯的时间成正比。因此，尽量不要让婴儿养成睡前吃奶的习惯。如果一时难以纠正，可用温开水替代，但同时也要注意纠正。当婴儿长到能够自己抱着奶瓶喝奶时，尽量让婴儿在20分钟之内喝完，不要养成边喝边玩的习惯，以免喝奶时间过长，增加牙齿受腐蚀的时间。

学习捧杯喝水

让婴儿练习用杯子喝水，提高自理能力，为将来用杯子喝奶打基础。用高的纸杯或有两个把手的杯，杯底放少许凉开水，由大人托着杯底，让婴儿双手捧着杯的两侧练习喝水。

用声音和动作表示大小便

在把婴儿大小便时大人要发出声音，如“嘘”是小便，“嗯”是大便。经常反复练习后，婴儿除了用打滚、发愣、停止活动等方式表示大小便之外，还会加上声音表示，便于大人照料。让婴儿学习自理，先要在便前作出表示，同时要自己控制，等待大人把大小便再排泄。这两方面的要求有时会因婴儿玩得太专注，或者突然来生人等临时干扰偶尔失败。只要平时基本上能与大人配合，都应及时表扬以巩固成绩。

为婴儿挑一双合适的鞋

婴幼儿的脚正处于发育期，脚骨大多是正在钙化的软骨，骨组织的弹性大，容易变形。另外，韧带、脚踝尚未完全发育定型，再加上脚的表皮角化层薄，肌肉水分多，脚部很容易因受到损伤而引发感染。所以婴幼儿的脚与成人的脚相比，稚嫩娇弱，平衡稳定性差，且婴幼儿好动，脚易出汗。婴幼儿在学步或行走过程中容易引起踝关节及韧带的损伤，还可能养成不良的走路习惯，严重的可能导致一些脚疾，如扁平足。所以家长要重视婴幼儿双脚的保护，给他们选择适合的好鞋。

❶ 鞋的软硬度要适中

鞋面、鞋底太软不利于婴儿脚部的发育。鞋头部分要硬一些，太软不能抵御外部硬物对脚趾的冲撞，易使婴儿的脚受损伤；鞋帮柔软没有主跟的鞋，婴儿的脚得不到支撑，走起路来会摇摆不定，很易引起踝关节韧带损伤。但脚背处的鞋面应柔软些，这可以为穿鞋的舒适度加分。鞋底要软硬适中，符合婴儿生长发育的特点。太软的鞋底不能起到支撑脚掌的作用，踩下时脚心腰窝外侧就会着地，引起小趾及第五跖趾部位向外排挤，影响脚外侧纵弓的生长；同时软鞋底薄，无钩心，没有减振效果，对跟骨振动大，容易让踝关节受伤。

❷ 鞋面以天然软皮革为宜

特别是软牛皮、软羊皮的，好处是具有优良的透气性及吸汗功能。同时，皮革的可塑性能自动补偿不同脚形造成的差异，又能保持鞋的形状。

❸ 鞋里衬要透气、吸湿

鞋里衬尽量选择透气性好、吸湿性好、舒适柔软的棉织品。婴儿活动量大，脚又易出汗，里衬好的鞋可以保持鞋内干燥透气的状态，不为细菌的繁殖创造条件，让脚臭、脚气、脚癣等皮肤病远离婴儿。若里衬的质地不佳，脚长期处于湿热环境中，会造成足弓强度减弱，韧带松弛，更严重的将引起扁平足。还要注意鞋里是否有尖硬的东西，以免硌伤、刺伤婴儿的脚。

❹ 鞋底的厚度要适中

一般父母都知道，鞋底太薄不好，因此总想给孩子挑一双鞋底厚一些的鞋。其实，鞋底太厚也不好。因为在行走时，鞋随着脚部的运动需不断地弯曲，鞋底越厚弯曲就越费力，容易引起脚的疲劳，并进而影响到膝关节及腰部的健康。适宜的鞋底厚度应为5毫米～10毫米，鞋跟6毫米～15毫米的高度是比较适宜的，它可起到保护足弓、维护平衡的作用。鞋后跟太高会令整个脚部前冲，破坏脚的受力平衡，长期如此会影响婴儿脚部的关节结构，甚至导致脊椎生理曲线变形，严重者将使大脑、心脏、腹腔的正常发育受到影响。

鞋底的防振效果也是选购童鞋的重要因素。最好是选择回弹性好、减振性高、防滑和耐磨性能优良的材料，它能吸收地面对跟骨及大脑的震荡，保持稳定。另外，有些童鞋的弯折部位在鞋中部（脚的腰窝处），这样容易伤害婴儿的足弓。科学的弯折部位应位于脚前掌的跖趾关节处，这样才与行走时脚的弯折部位相符。

❺ 鞋身宽窄要适中

鞋身应自然贴附于脚部，前部柔韧且留有一定的活动空间（鞋的长度应比婴儿的脚多5毫米），容许脚趾有足够的空间扭动和伸展，让鞋前端的宽度与脚的生长相适应。这样的鞋能保持脚的平衡，减轻脚部韧带与肌肉紧张，也有利于婴儿学步或走路，婴儿穿起来轻松舒适。

❻ 鞋的长度要合适

婴幼儿身体生长速度快，脚也一样，有的父母给婴儿买鞋时总想买得大一些，希望能穿得时间长一些。这种做法是不利于婴儿的健康发育的。过大的鞋会使婴儿行走不便，使脚部过度疲劳，对脚趾、脚后跟造成磨损伤害；过小的鞋会使婴儿的脚在走路时疼痛，严重的还会引发脚部畸形，给婴儿的身心造成伤害。婴儿鞋的长度比婴儿的脚多5毫米～10毫米比较合适，父母要随婴儿脚的发育及时给婴儿更换合适的鞋子，切不可为能使孩子多穿一段时间就选购太大的鞋，也不可因怕扔掉可惜让孩子将就着穿小鞋。

❼ 婴儿最好穿有带的鞋

婴儿适合穿有带的鞋，包括系带鞋、带搭粘扣、按扣的鞋等。有带的鞋可起到帮助固定的作用，不会因为婴幼儿的鞋相对宽松而轻易掉落。如果要选无带的鞋要注意鞋口的松紧，向里扣得过紧，婴儿穿着不舒适，若过于宽松，鞋又爱脱落。

❽ 年龄不同，侧重点不同

不同年龄的婴幼儿，其身体发育程度不同，鞋的选择标准也不同：

- 7～8个月的婴儿：穿鞋主要是为脚部保暖。质地柔软、穿着宽松的柔软布鞋或厚鞋套比较适合，鞋口最好是系带或松紧抽口式的。

- 8～24个月左右的婴幼儿：由于其骨骼发育尚不成熟，正在学爬、学走，需要保护脚掌、脚踝，鞋底不宜太软。尤其对于已能扶走的婴儿，鞋底要有一定硬度，最好鞋的前1/3可弯曲，后2/3稍硬不易弯折。

- 24～36个月的幼儿：自己可独立行走了，此时购鞋时可选鞋底厚些、弹性较好的嵌底式鞋或牛筋底鞋，它能够吸收地面对跟骨及大脑的震荡及保持稳定。

9.婴儿的鞋袜都要宽松

为了让婴儿的脚能有一定的活动空间，穿着舒适，鞋袜都要宽松，以穿了袜子后脚在鞋里仍有一定的活动空间为宜。鞋不能过紧或刚刚合适，若如此，穿了袜子的脚就穿不进鞋里，即使穿进去也很容易造成袜子和鞋贴在一起，不利于脚部透气。

另外，婴儿的袜子最好是全棉材质的，化纤等化学合成的材质透气性、吸湿性差，易引起婴儿皮肤过敏或脚部不适。袜子要足够宽松，尤其是袜口不能勒得过紧，否则易影响血液的流通。可多准备几双袜子替换，让婴儿的小脚丫随时保持清洁、干燥，有利于婴儿的脚部健康。

Tips

在每个季节都给婴儿准备两三双应季的鞋换着穿，这样可以保持鞋内干燥，以防细菌生长，也会延长每双鞋的穿着时间。

不要错过婴儿味觉发育的敏感期

对于婴儿来说，凡是没有吃过的食物都是新鲜的、好奇的，他们并不会天生就有什么成见。婴儿的味觉、嗅觉在6个月到1岁这一阶段最灵敏，此阶段是添加辅食的最佳时机。婴儿通过品尝各种食物，可促进对很多食物味觉、嗅觉及口感的形成和发育，也是婴儿从流食—半流食—固体食物的适应过程。经过这一阶段，在1岁左右时，婴儿已经能够接受多种口味及口感的食物，顺利断奶。在给婴儿添加辅食的过程中，如果家长一看到婴儿不愿吃或稍有不适就马上心疼地停下来，不再让婴儿吃，这样便使婴儿错过了味觉、嗅觉及口感的最佳形成和发育机会，不仅造成断奶困难，而且容易导致日后挑食或厌食。

婴儿更容易被晒伤

婴儿的皮肤比成人的薄，而且发育不完善，更容易被晒伤，要特别注意防晒。夏日适合婴幼儿外出的时间是上午10点之前和下午4点之后。尽量避免上午10点到下午3点这段日晒、紫外线最强烈的时间外出活动。避免在日光下直晒，日光强烈时外出，要给婴儿戴上遮阳帽，或撑遮阳伞。服装要选择轻薄、透气性好的长款，以尽量遮住婴儿的皮肤，以免被强烈的日光照晒。

6个月以上的婴儿可以选用婴幼儿专用的防晒品，这类防晒品经过严格的质量检测，对皮肤无刺激，不含色素、香精、矿物油、有机化学防晒剂。购买时一定要注意，产品说明中应注明产品的成分、规格、产品批号、生产日期、使用期限、生产许可证号、产品标准号、卫妆特字号、厂址、厂商名称等内容。不要给婴儿使用成人的防晒产品。

一般的室外活动选用普通型SPF在15左右的即可；如果是去游泳或是海边，就适合选择防水型SPF在30左右的。这时还可以加上防晒的唇膏，给婴儿全面的呵护。防晒霜应该涂抹在干爽的皮肤上，因为在湿润或出汗的皮肤上使用，防晒霜会很快脱落或失去效力。

Tips

如果婴儿的皮肤被晒伤，要尽快送往医院治疗。途中可让婴儿喝些水，补充体内缺失的水分，或将晒伤处浸泡在冷水里。切勿使用肥皂等刺激性洗剂为婴儿清洗晒伤皮肤，以免情况加重。

防止婴儿吞入异物

任何直径或长度小于4厘米的物品，婴儿都有误吞的可能，因此，一定不能把这类物品放在婴儿能拿到的地方，还要尽早教育婴儿不能将小物品放入口、鼻、耳中。

- 家中所有药品都要放在婴儿拿不到的地方，药柜或药箱应上锁。
- 不要随意更换药瓶和标签，吃剩的药片要放回到妥善地点存放。
- 儿童药品最好使用按下才能拧开的安全瓶盖。
- 挑选玩具要看有无“不适合0～3岁婴幼儿”的标志，并仔细检查有无细小部件。
- 花盆、鱼缸内不要放置小石子、玻璃珠等。
- 坚果、硬糖、葡萄等小粒食物不能整个喂给婴儿，果冻绝不能让婴儿吸着吃。
- 定期检查婴儿的衣物，如有纽扣要缝牢，别针、小饰物要拿掉，帽子、领口不能有细绳等。

本月计划免疫

6个月后，婴儿从母体中带来的免疫力降低了，容易受感染，同时易引起其他并发症。因此，在传染病的高发季节，不要带婴儿去人多的公共场所，还要记住按时接种疫苗。

1.注射第三针乙肝疫苗

2.注射流脑疫苗

A群流脑疫苗主要用于6月龄～15周岁的儿童，每年12月6月龄的婴儿需要接种第一针，全程2针，第二针在次年的12月接种。接种后反应比较轻微，偶有短暂低热，局部有压痛感，一般可自行缓解，不用特殊处理。

Tips

流脑疫苗在多数地区属于季节性疫苗，每年在固定的月份接种。如果因为种种原因未能按时接种，可在第二年相应的月份再进行补种。

6～7个月育儿重点

鼓励和赞扬是最好的教育

这个年龄段的婴儿喜欢受到表扬，如果听到称赞，他就会不停地重复原来的语言和动作，这有利于婴儿对这个世界的探索和发现，会使婴儿有更多的学习机会。当婴儿能够独自坐起或用小手颤颤悠悠地抓起东西时，父母的表扬和赞美是对婴儿最大的肯定和激励。例如，这个阶段的婴儿虽然还不能发出清晰的声音，但是当他发出“da—da”“ma—ma”这些音节时，父母也应该有积极的反应，这样能适时地强化婴儿的发音行为，使婴儿乐于参与这样的发音游戏，有利于婴儿发音器官的成熟和发音准确性的提高。

学习翻滚

让婴儿在凉席上或地毯上坐着玩，将惯性小车从婴儿的左侧开到右侧。婴儿很想向右转身去够，但够不着。于是再使劲翻成俯卧，然后转向右侧，终于将小车拿到手中。在婴儿练习俯卧撑胸时用固定的玩具，如不倒翁、八音盒等。在婴儿学习翻滚时要用小车、皮球等能滚动的玩具，促使婴儿翻滚及连续翻滚。

婴儿要克服身体的重力才能滚动，需要肌肉、关节、韧带、皮肤感觉等全面参与，这些都会成为信号传入大脑记忆库中。多种动作的协同，再加上视评估的距离感觉和用手够取的感觉，通过练习就能翻滚自如。婴儿通过运动时的感觉渐渐将自己的身体与外界事物区分开，所以越是全身的大运动就越能锻炼婴儿的感觉统合能力，促进大脑和前庭系统的发育。

练习扶物坐起

只有坐起来才能看得远，因此婴儿会努力撑物坐起。婴儿在摇篮车上最容易扶栏坐起，因为小车上的栏杆易于抓到而且高度适宜。有时推着小车带婴儿到户外玩耍时，本来婴儿是躺在车里的，在大人未注意时婴儿已经坐了起来。婴儿也会扶着椅子的扶手、沙发的扶手或用床上被垛支撑自己坐起来。通过扶栏坐起可以锻炼婴儿胳膊的力量，也可以锻炼腰和腹肌的力量，同时会使婴儿产生自信，学会用自己的力量去改变自身的状况。

扶婴儿坐在床上或铺着席子的地上，旁边放几个小玩具，婴儿能用双手去摆弄玩具而不用手支撑身体。妈妈在婴儿身后同婴儿说话，引诱婴儿转动头和身体去看妈妈。爸爸在另一侧用玩具引逗，让婴儿将头和身体转向另一侧。如果婴儿的头和身体向两侧转动之后仍能坐稳、不用扶才算真正坐稳。能坐稳的婴儿可以更方便地获取信息，从视、听、手摸、嘴啃、脚踢等多方面去认识事物，所以认识事物的范围和深度比以前增大。

训练听觉的灵敏性

婴儿最先认识妈妈的声音，也能听出妈妈来时的脚步声。人工喂养的婴儿听到摆动奶瓶的声音时会停止哭泣。婴儿还会辨别自己的哭声，能区分出别的婴儿的哭声与自己哭声的不同，播放别的婴儿哭的声音常常引起婴儿跟着啼哭，但播放婴儿自己哭声时会使婴儿突然停止啼哭，安静地倾听，似乎是在鉴别自己与别人的哭声有何不同。录制各种声音，如汽车喇叭声、自行车铃声、敲门声、流水声、钟表嘀嗒声、各种动物叫声等给婴儿听，经常听的钟声、水声、敲门声婴儿能一一辨认。播放声音时还可抱着婴儿去观看，或者用相应的图片让婴儿辨认是哪种物品或动物发出的声音。

可以找一些摔不碎的东西，然后把它们一一扔在地上，让婴儿听各种物体落地的声音，如球、塑料盒、书本、笔、罐头、木盒、纸盒等，婴儿可以从中感知不同质地与不同声音间的关系。

还可以找一些空瓶子，在瓶子里装上不同的东西，如灌上一些水、放些不同的豆类或谷物等，然后轻轻摇动瓶子，让婴儿听瓶子发出的不同声音。

和婴儿玩拍手的游戏。父母先做示范，拍拍手给婴儿看，然后让婴儿模仿父母的动作；或者一直连续拍手后忽然停止，看婴儿的反应。

学认身体的第一个部位

认部位和认物一样，是理解语言的记忆力练习。让婴儿认识自己的身体部位，从最容易的做起，使婴儿有信心和有兴趣再学习其他部位。如果婴儿会同人握手，告诉他“伸手”，他会将手伸出来同人握手，婴儿学会大人说“手”时伸手就认识了身体的第一个部位。不过，第一次学会之后如果不温习过几天就会忘记。婴儿认物只会认一词一物，他还缺乏概括能力，只认得第一次学会的某一件东西，不可能推广到这个词所包括的其他东西。要经过反复练习，知道自己的手叫作“手”，别人的手也叫作“手”时才算真正学会。

通过认物和认部位逐渐理解词意，理解词的综合概括，如灯，知道吊灯和台灯都是灯；娃娃的鼻子、自己的鼻子、亲人们的鼻子都是鼻子。再过1～2个月听多了自然就懂了，所以要常常用婴儿已懂了的词汇多指不同的物品，扩充词的范围。

培养婴儿的观察能力

在婴儿面前放一件玩具，大人同婴儿玩时突然把玩具藏到身后，看婴儿是否马上发觉。有时取走的不是他最想要的，他并不在意；如果取走了他最想要的，他会马上发火。看看婴儿是否有观察能力，是否能马上发觉别人取走的玩具，这是婴儿智力测试的一道题。如果用同一个玩具去测试不同的婴儿，可能会发生错觉，因为有的婴儿对这个玩具并不感兴趣就不会在乎别人拿走。所以要事先了解每个婴儿的兴趣所在，用他感兴趣的玩具测试才能说明婴儿是否有灵敏的观察能力。

育儿专家答疑

婴儿出牙晚是缺钙吗

出牙延迟最常见的原因是缺钙，但缺钙不是出牙晚的唯一原因。通常，婴儿出牙早晚与妈妈有密切关系。如果妈妈在怀孕期间缺钙，婴儿出生后就会比不缺钙的妈妈生的孩子出牙晚；如果父母在儿时出牙晚，通常孩子出牙也比较晚。另外，出生后一直以流食喂养为主的婴儿，也会造成出牙晚。不要因婴儿不长牙就延迟吃比较硬的食物的时间，应该有意识地给婴儿吃一些较硬的食物，让婴儿磨磨牙，促使乳牙萌出。

7～8个月养与育

生长发育特点

体格发育

到这个月的月末，也就是婴儿满8个月的时候：

- 体重均值男婴为9.19千克±1千克，女婴为8.65千克±0.97千克。
- 身长均值男婴为72厘米±2.5厘米，女婴为70.6厘米±2.5厘米。
- 头围均值男婴为45.0厘米，女婴为43.8厘米。
- 胸围均值男婴为44.9厘米，女婴为43.7厘米。
- 前囟为1厘米×2厘米。
- 牙齿0～4颗。

动作发育

❶ 大动作发育

● 大人用玩具逗引，婴儿能熟练地从仰卧位自己翻滚到俯卧位，仰卧时有时还可以把头抬起来。

● 在俯卧位时可以用一只手支撑身体的重量，坐起来时手能够支撑在桌面上。

● 多数婴儿在7～7个半月能自己坐稳，不必用手支撑身体，但身体略向前倾。早的5个月时就能独坐，晚的要到9个月时才会独坐，90%的婴儿都在这个时间段掌握了该技能。

• 7～8个月是爬行能力发展的关键期，开始出现爬行的动作，但还不能独立爬行。俯卧位时，能手膝协同、腹部挨着床面用手和脚推动身体匍匐向前移动。有的能用胳膊和膝盖把身体支撑起来，摇来晃去，在原地打转。父母可以用玩具逗引趴在小床上的婴儿，观察他的反应，看婴儿是否能将身体抬高、腹部离开床面协调地移动双腿和双脚，一般可以向前爬行3步以上。早的5个月时就能做到，晚的要到11个月才能掌握该技能，但只要在这个时间段都属于正常。婴儿学会爬行需要几周，甚至几个月的时间，父母大可不必因为婴儿开始爬得不好而焦虑，只要给孩子多提供爬的场地和机会就可以了，孩子的成长需要时间。

• 大人用双手拉着婴儿的手臂，婴儿能站立片刻，还能高兴地上下蹦跳。

• 扶着栏杆可以自己站起来。

❷ 精细动作发育

• 能用拇指、食指和中指端拿起积木，并且积木和手掌之间有空隙。

• 如果大人先给婴儿一个小玩具，等他拿住后再给他另外一个玩具，婴儿会把第一个玩具换到另一只手里，再去接第二个玩具，这就是倒手。

• 开始学习两手同时抓握两个或多个物品，一般是较大的物品，如乒乓球。

• 会用积木敲击桌子。

• 能伸手抓住远一些的玩具。

感知觉发育

❶ 视觉发育

视力水平及深度知觉在这个月进一步发展：已经能够辨别室内的人以及房间对面的物品。妈妈可以留意日常生活中那些吸引婴儿目光的事物，比如屋顶的风扇、悬挂的风铃、飘落的树叶、邻居院子里跳绳的小朋友等，有意识地带婴儿去观看他感兴趣的事物，培养婴儿对外界的兴趣。

❷ 听觉发育

能区别语音的意义。

语言与社会性发育

❶ 语言发育

• 出现“小儿语”，会用语音来吸引别人的注意。

• 已经会发“ba—ba”“ma—ma”或“da—da”的声音，这一定会使爸爸、妈妈非常兴奋，但这时婴儿的发音并不是真的在叫“爸爸、妈妈”。

• 听到“妈妈”这个词能把头转向妈妈。

• 当大人和婴儿说话时他会做回答性的动作，比如摇头表示不行，点头表示同意。这时候要很好地引导他，要将语言和实物联系起来。例如指着电灯说“这是电灯”，以后你问他电灯在哪里，他就会转向电灯的方向，并用手指着，同时发出声音。这种发音虽然还不是语言，但是他在锻炼发音器官，为模仿成人的语言打下了基础。婴儿还会用动作表示欢迎、再见、你好等。

• 7～10个月的婴儿更喜欢听有自然停顿的句子，而不喜欢听那些非自然停顿的句子。约9个月时，这种对语言的切分节律的敏感扩展到一个个词上。这一年龄段的婴儿对符合自己母语的重音规则的口语更感兴趣，听的时间也比较长，他们像切分词那样去知觉它。

❷ 社会性发育

• 7个月是婴儿智力发育的重要时期，他已经开始懂得表现自我。在镜子中看到自己时会对着镜中的自己作出拍打、亲吻的动作，或作出微笑的表情。

• 陌生人走近会表现得比较警惕，继而放声大哭。尤其在生病的时候，或处于不熟悉的环境时，这种反应会表现得更为强烈。

• 7个月以后，婴儿开始知道高兴是好情绪，而悲伤、害怕是坏情绪。即便这些表情由不同的人以非常轻微的形式表达出来，他们也能识别。要知道，婴儿能够看懂成人的表情和情绪是非常重要的进步，这种能力将推动他们社会关系的发展，帮助他们调节自己对环境的探索。

• 会拿东西给认识的家人，会表示要人抱或大小便。

• 已经会自己吃饼干，吃饱了会紧闭嘴表示拒绝。

• 已经会模仿简单的动作。如果大人做拍手动作，会跟随拍手。多次训练后，一听到“拍手”这个词就会作出拍手的动作。

7～8个月养护要点

7～8个月可以添加的辅食

7～9个月的婴儿舌头能够前后、上下运动，可以用舌头把不太硬的颗粒状食物捣碎。此时的食物仍然是以母乳为主、配以辅食。每天的喂奶次数可以减少1～2次，而添加辅食的次数则可以增加1～2次。辅食的种类也更丰富，新添加了烂面条/面包、馒头、豆腐、肝、鱼、虾和全蛋；辅食的性状也发生了变化，从汤粥糊类发展为稠面条、面包、馒头，从菜泥、肉泥变成了菜末、肉末。由于肉末比蛋黄泥、肝泥和鱼泥更不易被婴儿消化，所以最好到婴儿8～10个月后再添加。

几类主要辅食的制作方法

1.泥糊类辅食的制作方法

猕猴桃泥

制作方法：猕猴桃洗净，去皮；取1/4个，用研磨器磨成泥状即可。

营养点评：猕猴桃含有丰富的维生素、葡萄酸、果糖、柠檬酸、苹果酸和脂肪。它富含的维生素C可强化免疫系统，促进伤口愈合和对铁质的吸收；所富含的肌醇及氨基酸，可补充脑力所消耗的营养。

鸡肝泥

制作方法：鸡肝用流水冲洗片刻，再在冷水中浸泡30分钟；取出再用流水冲洗，然后放入锅中煮至熟后捞起；将熟鸡肝用研钵捣成泥状；加入适量温水，调匀后即可。

营养点评：肝脏是动物体内储存养料和解毒的重要器官，含有丰富的营养物质，具有营养保健功能，是最理想的补血佳品之一。

2.粥类辅食的制作方法

主张煮杂粮粥及豆谷搭配，发挥蛋白质中氨基酸的互补作用。

鱼泥粥

制作方法：三文鱼洗净，煮熟，切碎；大米洗净，备用；加入适量水，用大火煮滚，转小火煮成粥即可。

营养点评：三文鱼肉质紧密鲜美，油脂丰富，肉色为粉红色并具有弹性。三文鱼有较高的营养价值，蛋白质含量丰富，还含有较多DHA等特殊类型的脂肪酸，这有利于宝宝的大脑及视力发育。

香菇鸡肉粥

制作方法：香菇洗净，切成小粒。大米洗净备用；鸡胸肉洗净，切成小粒，与香菇粒一起煸炒；加入大米和适量水，用大火煮滚，转小火煮成粥即可。

营养点评：香菇中含有30多种酶和18种氨基酸。人体所必需的8种氨基酸中，香菇就含有7种。香菇多糖能提高辅助性T细胞的活力而增强人体的免疫功能。香菇还含有多种维生素、矿物质，对促进人体新陈代谢、提高机体适应力有很大作用。

3.蛋羹类辅食的制作方法

肉末蛋羹

制作方法：将瘦猪肉切成小粒，炒熟；将肉末加入蛋黄和少许凉开水，搅拌均匀；用中大火蒸约10分钟即可。

营养点评：蒸蛋羹时，给碗加个盖，可以使蛋液受热均匀，避免表面出现蜂窝状。

肝粒蛋羹

制作方法：鸡肝洗净，切成薄片，蒸熟；将熟鸡肝片切成小粒备用；将鸡肝粒加入蛋黄和少许凉开水，搅拌均匀；用中大火蒸约10分钟即可。

营养点评：动物肝脏买回来之后应先用清水冲洗几分钟，然后放在水中浸泡30分钟，最后蒸熟或煮熟即可。

4.肝泥、鱼泥和虾泥的制作方法

选质地细致、肉多刺少的鱼类，如鲫鱼、鲤鱼、鲳鱼等。先将鱼洗净煮熟，去鱼皮，并取鱼刺少肉多的部分去掉鱼刺，将去皮去刺的鱼肉放入碗里用勺捣碎。再将鱼肉放入粥中或米糊中，即可喂婴儿。一般开始时可先每日喂1／4勺试试。

由于鱼泥比蛋黄泥和肝泥更不易被婴儿消化，所以最好等婴儿7个月以后再考虑喂给，过早或过多喂婴儿鱼泥会导致不消化和积食。

确保婴儿的爬行安全

这个月，大多数婴儿都开始学习爬行了，父母一定要再进行一次家居安全检查，以确保婴儿的安全。

- 不要让婴儿在床上练习爬行，以免大人不注意的时候掉下来摔伤。应该给婴儿准备一个较宽敞的场地，如在地板上铺上地毯、塑料垫等，可以让婴儿任意翻滚、爬行。
- 要保证地面的清洁，因为婴儿爬行时整个身体都要接触地面，特别是婴儿的小手，既可以用来爬行，也是婴儿喜欢放进嘴里的“玩具”。如果铺的是地毯一定要定期清洁，因为地毯中很容易滋生细菌。

● 要检查一下地面上有没有拖曳的电线，所有的电线都要隐藏到婴儿看不到的地方，或者固定在墙上，以防婴儿拖拉绊倒，所有的电源插座都要安上安全盖。

● 婴儿在的时候电器最好全部关闭，避免因为婴儿乱按发生危险。电器摆放的位置要靠内侧，避免婴儿推拉造成危险。

● 让婴儿练习爬行的周边不能有曲别针、小药片、小药丸等会对婴儿造成伤害的异物。 用于衣柜干燥的樟脑丸等要藏好，防止婴儿当成糖果误食。

● 窗帘最好不要有薄纱层，拉绳要放在婴儿够不到的地方，以防婴儿缠绕窒息。

● 餐桌最好不要铺桌布，因为婴儿爬行、玩耍时会拉扯桌布，导致桌上放置的暖瓶、玻璃器皿、汤盆、饭碗等翻倒，造成婴儿被砸伤或烫伤。

● 餐桌上有刚做好的热汤、热饭菜时一定要有专人看护婴儿，不要把婴儿一个人留在房间里。

● 低矮家具尽量挑选圆角的，如有尖角应加装塑料保护角，防止婴儿跌倒撞伤。

● 家具、落地灯、电视等要放置稳固，避免婴儿爬行时倾倒，发生危险。

● 尽量不选用玻璃茶几、桌子、酒柜等，玻璃、瓷器等物品要集体“消失”，避免摔碎割伤婴儿；木制家具表面要平滑、无木刺。

● 尖锐、易燃物品要放到安全位置，不要丢放到茶几上，以免引发危险。

● 家中有楼梯、台阶的地方，楼梯口应该安装儿童安全护栏，防止婴儿从楼梯或台阶上跌落、摔伤。

● 厨房里所有的橱柜都要关严，以免婴儿爬入，发生危险。

教婴儿学会保护自己

喂辅食时如果碗有些烫，可以握着婴儿的手，让他轻摸一下碗的外面，告诉他“烫，不能动”。婴儿用手指感到什么是烫，烫的东西用手去摸会有热辣辣的感觉，于是懂得不能动手去摸烫的碗，以避免受伤。

让婴儿学会控制自己的欲望

满7个月的婴儿应当学会控制自己的欲望，不能随心所欲。要让婴儿懂得“不”的含义，当婴儿把不该放入口中的东西放入口中时，大人要用严肃的表情加上声音

“不”或者用手摆动叫婴儿不要放到嘴里。如果婴儿仍要放入口中就要把婴儿手中之物夺去，并且说“不能吃”“有毒”。有些婴儿听话，有些婴儿会大哭表示反抗。无论婴儿怎样哭闹大人都不能妥协，可以换用另一种能啃咬之物代替。只要妈妈坚持，婴儿很快就会懂得“不”的含义，而且学会服从。这时应马上表扬，让婴儿懂得有些事可以做，有些事不能做，要记住。

家中的大人要保持一致，同一件事在妈妈面前是不许做的，在爸爸和奶奶面前也不许做，才能使婴儿学会守规矩和懂事。反之，在某人面前不允许做的事，在另一个人面前就允许做，会使婴儿学会钻空子，不利于教育。

Tips

学会抑制自己的欲望，听从大人的意见，对孩子一辈子都有好处，要在婴儿刚懂得“不”的含义时抓紧教育，等到婴儿养成一切都要听“我的”的习惯时再教育就太迟了。

本月计划免疫

除了逢5月要注射乙型脑炎疫苗或逢1月注射流脑疫苗之外，本月无特别的预防接种。

7个月以上患有哮喘、先天性心脏病、慢性肾炎、糖尿病的婴儿或体弱的婴儿，家长可以考虑为其接种流感疫苗。但过敏体质，尤其是对鸡蛋过敏的婴儿不宜接种，感冒、发热的婴儿要等病好后再接种。

7～8个月育儿重点

婴儿学爬益处多

爬是人类个体发育过程必经的重要环节，对身体发育和心理发育都有重要意义。婴儿爬行时需要俯卧抬头、翻身、撑手、屈膝、抬胸、收腹等动作的协调运动才能完成，可以说爬是全身性运动，除了大肌群参与外，爬行时必须小手小脚支撑身体前进，因而四肢的小肌群也得到了锻炼和发展，为日后精细动作的进一步发展提供了条件。婴儿期是大脑与小脑迅速发育期，爬行又促进了身体平衡运动的发展。

爬行扩大了婴儿的活动空间，使婴儿接触事物、接受刺激的次数和数量大大增加，比坐时视野更宽。通过爬寻找玩具，婴儿慢慢地意识到虽然东西看不到但仍然存在，还可以找到它。当成人把玩具藏在被子下面，他会爬着把它找回来。爬使婴儿的感知意向、定向推理能力、寻找目标等能力得以提前发展，也激发了婴儿的探索精神，进一步增加了与人的交往机会。

不要过早学走路

从婴儿运动发育规律看，7～8个月的婴儿正是学习爬行的月龄，而不是学走的月龄。这个月龄会走主要和家长经常把婴儿立起来有关，如果让婴儿站立数次，婴儿的站立欲望就会增强。站立起来的婴儿会表现得很兴奋，家长也觉得很好玩，就经常把婴儿立起来逗婴儿。还有些家长长时间让婴儿站在学步车里，不训练婴儿匍匐爬行。另外，婴儿刚刚会走时，那企鹅似的步态很惹人喜爱，而家长对婴儿会走的动作发育无论是从表情还是到语言，以至于动作都带有明确的鼓励色彩，不恰当的引导致使婴儿较早地学会走路却不会爬。

从婴儿身体发育角度看，如果让婴儿6～8个月站立，更客观地说10个月以前学会站立乃至于走路是不好的。为什么这么说呢?因为婴儿骨骼正在快速增长，骨质软，抗压力差。打个比方，把木质不够坚硬的木板做樘板，其上放略重一点儿的东西，时间一长就会弯曲。婴儿的腿就像不够坚硬的木板一样，让婴儿过早地站立，身体重力的作用很容易使婴儿小腿弯曲，特别是那些体重较重的婴儿更容易出现小腿弯曲症状。从临床观察看，即使让这样的婴儿减少站立或少走路，其恢复也较慢。很多站立过早的婴儿因腿弯常常被误认为是缺钙，于是给宝宝补很多钙剂及鱼肝油，效果却欠佳。因此，婴儿的训练和早期教育可以在遵循自然生长规律的基础上略微超前，但不能违背客观规律，拔苗助长。

练习连续翻滚

婴儿用连续翻滚的办法来移动身体，够取远处的玩具，不必依靠大人帮忙，婴儿感到兴奋和自豪。连续翻滚使婴儿动作灵敏，是全身协调运动的结果，还能为匍行及爬行做准备。

让婴儿在铺了席子或地毯的地上玩，大人把惯性车从婴儿身边推出一小段距离，让婴儿去够取。婴儿会将身体翻过去但仍够不着，大人说“再翻一个”，指着小车让婴儿再翻360°去够小车。练过几次之后，大人可把皮球从婴儿身边滚过，婴儿会较熟练地连续翻几个滚伸手把球拿到。经常练习就会使婴儿十分灵便地连续翻滚。

从匍行到爬行

从这个月开始要重点训练婴儿的爬行能力。从贴着地面爬行到手膝并用爬行，从不协调到协调自如，从被眼前的玩具吸引着爬，到自己主动爬，从平地直着爬行到跨越障碍变换方位地爬行，婴儿需要几个月的时间逐渐成长为爬行能手。

婴儿在练习连续翻滚中，伸手快要够到玩具时，东西近在眼前只差一步就不再翻滚，把身体向前拱一下就拿到了。身体趴在地上往前拱就是匍行。匍行时腹部贴着地面，四肢往前把身体推向前方。开始时婴儿只用手撑，腿不会使劲，甚至双足离开地面，手使劲撑身体还会向后退。这时大人帮助按住婴儿双脚，使婴儿的脚也撑在地上，婴儿再向前使劲，身体就会向前移动了。匍行时大人用毛巾将婴儿腹部兜住，将婴儿腹部提起，体重会落在婴儿的手和膝上，婴儿就能轻快地爬行了。练习几回后，婴儿也会自己将腹部提起离开床铺，用手、膝爬行。

Tips

匍行和爬行都比连续翻滚省劲，学会匍行往前拱时，如果腹部离开地面就成为爬行。

学习用姿势表示语言

7～9个月的婴儿发音能力有限，不可能用声音去表达自己的意愿，但可以用动作和表情表示自己喜欢或不喜欢、要还是不要。大人应该教婴儿学会用姿势答话，激发婴儿与人交往的愿望。婴儿最先学会“抓挠”，即用手掌轻轻张合，表示同人玩耍；另一些婴儿最先学会“谢谢”，双手拱起上下活动表示谢谢或同人拜年。婴儿模仿用动作表示语言的方式各有不同，因为大人做的示范不同，只要开始练习就一定能学会。

育儿专家答疑

婴儿睡觉打呼噜是怎么回事

有些婴儿平时不咳嗽，觉睡得也挺好，就是在睡觉时随着呼吸从嗓子里发出“呼噜呼噜”的声音，让人感觉婴儿嗓子里有痰吐不出来，父母听着心里非常着急。多数家长认为婴儿嗓子里有痰，可能得了气管炎、喉炎等，常常抱着婴儿到医院看病，或者自己买一些化痰的中药给婴儿吃。

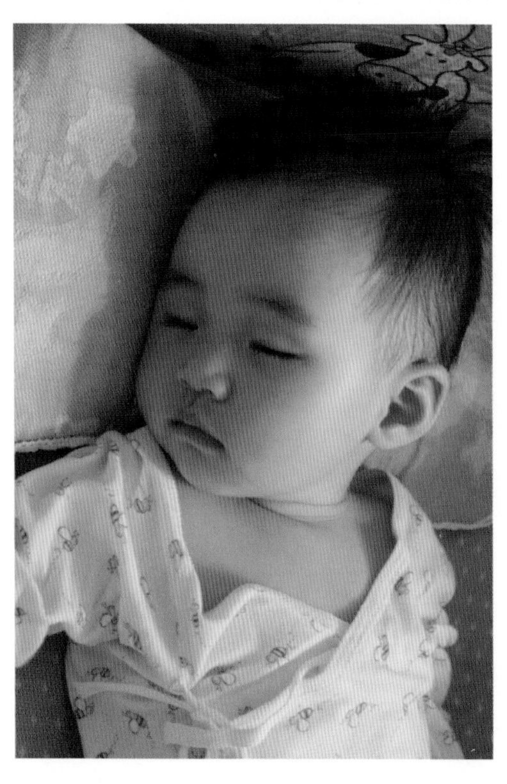

婴儿真的是有痰吗？其实不然，婴儿睡觉时打呼噜主要是喉软骨发育不良所致。妈妈在孕期缺钙，胎儿喉软骨发育时钙化不足，骨性支持作用薄弱，随着呼吸运动，喉软骨处发育不良的组织好像一个活瓣，婴儿睡眠时就会随着呼吸从嗓子里发出“呼噜呼噜”的声音，好似有痰一样。这种情况口服化痰中药无效，只有补充维生素D和钙才能根治。值得一提的是，当软骨发育严重不良时，护理上一定要注意，特别是合并上呼吸道感染或肺炎时，喂奶、喂水都要格外小心，人工喂养时奶嘴孔要小，防止婴儿因呛奶而引起窒息。

8～9个月养与育

生长发育特点

体格发育

到这个月的月末，也就是婴儿满9个月的时候：

- 体重均值男婴为9.42千克±1.1千克，女婴为8.87千克±0.97千克。
- 身长均值男婴为73.3厘米±2.5厘米，女婴为71.9厘米±2.5厘米。
- 头围均值男婴为45.4厘米±1.3厘米，女婴为44.4厘米±1.3厘米。脑重达700克左右，比出生时增加1倍，已达成人脑重的1/2。
- 胸围均值男婴为45.2厘米±2.0厘米，女婴为44厘米±1.9厘米。
- 前囟为1厘米×2厘米。
- 牙齿0～4颗。

动作发育

❶ 大动作发育

- 经过前几个月的手膝爬行，婴儿的肌肉已经具备了一定的控制精细动作的能力。这个月，当大人拉着婴儿的时候，他可以站一会儿，靠着家具或墙壁也可以站一会儿。早的5个月时就能扶站，晚的要到12个月时才会，90%的婴儿都在这个时间段掌握了该技能。
- 俯卧的时候喜欢翻身转成坐姿。

●能平稳地独坐10分钟以上，并自如地伸手拿玩具，身体能随意向前倾然后再坐直。

❷ 精细动作发育

婴儿到了8个月，手的动作会变得更加灵活：

●能用拇指和食指捏起桌上的小东西。这一时期是发展拇指、食指对捏动作的关键时期，如果抓住这一时期积极对婴儿进行训练，将对婴儿的智力启蒙很有益处。

●食指的能力有了很好的发展，食指能独立操作，会抠洞、按开关、拨转盘。

●喜欢把物品扔出去，然后再去寻找。

●倒手的动作更加熟练。

●已经能够很熟练地从父母端在手里的杯子里喝到水了。

感知觉发育

❶ 视觉发育

●可较长时间看3米～3.5米内人物的活动。

●能注视画面上的单一线条，视力保持在0.1～0.2。

❷ 听觉发育

●对外界的各种声音，如车声、雷声、犬吠声表示关心，会突然转头看。

●即使是微弱的声源靠近婴儿的耳朵，他也能转头寻找声源。

●听到一种声音突然变换成另一种声音时能立刻表示关注。

语言与社会性发育

❶ 语言发育

●能认真倾听自己和周围其他人的声音，听到父母叫自己的名字会转过头来。

●能理解简单的语言，当听到父母说“不行”时会把伸出的手缩回或哭泣。

●大约从这个月的月中开始，婴儿能够把经常听到的词和见到的事物联系起来。他知道，当妈妈说“猫”的时候指的就是经常在楼下见到的那只毛茸茸的动物。即使猫不在眼前的时候，听到大人说“猫”这个词，他的脑海里也会浮现出猫的形象来。很快，婴儿能够将所听到的词和相应的事物都建立起联系，尽管他目前还不一定能说出这些词来。父母应该经常跟婴儿说话，把自己正在做的事情跟婴儿说一说，把自己周围的物品名称经常给婴儿念一念，这样对婴儿的语言发展会有很好的推动作用。

- 认识若干玩具名称，会听声取物；认识1～2个身体部位，会按要求指出部位所在。
- 情绪好的时候会主动发出声音，并模仿父母教给他的声音。
- 有的婴儿开始喊“妈妈”“爸爸”，或说出其他一些熟悉的词来。

❷ 社会性发育

- 会配合穿衣，学会伸手穿袖，伸腿入裤腿内。
- 开始辨认镜子中自己的影像。

8～9个月养护要点

给婴儿添加肉末

取一小块儿猪里脊肉或羊肉、鸡肉，用刀在案板上剁碎成泥后放碗里，入蒸锅蒸至熟透即可。也可从炖烂的鸡肉或猪肉中取一小块儿，放案板上切碎。将蒸熟的肉末或切碎的熟肉末取一些放入米中煮成肉粥，或将熟肉末加入已煮好的米粥中，用小勺喂婴儿。

由于肉末比蛋黄泥、肝泥和鱼泥更不易被婴儿消化，所以最好到婴儿8～10个月后喂给。开始喂肉末时妈妈要仔细观察，注意婴儿的大便和食欲情况，看有无不消化或积食现象，有积食可先暂停喂食肉末。

让婴儿学会拿勺子

9个月的婴儿喜欢伸手去抓勺子，平时喂辅食时可以让婴儿自己拿一个勺子，让他随便在碗中搅动，有时婴儿能将食物盛入勺中并送入嘴里。要鼓励婴儿自己动手吃东西，自己用手把食物拿稳，为拿勺子自己吃饭做准备。婴儿从8个月起学拿勺子，到1周岁时可以自己拿勺子吃几勺饭，到1岁3个月～1岁半时就能完全独立吃饭了。

开始学习用杯子喝水

现在婴儿可以从水杯里喝水或其他液体了，妈妈可以尝试着在杯子里盛上一些婴儿喜欢的奶、饮料，吸引婴儿练习使用杯子。婴儿可能因为好奇把杯子里的东西倒出来，看看是什么东西。因此，每次盛入杯中的液体不要超过杯子的1/3，而且要准备好抹布以便随时清理。婴儿很喜欢模仿成人的动作，妈妈可以自己也拿一个杯子，动作夸张地举起杯子，喝一口里面的水，然后说：“好喝、好喝！”然后把杯子放在桌子上。这样反复几遍，婴儿会乐此不疲地学着妈妈的样子喝水，很快就会掌握这一技能。

主食类辅食的制作方法

肉粒软饭

制作方法：瘦猪肉切成小粒，青菜叶切末；锅中放入少量植物油，油热后放入瘦猪肉粒，煸炒至熟；加入米饭炒匀，再加入青菜叶末炒匀即可。

三鲜饺子

制作方法：把鸡蛋炒熟、压碎。韭菜、虾仁切末。加入少量植物油，顺着一个方向搅拌好备用；用备好的饺子皮包成饺子即可。

西葫芦鸡蛋饼

制作方法：西葫芦洗净，切成细丝；鸡蛋打散，加入西葫芦丝，搅打均匀；锅烧热，倒入少许油，将鸡蛋液倒入，平摊成饼；小火将蛋饼两面煎熟。

营养点评：西葫芦含有较多维生素C、碳水化合物等营养物质。中医认为，西葫芦具有清热利尿、除烦止渴、润肺止咳、消肿散结等功效。

Tips

可以让婴儿抓着吃。婴儿自己抓食物吃到嘴里会有一种新奇感，锻炼了婴儿的手眼、手嘴的协调能力，可以培养婴儿的自理能力。

让婴儿学会主动配合穿衣

替婴儿穿衣服时，妈妈告诉婴儿“伸手”穿袖子，“抬头”把衣领套过头部，然后“伸腿”穿上裤子。经常给婴儿穿衣服，婴儿逐渐学会这种程序，大人不必开口婴儿就会伸手让大人穿上衣袖，伸头套上领口，伸腿以便穿上裤子。婴儿学会主动地按次序做相应动作以配合大人穿衣服，为下一步更主动地自己穿衣做准备。

为婴儿独自睡觉做准备

婴儿出生后很多都与父母同床而睡，持续的时间有长有短。开始是妈妈为了喂养、护理方便，后来则是婴儿对妈妈产生了依赖感或者是妈妈舍不得婴儿单独睡在小床里。西方人非常强调婴儿要和父母分床睡，近年来国内的有些育儿专家也总是强调这一问题。其实婴儿是否必须和妈妈分床睡并没有统一的观点，如果父母觉得需要分床睡，不要忘了在睡前哼唱儿歌、亲吻婴儿、在他饥饿或者哭闹时给予安抚，要让婴儿在独自睡觉的时候也能感受到父母对他的关爱；如果父母不想和婴儿分床睡，要注意不要让婴儿在睡觉时养成不良的习惯，如摸着妈妈的耳朵才能睡着，必须要抱着才能睡着，等等，这样做不利于婴儿独立性的培养。随着婴儿年龄的增长，可以在合适的时间制造一些让婴儿独睡的机会，为以后分床睡打下基础。

Tips

如果婴儿现在已经是自己睡小床了，这个月要特别注意一下婴儿的床。如果婴儿床是带栅栏的，要把床板和床垫放低一些，以免婴儿扶着栅栏站起来的时候从床上摔下来。

不要给孩子多吃甜食

一说起甜食，人人都知道它会损害牙齿。研究证实，过多地吃甜食不只是损害孩子的牙齿，还会引起其他健康问题。

❶ 甜食是营养不良的罪魁祸首

各式糖果、乳类食品、巧克力、饮料……这些以甜味为主的食品含蔗糖较多。蔗糖是一种简单的碳水化合物，营养学上把它称为“空能量”食物。它只能提供热量，并且很快被人体吸收而升高血糖。甜食吃多了，随着血糖的升高，自然的饥饿感消失，到吃正餐时孩子自然就不会好好吃饭了。人体真正的营养均衡多是从正餐的饭菜中获得，不好好吃饭无疑会缺乏各种营养，长期营养不良会影响生长发育。所以，一定不要在正餐前给孩子吃甜食，可以在加餐时适量吃一些水果或者甜食。

❷ 甜食容易造成免疫力下降

人体免疫力受到很多因素的影响，如饮食、睡眠、运动、压力等。其中饮食具有

决定性的影响力，因为有些食物的成分能够刺激免疫系统，增强免疫功能，如谷物中的多糖和维生素，番茄、白薯和胡萝卜中的β-胡萝卜素，等等。如果孩子因为甜食吃得太多影响了正常的饮食，长期缺乏这些重要营养成分，会严重影响身体的免疫机能。

另外，根据科学家最近的研究发现，甜食与人体免疫力的关系还反映在免疫细胞的能力上。在正常情况下，设定人体血液中一个白细胞的平均吞噬病菌能力为14，吃了一个甜面包之后很快变为10，吃了一块甜点心之后就变为5，吃一块浓奶油巧克力之后变为2，喝一杯香蕉甜羹后则变为1。可见，甜食对免疫力的危害更直接。所以，应该少给婴儿吃糖，多让婴儿吃番茄、橘子、橙子、胡萝卜、蘑菇、大蒜、菠菜等具有提高免疫力功能的食物。但是，给婴儿吃水果也要适量，因为水果中含比较丰富的糖分，如果婴儿吃了太多水果，可能就吃不下蔬菜、肉类或谷类食物了。

③ 甜食可影响视觉发育

一般认为，近视是由某些遗传因素、不注意用眼卫生、长时间眼疲劳造成的，但医学研究发现，吃过多的甜食同样可以诱发近视。近视的形成与人体内所含微量元素有很大关系，过多吃糖会使体内微量元素铬的含量减少，眼内组织的弹性降低，眼轴容易变长。如果体内血糖增加会导致晶状体变形、眼屈光度增加，形成近视眼。另外，吃糖过多会导致婴儿体内钙含量减少，缺钙可以使正在发育的眼球外壁巩膜的弹力降低。如果再不注意用眼卫生，眼球就比较容易被拉长，形成儿童轴性近视眼。

Tips

富含维生素B_1的食物可以帮助预防视力下降，比如奶制品、动物肝肾、蛋黄、鳝鱼、胡萝卜、香菇、紫菜、芹菜、橘子、柑、橙等都富含维生素B_1。

④ 甜食容易造成骨质疏松

婴儿吃了过多的糖和碳水化合物，代谢过程中就会产生大量的中间产物如丙酮酸，它们会使机体呈酸中毒状态。为了维持人体酸碱平衡，体内的碱性物质、钙、镁、钠就要参加中和作用，使婴儿体内的钙质减少，婴儿的骨骼因为脱钙而出现骨质疏松。日本营养学家认为，儿童吃甜食过多是造成骨折率上升的重要原因。此外，如果体内的钙不足，婴儿可能出现肌肉硬化、血管平滑肌收缩、调节血压的机制紊乱等症状。

⑤ 甜食容易导致肥胖

糖类在体内吸收的速度很快，如果不能被消耗掉，很容易转化成脂肪储存起来。在儿童期更是如此，如果婴儿很喜欢吃甜食又不喜欢运动的话，可能很快会变成小胖子。

⑥ 甜食容易造成入睡困难

过多甜食摄入对睡眠也有不良影响，其原因包括影响消化系统和神经系统功能两方面。甜食造成的消化功能紊乱会让婴儿感觉腹部不适，这种不适感在夜间会放大，进而使婴儿无法放松入睡。

⑦ 甜食容易引发内分泌疾病

如果婴儿一直过多食用含糖量很高的甜食，就会引发许多潜在的内分泌疾病。比如，糖分摄入过多，血糖浓度提高，胰岛的负担加重，胰岛长期承受压力，有可能导致糖尿病。 摄入大量甜食会导致消化系统功能紊乱，消化道出现炎症、水肿，这时如果十二指肠压力增高，引发胰液排出受阻和逆流，胰酶开始消化胰腺自身组织，会造成急性胰腺炎。

⑧ 甜食容易造成性格偏激、浮躁

研究发现，嗜好甜食的婴儿不但变得性格古怪，而且好动，注意力不集中，学习成绩也不好，会影响孩子的一生！

美国的专家甚至对一些犯罪的少年做调查，发现在这些孩子中，嗜好甜食的占了相当大的比例。而当他们控制甜食一段时间后，明显感觉到情绪和性格趋向好转。

从医学角度分析，甜食造成婴儿性格古怪主要是因为体内糖分过多，一些酸性代谢物明显增高，需要消耗大量的维生素B_1来加速这些代谢产物的排泄。由于维生素B_1在体内不能自然合成，完全要从食物中获得，而嗜好吃糖的儿童却难以摄取更多含有维生素B_1的食物，就造成体内维生素B_1严重不足。维生素B_1缺乏对神经调节功能有很大影响，而糖类代谢物丙酮酸等在脑中大量蓄积会导致不正常的情绪改变，表现为性格异常。

⑨ 甜食容易引发一些皮肤病

甜食含有大量的蔗糖、果糖等成分，当进食甜食后人体血糖超过一定程度，就有可能促使金黄色葡萄球菌等化脓性细菌生长繁殖，从而引发皮肤感染性疾病。而当糖在体内分解产生热量时，会产生大量丙酮酸、乳酸等酸性代谢物，使机体呈酸性体质。这种情况下的皮肤，不仅容易感染发炎，还可引起其他一些儿童期疾病，如软骨病、脚气病等。

本月计划免疫

产后8个月妈妈泌乳量逐渐减少，基本上都用配方奶粉喂养婴儿并添加辅食。婴儿从母体得到的抗体减少，易感染传染病，故应接种麻疹弱毒疫苗。

患过麻疹的婴儿不必接种。正在发热或有活动性结核的婴儿、有过敏史的婴儿（尤其是对鸡蛋过敏）禁用。注射丙种球蛋白的婴儿间隔1个月后才可接种。

8～9个月育儿重点

让婴儿自己玩

婴儿自己学抓东西或者玩一些捏响玩具时，妈妈可在旁边干点自己的事，不用陪他玩。以后，妈妈有时在屋里转转，有时上厨房或别的房间，让婴儿一会儿看见、一会儿又看不见妈妈，婴儿仍能安心地玩，因为他知道妈妈在家，只要有需要随时可唤妈妈回来。婴儿独自玩时可以详细地观察玩具的外观，试着用不同的办法去摆弄它，或者将几种东西摆在一起。婴儿把注意力集中在玩具上，双手不停地活动，手眼的协调能力逐渐提高。妈妈可以记录婴儿自己玩的时间，从两三分钟逐渐延长到20～30分钟。学会独立玩的婴儿能通过自己的感官观察和感知外界事物，将兴趣从依恋妈妈转移到外界，为将来离开妈妈进入社会打好基础。

练习手脚爬行

待婴儿学会用手和膝盖爬行后，可让婴儿趴在床上，妈妈用双手抱住他的腰，并抬高他的臀部，使婴儿的双膝离开床面，双腿蹬直，两臂支撑着，再轻轻用力把婴儿前后晃动几十秒，然后放下来。每天练习3～4次，可大大提高婴儿上臂的支撑力。当上臂的支撑力增强后，妈妈双手抱婴儿的腰时稍用些力，促使婴儿往前爬。婴儿基本掌握了手脚爬行的动作后，妈妈可以试探着松开手，用玩具逗引婴儿往前爬，同时用“快爬”的语言鼓励婴儿。

练习拉物站起、坐下

将婴儿放入有扶栏的床内，先让婴儿练习自己从仰卧位扶着拉杆坐起，然后再练习拉着栏杆站起。待熟练后，训练婴儿反复拉栏杆站起来，再主动坐下去，而后再站起来和坐下去。如此反复锻炼，以增加婴儿腰腿部肌肉的力量。

Tips

要用大口的筐和大一些的积木练习，待熟练之后，大概出生后第10个月就可以练习投小球入瓶了。

训练拇指和食指的对捏能力

当婴儿逐渐学会用拇指和食指扒取东西后，就可以重点练习拇指和食指对捏的动作，这个动作难度较高，需要经常反复地练习才能掌握得较好。

把曲别针放在桌上，看看婴儿是否能拿起来。再换成细绳子结成的小环，看看婴儿是否很快能拿起来。用白色纸巾铺在床上，放上几粒蒸熟的葡萄干，大人先捡一粒放在嘴里咀嚼，说“真甜”，婴儿就会去捡。如果用手掌一粒也抓不着，婴儿会学大人那样用食指和拇指去捏取。

Tips

训练时一定要有大人在场，以免婴儿将这些小物品塞进嘴里、鼻子里发生危险。

给婴儿讲故事

婴儿睡觉前，妈妈用一本有彩图、有情节和一两句话的故事书给婴儿朗读。开始时可以把着婴儿的小手边读边指图中的事物，你会发现婴儿的表情会跟着书中的情节发生变化，故事的主人公被抓了婴儿会着急，被救出来了表情又会变得舒缓。一个故事可以反复地念，声音越来越小，直到婴儿入睡再停止。

在讲故事的过程中让婴儿学会记认一些词句。婴儿最先记住名词，记住书中的主人公，然后记住主人公做的动作和后果。有时还会记住一些形容词，如“很大”“很小”“又高”“又瘦”等婴儿能理解的词。要反复朗读婴儿才能记住，所以一本书要反复念。听故事是婴儿发展语言和理解事物的好办法，婴儿越听，懂得的就越多，以后在边讲边问时他会用手去指图中的事物回答问题。

促进婴儿记忆力的发展

8～12个月的婴儿不喜欢玩经常玩的玩具，对新玩具更有兴趣。如果把他经常玩的玩具放几天后再拿出来，他会重新喜欢，这说明婴儿的记忆保持时间不长。记忆的长短是随月龄的增加而发展的，婴儿记忆主要是以无目的、无意识为主，他们对一些形象具体、鲜明、有特点的物品感兴趣，并且这些东西容易被他们记住。因此，要根据婴儿的特点来促进婴儿记忆力的发展。

育儿专家答疑

◉ 给婴儿选一个安全的水杯

从这个月开始就可以让婴儿学习用水杯喝水了，水杯会慢慢取代奶瓶，成为婴儿生活的必需品。水杯天天使用，又与嘴直接接触，安全卫生十分重要。不同材质的饮水杯对装在里面的水会有不同的影响，有些材质不好的水杯，虽然外观造型好看、色彩缤纷，更能吸引家长或婴儿的眼球，却会对婴儿的健康造成不良影响。所以，家长一定要提前为婴儿准备一个安全的水杯。

❶ 使用玻璃杯最健康

在所有材质的杯子里，玻璃杯是最健康的。玻璃杯在烧制的过程中不含有机化学物质，当人们用玻璃杯喝水或其他饮品的时候，不必担心化学物质会被喝进肚子里。而且玻璃表面光滑，容易清洗，细菌和污垢不容易在杯壁滋生，所以给婴儿用玻璃杯喝水是最健康、最安全的。玻璃杯最大的缺点是容易碎，若婴儿手拿不稳，很容易摔坏。最好选择有把手的玻璃杯，而且杯身不要过高，便于婴儿拿取。新买回来的玻璃杯用盐水煮一下，一方面可以消毒清洁，另一方面用盐水煮过的玻璃杯不易碎。

❷ 塑料杯要符合国家标准

现在大多数儿童学饮杯都是塑料材质的，塑料杯最大的好处是不怕摔，可以让婴儿自己拿着，出门时随身携带也比较方便。但是，塑料属于高分子化学材料，常含有聚丙乙烯或ＰＶＣ聚氯乙烯等化学物质。用塑料杯装热水或开水时这些化学物质很容易分解到水中，对身体健康不利。而且，塑料杯容易隐藏污物，清洗不净容易滋生细菌。如果要选购塑料杯，一定要选择符合国家标准的食用级塑料所制的水杯。

❸ 不锈钢杯的使用要谨慎

不锈钢是由铁铬合金再掺入镍、钼、钛、锰等微量金属元素而制成的，由于其金属性能良好，并且比其他金属耐锈蚀，制成的器具美观耐用。但现已证实：许多金属元素如铬、镍、钼、镉、锰、钛等及其化合物对人体健康都有着不同性质、不同程度的危害，如果使用不当，不锈钢中的微量金属元素同样会在人体内慢慢累积，累积的数量达到某一限度就会危害人体健康。不能用不锈钢杯盛放饮料、中药、菜汤等，否则将使有毒的金属元素溶解出来。

④ 纸杯只能偶尔使用

纸杯具有轻便、卫生、不吸水、不易碎、不污染环境等优点，比较适合外出旅行、家中来客人时使用。纸杯一次性使用，免去清洗的烦恼，极为方便，但纸杯在生产中为了达到隔水效果，会在内壁涂一层聚乙烯隔水膜。聚乙烯是食物加工中最安全的化学物质，它在水中是很难溶解的，无毒、无味。但如果所选用的材料不好，或加工工艺不过关，在聚乙烯热熔或涂抹到纸杯过程中可能会氧化为羰基化合物。羰基化合物在常温下不易挥发，但在纸杯倒入热水时就可能挥发出来，所以人们会闻到怪味。长期摄入这种有机化合物，对人体一定是有害的。因此，纸杯只能偶尔使用，而且使用时最好装冷水，减少有害化学物质的挥发。此外，一定要在超市中买合格厂家的产品。如果纸杯装水后出现异味、拿在手中变形明显、漏水等，一般属于不合格产品，不要使用。

9～10个月养与育

生长发育特点

体格发育

到这个月的月末，也就是婴儿满10个月的时候：

- 体重均值男婴为9.65千克±1.04千克，女婴为9.09千克±0.99千克。
- 身长均值男婴为74.6厘米±2.6厘米，女婴为73.3厘米±2.6厘米。
- 头围均值男婴为45.7厘米，女婴为44.5厘米。
- 胸围均值男婴为45.6厘米，女婴为44.4厘米。
- 前囟为1厘米×1厘米。
- 牙齿0～6颗（2颗下门牙、4颗上门牙）。

动作发育

❶ 大动作发育

●这个月婴儿已经能够爬得很好，当妈妈把婴儿放在地板上，他会自己开始爬。他用左右手和膝盖交替着爬，把身体的重量放在两膝和一只手上，另一只手可以伸出来拿自己想要的东西。他还能从爬的姿势转变为坐的姿势。

●从9个月开始，婴儿扶着小床或围栏时会自发地抓住栏杆站起来，直到身体完全直立，但不能从站位坐下。婴儿双手扶站时要蹲下用一只手捡物，就只能用一只手扶站，这将为逐渐练习独立站稳做准备。

Tips

能够自己站起来是大动作发展最重要的里程碑之一，因为这显示了腿和躯干的稳定性及力量，而这些都是行走所必需的。同时，它也表明婴儿具备了完成目标任务的动机——例如，去够桌上的红色积木。

- 大人拉着婴儿的双手，婴儿能走3步以上。

❷ 精细动作发育

- 会有意识地模仿父母敲击积木（双手合到中间，用一块积木击打另一块积木，而不是偶尔将两块积木碰到一起）。
- 能从杯子里取出积木，还能将积木拿起投放到杯子中。

感知觉发育

- 能识别垂直距离，害怕高处和边缘，当发现自己快要从床上掉下来的时候就会停止活动。
- 能提取出一个完整图像的信息（如用手电筒移动地照一只大象时，虽然不能照到大象的全身，也知道那是一只大象）。

语言发育

- 从出生后第十个月起，婴儿的理解能力突飞猛进，大人对他说的话几乎都能听懂。虽然他的语言表达能力还比较有限，不会说太多的话，但是在父母的眼里他已经越来越有思想了。
- 从这个月开始，婴儿开始进入学话萌芽阶段。婴儿经常会发出一连串看似毫无意义的元音，很快这些音节将变成独立而有意义的词。有的婴儿学会有意识地称呼爸爸或妈妈，这会使家长十分欣慰。如果自己家的孩子还未学会也不必着急，因为出生后14个月之内学会都算正常。经常让婴儿练习发辅音就会学得快些。有的婴儿还喜欢模仿大人的咳嗽声和打喷嚏声。

●明显表现出听故事书的兴趣，在接下来的几周或几个月里婴儿会一直保持这种兴趣。妈妈应该每天抽出一定的时间给婴儿讲故事，这对婴儿的语言和情感发展很有帮助。

●不少婴儿会竖起食指表示自己1岁了。

认知能力发育

●9个月之后，婴儿进入新异性探索阶段，对一些已经熟悉的事物不再那么感兴趣，而是对一些新异事物和现象表现出明显的喜好和兴趣。父母要注意保护婴儿的好奇心，尽可能为婴儿创设丰富多彩的环境，给予其更多的新异刺激，让婴儿的好奇心获得进一步发展。

●能拣出认识的图卡和用手指大人所说的物名图。

●如果妈妈把他喜欢的玩具放起来，他仍然会想着这个玩具。当一个物品不在视线范围之内时，婴儿知道这件物品仍然是存在的，这就是物体永恒性概念。

9～10个月养护要点

和大人同桌吃饭

本月可让婴儿上同大人一起吃饭。把婴儿的餐桌椅放在大人饭桌的旁边，让婴儿同大人一起在桌上用餐。婴儿坐在妈妈身边，可以自己拿勺吃1～2勺，妈妈也帮着喂几勺。婴儿喜欢尝大人的菜，尝到各种味道，有时大人评论这道菜很“鲜”“咸了一点”“放点醋更好”“要加些酱油”等，婴儿一面品尝一面理解大人的话。单给婴儿喂饭时婴儿躲避，或者不爱吃，但是和大人一起吃饭胃口就变好了，因为大家在吃饭时都很高兴，各种菜都摆开，味道较多。婴儿不愿意吃单为他准备的东西，大人吃饭时他要抢筷子，要尝大人的食物。和大人同桌吃饭可以使婴儿得到满足，而且自己学习吃的愿望增强，词汇的理解较快。

继续练习捧杯喝水

让婴儿练习自己端杯喝水，渐渐减少洒漏。在有两个手柄的杯中倒进10毫升～20毫升的温开水，让婴儿双手扶手柄捧杯喝水。开始时大人可帮助托住杯底，婴儿拿稳后可以放手在旁边等候，待杯中的水喝完后再加水。每次只加20毫升～30毫升，防止加水太多会洒出来。冬季可先给婴儿戴上围嘴再喝水。婴儿熟练地用杯喝水之后，白天可以练习用杯喝奶，为最后不使用奶瓶做准备。

训练婴儿按时坐盆

9个月的婴儿已经能单独稳坐，因此从9个月开始，可根据婴儿大便的习惯，训练他定时坐便盆大便。大人应在旁边扶持，并发出“嗯—嗯”的声音，帮助婴儿排便。便盆周围要注意清洁，每次必须洗净；冬天注意便盆不宜太凉，以免刺激婴儿，抑制大小便排出；也不要把便盆放在黑暗偏僻的角落里，以免婴儿害怕不安而拒绝坐便盆。此外，要注意别给婴儿养成在便盆上喂食和玩耍的不良习惯，对婴儿不好的行为要明确地表示禁止，好的行为要加以鼓励。

早吃鱼可能有助于预防婴儿湿疹

瑞士研究人员的一项研究显示，婴儿早吃鱼可能有助于预防幼年湿疹。研究人员共跟踪调查了约1.7万名儿童，结果发现，9个月前就开始吃鱼的婴儿，到1岁时患湿疹的概率比之前不吃鱼的婴儿下降24%。

瑞典西尔维亚女王儿童医院的伯特·阿姆博士指出，近几十年来，婴幼儿患上包括湿疹在内的过敏症的概率越来越高，这其中遗传是一个重要因素。虽然致敏食品以及致敏食品摄入时间的影响虽不明确，但也是有的。阿姆博士和同事们曾对此次研究中的5000名受试儿童，进行了饮食和过敏资料的检查。他们发现，14%的婴儿在6个月时曾患过湿疹，21%的婴儿在1岁时患过湿疹，而幼年吃鱼对预防此病作用明显，只不过这些鱼最好不是富含欧米伽-3脂肪酸(如深海鱼)的。

补充多种维生素要慎重

美国国家儿童医疗中心的一项研究发现，为婴儿随意补充多种维生素，有可能诱发哮喘和食物过敏。特别是3岁左右的幼儿，发生食物过敏症的概率明显偏高。研究专家指出，在美国约有半数刚学走路的婴儿就开始滥补多种维生素，这种补充营养的方式现在也被越来越多的中国父母所接受。特别是有些商家，在经济利益的驱动下大肆宣扬补充维生素制剂的好处，使有些爱子心切的父母盲目选择。研究专家表示，虽然目前还不能完全确定摄取多种维生素就是造成婴幼儿哮喘和过敏性疾病的真正原因，但有些维生素在遭遇某种抗体的情况下确实会使细胞变性，增加变异反应的可能性。因此父母一定要注意，不可随意给婴儿滥补多种维生素。

本月计划免疫

注射第二针A群流脑疫苗。感冒、发热的婴儿要等病好后再接种。

9~10个月育儿重点

减少分离焦虑

9~12个月的婴儿会出现分离焦虑，当婴儿接近他所依恋的人时会感到安慰、舒适、愉快，若有陌生人看管且妈妈或抚养人不在时，婴儿会哭闹、发脾气。分离焦虑是一种正常的心理现象，是婴儿的认知能力、社会性情感发展到一定阶段的必然产物。

爸爸、妈妈要逐步使婴儿能够跟自己建立起安全的依恋关系，能够大胆地探索“安全基地”以外的环境。平时可以给婴儿准备一些柔软的玩具，柔和温暖的触觉感受能缓解他的焦虑，当爸爸、妈妈和婴儿分离时可以让婴儿抱着这些玩具，给婴儿一种熟悉和温暖的感觉，并且能够转移婴儿的注意力。当妈妈离开婴儿时婴儿能够察觉到，但他不会估计时间，走时要向婴儿保证自己是会回来的，建立告别仪式，拥抱婴儿，挥手再见，并告诉他你要去上班了。仪式化的程序会让婴儿以后看到这个信号就知道爸爸、妈妈必须上班去了，告别会更轻松。道别以后，爸爸、妈妈应该以轻松愉悦的心情离开，一回头就会前功尽弃。你的情绪和行为都会给婴儿暗示，而他很善于学习和捕捉爸爸、妈妈的信号，因此，不能依依不舍、一步三回头，而应该干干脆脆、高高兴兴地和婴儿说“再见”。外出回来后先要亲吻婴儿，婴儿懂得妈妈是会回来的，同时会产生对妈妈的信赖。

当婴儿有不合理的要求时，家长要用分散其注意力、改变交流方式等方法避开，不要正面回绝。常带婴儿到户外去看花草、树木，接触不同的人，让婴儿认识不同的面孔，

可减少分离焦虑，提高其适应社会的能力。

不要过度保护

过度保护不利于婴儿独立能力的培养。独生子女在家里都是婴儿，加上祖父母的关怀就更胜一筹了。家长常常自主或不自主地过分保护婴儿，这是父母在家庭教育及培养婴儿独立能力上容易犯的错误之一。比如一个刚刚会走的婴儿，并不能走得很稳，常常跌跤。当婴儿走路突然摔倒时，家长就迫不及待地把婴儿抱起来，嘴里还会不断地说“把宝宝摔了，宝宝不要哭，不要哭，是谁招惹了宝宝”等，当周围有人时还会打一下那个人，责怪是此人把婴儿碰倒了。本来摔得不重，婴儿也没有哭的反应，经过家长一番“保护”性诱导，婴儿便哭起来。这样保护几次以后，只要跌倒了或有一点儿委屈婴儿就哭，遇到不如意就大发脾气，久而久之养成任性的毛病。因此，当婴儿在成长过程中遇到无关紧要的“委屈”时，家长应“视而不见”，让其自己处理。比如摔倒的婴儿会回头看大人，如果大人没有反应，他就会左右看看，自己爬起来再走。如果此时家长鼓励婴儿站起来，他会有成功和自豪感，时间长了将会养成独立、坚毅的性格，遇挫折不会怨天尤人。

训练食指的灵活性

鼓励婴儿用食指深入洞内钩取小物品，用食指拨动玩具，如拨玩具电话的转盘（旧式电话），按电话机上的键，玩拨珠玩具，或用食指伸入小药瓶(瓶口直径需达2厘米以上)去拨弄药片等，都能达到训练食指动作技巧的目的。

学习打开瓶盖

将一个带盖的塑料瓶放在婴儿的面前，妈妈先示范打开瓶盖再合上瓶盖，然后让婴儿练习只用拇指和食指将瓶盖打开再合上的动作。注意不要把瓶盖拧紧，稍微拧一两下即可，否则婴儿无法打开。也不必要求婴儿把瓶盖拧上，在这个阶段只要把瓶盖放在瓶子上面即可。

练习放入和取出

准备一个空盒子作为“百宝箱”，当着婴儿的面将他喜欢的玩具一件一件放进“百宝箱”里，然后再一件一件拿出来，让婴儿模仿。也可以让婴儿从一大堆玩具中练习挑出某个玩具(如让他将小彩球拿出来)，促进婴儿手、眼、脑的协调发展，提高婴儿的认知能力。

提高婴儿的辨色能力

让婴儿留意不同颜色间的差别，也可以让婴儿感受深浅不一的同一色系，如深蓝、浅蓝……进一步发展婴儿的辨色能力。

Tips

生后半年以内，婴儿和成人交往只能用表情或动作等方式来进行，随着月龄的增长，这种简单的交往形式已不能满足婴儿智力发展的需要，这个矛盾就推动着语言的发生。

激发婴儿的好奇心

取空的奶粉罐，把金属玩具、塑料玩具、毛绒小玩具和积木等不同性质的玩具扔入桶内。“咚”扔一个，大人先扔，也让婴儿扔，说“咚咚，两个”。金属和塑料玩具扔进去都会发出响声，木制的玩具也会响，毛绒玩具扔进去就没有声音。大人故意问“扔进去了没有？”看看罐内果然有玩具但没有听到声音，大人把玩具拿出来再让婴儿使劲儿扔，再问“有没有声音？”婴儿会奇怪，怎么扔不出声音。把玩具一样样拿出来重新再试，使婴儿知道扔哪一种玩具声音最响、哪一种不响。这个游戏让婴儿很好奇，由于好奇引起探索，使婴儿想去试试什么东西能发出响声，什么东西没有声音。婴儿开始注意玩具质地的软硬、互相敲击时是否发出声音。

育儿专家答疑

宝宝的过分要求家长如何限制

这个月，婴儿已经能站立，能自己吃饭、睡觉，会表现得特别活跃，整天动个不停，把家里弄得乱七八糟的。父母会明显感觉应付不过来，会觉得婴儿越来越不服管了。这时父母应有意识地限制婴儿的过分要求，对婴儿不合理的要求应明确地表示“不”！这个阶段给婴儿讲道理他根本听不懂，父母只要坚定地说“不”就可以，全家人的态度要一致，对待同一件事今天和明天的态度要一致，今天不允许做的，明天也不允许做。只要父母态度坚定，前后一致，就可以帮助婴儿树立规矩意识。

10～11个月养与育

生长发育特点

体格发育

到这个月的月末，也就是婴儿满11个月的时候：

- 体重均值男婴为9.9千克±1.04千克，女婴为9.3千克±1.02千克。
- 身长均值男婴为75.9厘米±2.6厘米，女婴为74.6厘米±2.6厘米。
- 头围均值男婴为46.1厘米±1.4厘米，女婴为45.1厘米±1.2厘米。
- 胸围均值男婴为45.9厘米±2厘米，女婴为44.6厘米±1.8厘米。
- 前囟为0厘米～1厘米×1厘米。
- 牙齿2～8颗（下门牙2～4颗，上门牙0～4颗）。

动作发育

❶ 大动作发育

- 可有意识地从站到坐，并控制身体坐下时不跌倒。
- 俯卧爬行时腹部可以离开床面，四肢协调。
- 这个月，婴儿很喜欢自己拉着家具站起来，并能一只手扶着家具弯下身，用另一只手去拿地上的玩具，然后再站起来。
- 扶着栏杆能抬起一只脚再放下，如此反复。
- 能双手扶着栏杆，一边移动手一边抬起脚在围栏里横着走3步以上。

❷ 精细动作发育

●喜欢双手拍掌。

●手眼协调又有长进：能打开用纸张包裹的玩具；会用手剥开食物包装袋，从中取到食物；会从图形板上取出图形块，还会将图形块放回去。

●能伸出任何一只手的食指去碰触物体，或伸出食指指人、指物或抠小物品。

●用拇指和食指的指端捏起小东西的动作已经比较熟练、迅速，如果将小药片等放在桌面上，婴儿会伸手去抓，一两次就能抓到。如果将绳子放在婴儿能抓到的桌面上，他也能用拇指和食指的侧面很快地把绳子捏起来，还能将杯子里的东西取出来。

●双手能从桌面各拿起一块积木，并将积木靠近或对敲，好像是把两块积木同时举起来进行比较似的。

●当家人向空中扔一些可以慢慢落下的东西（如气球、丝巾）时会有伸手去抓的倾向。

感知觉发育

●在听到“把××给我”时能把某物拿过来；听到“××在哪儿”时会用目光寻找某物。

●听到隔壁房间有声音时能惊异地歪着头倾听。

●能寻找视野以外的声音。

●隐蔽地接近婴儿，轻声叫他名字时，他会转头寻找声源。

语言与社会性发育

❶ 语言发育

●能模仿大人发出的声音，会发出越来越多的双音节，并开始说一两个词。如果您的孩子不如同龄的小朋友说的音节多也不必忧虑，每个孩子都有自己的成长时间表，有些婴儿在数月后才开始说话。

- 能有意识地叫“妈妈”。
- 会用固定的单音节称呼一些东西，如“汪”是狗、“咩”是羊等。
- 听到“爸爸在哪里”“妈妈在哪里”的话，能准确地转头去找。
- 可以理解并执行一个步骤的指令，比如“请把勺子给妈妈”，会伸手把勺子给妈妈，但不松手。
- 当大人说“不行”后会把正在进行的活动停下来，表明已经懂得“不”的真正含义。有时候婴儿可能会用不当的行为来招惹妈妈或爸爸说出“不”字，甚至可能以此为乐。从现在开始可以为婴儿设置一些行为规则，但对婴儿的要求要与他的年龄相当，尽量简单易懂。
- 大人说“欢迎”时会拍手，说“再见”时会挥手。

❷ 社会性发育

- 能区分出别人气愤或温柔的语调，并有相应的反应。

认知能力发育

- 当着婴儿的面将积木扣在透明的杯子下面，婴儿能主动拿去扣在积木上的杯子，取出藏在杯中的积木。
- 把珠子放进盒里先让婴儿听响，再悄悄将珠子取出，然后当着婴儿面打开盒子，婴儿能明确地寻找盒内的珠子。
- 将铃铛放在桌面上，婴儿会从桌面抓起铃铛后会翻过来注视，并用手有意识地拨动铃舌。
- 能明确地通过拉近处的绳，将系在绳上的环拉到手，并且在拉绳时会看着环，知道通过拉绳能取到环。

10～11个月养护要点

辅食开始变主食

婴儿10个月后牙齿已经萌出，开始学说话，会站立并开始学走，其大脑和身体的发育会更加迅速，身体的免疫力也开始由从母体、母乳中获得转向靠自身逐步建立，母乳所提供的营养已不能满足婴儿生长发育的需要了。而且，此时的母乳营养成分也发生了变化，尤其是钙、磷、铁及各种维生素的含量较低。所以，从10个月开始要逐步从以母乳为主转变到以辅食为主、母乳为辅，每天的喂奶次数可以减少1～2次，而添加辅食的次数则可以增加到3次，到2周岁时完全断掉母乳，以辅食取代母乳。

Tips

10～12个月可以添加的辅食

10个月以后，婴儿的舌头不仅能够前后、上下运动，而且能够左右运动，可以将较大的食物用前牙咬住并推到牙床磨碎。这个阶段35%～40%的营养来自母乳，60%～65%的营养可从其他食物中获取。辅食的种类更丰富，新添加了烂饭、饺子等带馅的食物。辅食的性状也发生了变化，从菜末、肉末变成了碎菜、碎肉。具体可以添加的食物如下：

谷物类：米粉、米粥、烂面条、烂饭、面包、馒头、饺子等带馅食物。

蔬菜水果类：果汁、菜汁、碎菜、水果等。

鱼/肉/蛋类：肉末、碎肉：1次/日，鱼、虾：2～3次/周，全蛋：1个/日，肝泥：1～3次/周。

奶类：120毫升/次～240毫升/次，每日3～4次。

辅食添加次数：3次/日。

炒菜类辅食的制作方法

香菇肉末豆腐

制作方法：猪肉切成小粒，香菇切丁，豆腐切成小块；锅烧热后放油，下入猪肉末翻炒；猪肉末变色后加入香菇丁翻炒；锅中加入适量的水煮开，下入豆腐块，加盖煮2分钟即可。

炒三丁

制作方法：瘦猪肉切成小粒，茄子、土豆切成小丁；锅烧热后放入植物油，下入肉末翻炒；肉末变色后加入茄子丁翻炒；锅中加入适量的水煮开，下入土豆丁，加盖煮2分钟即可。

清炒西蓝花

制作方法：西蓝花洗净，择成小朵备用；锅烧热，放少许油，下入西蓝花；加少许水翻炒，待西蓝花变软后即可。

营养点评：西蓝花常有残留的农药，还容易生菜虫。所以做之前可将西蓝花洗净，放在盐水中浸泡几分钟。

让婴儿自己吃饭

这个月，婴儿已经可以享受固体食物了。他现在能够用手指头拿起切成小块儿的水果、蔬菜，他非常渴望能够自己拿着吃，甚至开始试图使用勺子。父母应该抓住这个时机，让婴儿学习自己吃饭。可以给婴儿一把专用的勺子和一些切成小块儿或捣碎的食物，让他自己吃。刚开始他肯定会弄得一身一脸满地都是，可以事先给婴儿穿好围裙，让他坐在高脚凳上，凳子下面铺上一些报纸或垫上一块塑料布。

不要因为怕婴儿吃得满身满地都是而阻止婴儿自己吃的行为，顺应并辅助婴儿的内在要求会使他的某种能力在敏感期内得到迅速的发展和进步，当一个敏感期过去后，另一个敏感期会自然到来，这样就会促进婴儿的发展。据美国婴儿能力发展中心的研究发现，那些被顺应需求的婴儿在1岁时已经能很好地自己用勺吃饭了，同时发展起来的不只是自理能力，还有手眼协调性和自信心。

检查是否贫血

出生后10个月～1岁的婴儿最容易出现贫血，可带婴儿去妇幼保健院或综合性医院的儿童保健中心查血色素或者血清铁，如果有贫血或缺铁症状应马上治疗。

让婴儿学习配合穿衣服

这个月，婴儿身在动作方面有了长足的进步，开始在吃饭和穿衣等自我照顾方面表现出一些独立意识。在心情好的时候，家人帮婴儿穿衣服时，婴儿会有一些肢体配合，表现为伸出脚配合穿鞋，将胳膊伸直或伸进袖子里，不久便会自己将腿伸入裤子内。

有些婴儿不主动配合穿衣服，仍然等着大人给穿，用布娃娃示范可使婴儿学得更有兴趣。妈妈说："宝宝，你看娃娃真懒，不会自己穿衣服。你做给它看，让它向你学习。"婴儿很乐意当娃娃的老师，他会努力做给娃娃看，从而学会了主动伸手穿衣和主动伸腿穿裤。婴儿做好了要让他坚持下去，每次穿衣服时把娃娃放在前面，让娃娃看着婴儿怎样穿，他会越来越熟练地自己穿上两只袖子。婴儿暂时还不会系扣，待2岁半前后会慢慢学会。

让婴儿自己用手脱去鞋袜，而不是用脚将鞋袜蹬掉。用手去脱可以将鞋袜放好，用脚蹬掉的鞋袜就难以找回来。婴儿能够坐在地上或小椅子上先将鞋脱去，然后把袜子脱去，把袜子塞进鞋里，把鞋放在平时放鞋的地方，然后再坐下来玩，养成把东西放在固定地方的习惯。婴儿越早学习自理就越能干。

不要强迫婴儿进食

辅食开始全面转为主食之后，婴儿的口味需要有一个适应过程。对某些他已熟悉又口感平和的口味，如牛奶、米糊、粥、苹果、青菜等会喜欢，不熟悉的口味，如芹菜、青椒、胡萝卜等可能会因不适应而拒食。妈妈担心婴儿有些食物不吃会影响营养均衡，强行让婴儿吃不喜欢的食物，反而造成婴儿厌食、拒食，影响其肠胃功能。有些婴儿会因此呕吐、腹泻、积食不化，影响婴儿的生长发育。所以，妈妈千万不要硬来。可以把婴儿不爱吃的东西和其爱吃的东西放在一起做，不爱吃的东西少放一些，或采用剁碎了掺和到肉末里或煮到粥里的办法，让婴儿一点点地接受。

10～11个月育儿重点

练习自己站稳

婴儿学会单手扶物、单手蹲下捡东西之后已具备站稳的能力，但是婴儿害怕摔跤总要伸手扶物。父母可以让婴儿拿一些较大的一只手拿不住的玩具，如大皮球、吹气动物等，婴儿要拿稳就必须双手接住，这时婴儿会暂时放掉扶物的手，双手拿玩具，迫使婴儿双脚站稳。有些婴儿会用身体靠在家具上，伸出双手来拿。这时大人可以转动位置，使婴儿身体离开靠着的家具，站在四周无依靠的地方将玩具接住。

有时大人正在牵着婴儿学走，快要到目的地时趁婴儿两只脚一前一后分开时轻轻放手，叫婴儿站一会儿。如果婴儿站不稳会向目的地一扑，不会摔倒。婴儿很喜欢这种练习，有时他自己会松开双手站一会儿，然后走几步扶物走到目的地。如果本月能自己站稳，下个月就能独自走几步了。

牵手练走步

先看婴儿是否能一只手扶着家具向前走，如果能，表示婴儿身体能保持平衡，可以开始牵着婴儿双手向前走步。如果婴儿仍然是双手扶着家具横跨，牵手走步要等下个月才能开始练习。

双手牵着走有两种走法：一种是大人与婴儿方向一致，婴儿在大人前面，两人同时迈右腿再迈左腿；另一种方法是两人相对，大人牵着婴儿双手，婴儿向前，大人后退。婴儿喜欢面对大人，两人相对的走步会让婴儿学得更加放心。最好一边走一边数数“一二三四”，如同跳舞那样练习，婴儿既练了走步，又听熟了数数。

婴儿的双手被大人牵着会举起，必须身体自身保持平衡才不至于摔倒。这种练习比学步车有效，父母可在每天下班后或者晚饭后牵着婴儿练习几步。时间不必很长，三五分钟即可，每天练1～2次，让婴儿练习保持自身的平衡。

提高对捏的准确性和速度

经过两三个月的对捏训练，婴儿的动作已经比较灵活，这个月主要训练婴儿捏取细小物品的准确性以及捏取速度，最好每日训练数次。

把婴儿抱起来，在盘子里放几粒小丸，如豆子、米花、葡萄干等。先让婴儿看到这些小丸，再鼓励婴儿用手去摆弄、捏取，以此锻炼捏取的灵活性，同时训练手和眼的协调能力。注意训练时婴儿身边一定要有大人保护，不要让婴儿把捏起来的东西放进嘴里。

学会用食指表示“1”

大人先问婴儿“宝宝几岁啦”，然后举起一个食指回答：“1岁了。”婴儿会模仿大人的动作，也将食指举起来表示自己1岁。婴儿要吃饼干时大人问“要几块”，大人竖起食指说“给宝宝1块”，使婴儿对用食指表示1渐渐熟悉。以后大人举起食指让婴儿拿1块积木、1个皮球或1个小车，使婴儿熟悉用食指可以表示1。

学认图卡

让婴儿手脑并用，学会听声认图，还能动手拣出来。通过视、听、手的协作，婴儿的记忆会更加牢固。将印有动物、用品、食物、交通工具等内容的图片或图书放在桌上，先让婴儿找已经认识的图片或翻开书找到相应的内容，用手指出大人告诉的物名。先练习过去学过的，以后隔几天学认一个新的。8个月的婴儿要用5～7天才学会认一张图，还要用1周时间去巩固，到10个月时婴儿认图的兴趣增高，较容易学会、拣出新的图片，有时还能拣出一个笔画多的汉字来。

育儿专家答疑

如何提高手眼协调能力

婴儿很喜欢玩各种瓶子和盒子，有螺旋拧上的，有拔开的，还有边上有个小键按开的。在大人的要求下，婴儿会试着按大小和式样将盖子先盖上，然后拧上。这是婴儿最喜欢玩又不必花钱买的玩具。有时两个瓶子差不多大小，但瓶口不同，盖的大小也不同。婴儿会试来试去，有时用手指导眼，有时眼去指导手，配瓶子、盒子盖的游戏是很好的手眼协调的练习。

选择不易打碎的存钱盒，将硬币先泡在泡菜水中（或浸泡在米醋中）半小时，硬币的残渍去净后再用洗涤灵清洗、擦干就可供婴儿练习。让婴儿手持硬币，对准存钱盒进钱的缝口，婴儿能逐个将硬币塞入存钱盒内。如果婴儿放得不顺利，把盒子摇动一下让硬币散开就可以继续放入。存钱盒的缝口并不宽大，婴儿要将硬币对正才能放入。这个游戏不仅可以练习手眼协调能力、精细的动作能力，还可以延长婴儿独自玩耍的时间。

11～12个月养与育

生长发育特点

体格发育

到这个月的月末，也就是孩子满1周岁的时候：

- 体重均值男孩为10.16千克±1.04千克，女孩为9.52千克±1.05千克，是出生时的3倍。
- 身长均值男孩为77.3厘米±2.7厘米，女孩为75.9厘米±2.8厘米，是出生时的1.5倍。
- 头围均值男婴为46.3厘米，女婴为45.2厘米。
- 胸围均值男婴为46.2厘米，女婴为45.1厘米。
- 前囟为0厘米～1厘米×1厘米。
- 牙齿2～8颗（门齿2～8颗）。

动作发育

❶ 大动作发育

- 不需要大人扶就能站起来，并且能自己站一会儿（2秒钟以上）。早的10个月时就能独站，晚的要到1岁3个月时才会独自站立，90%的婴儿都在这个时间段掌握该技能。
- 这个月是行走能力发展的关键期，是身体平衡能力、身体与四肢协调能力获得发展的重要时期。婴儿喜欢扶着家具从一处走到另一处

（一边移动手一边抬脚横着走），对房间进行探索。如果爸爸、妈妈扶着婴儿的双手，给予一定的鼓励，婴儿会努力做出交替迈出双腿向前走的动作。

❷ 精细动作发育

- 喜欢推、拉或者扔东西，喜欢开关橱柜的门。
- 手眼的协调有进步，能捏起细小的东西往瓶子里放，但不一定准确。快满周岁时会将硬币投入钱罐的小缝隙中。
- 喜欢将一些物品放到容器中，然后再把它们拿出来。
- 会拿蜡笔乱画。
- 会拿勺子吃几口饭。
- 能把两块积木摆放到一起。

语言与社会性发育

❶ 语言发育

- 会用手势与人交流。吃完手里的饼干后会用张开两手表示“没有了”，会摇头表示“不”，或指着书架上他最喜欢的书。这表明婴儿知道自己在想什么，他也意识到自己可以这样与家人交流。
- 到接近1岁时，大人说的话婴儿已经基本都能听懂了，并开始模仿最容易发音的几个词，比如“妈妈”“爸爸”。当婴儿看到一个球并发出类似“球”的声音，他的大脑正在把这一发音和眼前的事物联系起来，这表明他开始理解一个音或一个词代表了某一个事物。
- 会用动作表演儿歌，会随着音乐的节奏跳舞。
- 会称呼2～5个大人。
- 会学动物叫。

❷ 社会性发育

- 对陌生人感到害怕。
- 能够与他人分享玩具，知道玩完之后把玩具收回来。

认知能力发育

- 1岁左右的婴幼儿处于空间知觉和时间知觉的萌芽阶段，能意识到客观物体永存的概念，但对客观物体之间的空间关系尚不理解。
- 能记住一些身体部位、用品和食物的名称。
- 开始理解大和小。
- 可以学认第一种颜色——红色。
- 可以跟着背数1～3或1～5。
- 能留心家人的谈话至少1分钟而不会被其他声音干扰。

11～12个月养护要点

训练宝宝自己大小便

11个月后，婴儿醒时可以不用尿布了，但大人要掌握婴儿大小便的规律，及时提醒他坐盆，教他有尿时表示出来。

确保婴儿的居家安全

现在，婴儿的活动能力更强了，他的好奇心会让他对那些以前未曾探索过的新领域更加感兴趣，比如储物间、抽屉、橱柜等完全属于大人的“领地”。婴儿会觉得打开任何一扇门、一个抽屉，将里面的东西拿出来玩是一件让他非常高兴的事情。因此，需要重新对家居安全进行一次检查。

❶ 防止婴儿摔伤

- 对于蹒跚学步的婴儿来说，家中的实木地板或普通地砖随时有意外滑倒的危险。因此，家中的实木地板或普通地砖应铺装防滑地垫；地板打蜡后或地砖湿滑时要特别注意看护婴儿。地面上的水渍或凹凸杂物应及时清理干净。
- 因为婴儿很快就能够利用室内的凳子爬到高处，那些以前婴儿根本不可能够到的地方都有可能成为危险地带。移开靠窗户放置的桌、椅、沙发等家具，防止婴儿借助这些家具爬上窗台。
- 窗户应该设安全锁或防护栏，防止婴儿爬上窗台后自己打开窗户，从窗户或阳台跌落、摔伤甚至死亡。
- 如果婴儿爬上了沙发，大人要时刻看护。沙发垫的夹缝中不要残留有碎屑、针线、硬物、剪刀等危险物品，以免婴儿活动时被扎到。
- 玩具尽可能放在地板上，减少婴儿因为攀爬拿玩具而引发的危险。
- 浴室如果有窗户，要确定下面没有攀爬物，在通风的同时保证婴儿的安全。

❷ 防止婴儿烫伤

• 有暖气的家庭要用毛巾盖好，或者隐藏到家具后面，用游戏的方式让婴儿从小就知道暖气热，不能摸，同时避免撞伤。

• 可以购买那种饮水龙头处带门的饮水机，用儿童锁将水龙头锁住。

• 成人喝热饮的时候要时刻注意婴儿的动向，防止他撞过来被烫伤。

• 热水器最好有自动调温器，浴霸要安装在婴儿够不到的地方，防止烫伤危险的发生。

• 不要让婴儿进入厨房玩耍，更不能在加热食物或烧水时把婴儿单独留在厨房中。

• 不要让婴儿靠近点着火的炉灶，更不能抱着婴儿在厨房里做饭菜。

• 炉灶上的锅暂时不用时，锅柄要向里放。

❸ 防止婴儿夹伤

• 这个阶段，婴儿喜欢开门、关门，或者打开柜门、抽屉翻看，如果屋门关上时或柜门、抽屉弹回时都有可能夹伤婴儿的手指。另外，如果屋门无意中被婴儿从里面反锁上又打不开时还可能发生其他意外情况。因此，家里的内屋门最好不要上锁，可加装防撞安全门卡。可能打开的抽屉、柜子内不要放置家居化学清洁剂、杀毒剂、药品、剪刀、打火机、玻璃器皿等危险品，抽屉、柜门可加装保护锁。

• 可以为婴儿腾空一个抽屉或者橱柜，让他可以藏自己的玩具，婴儿会很高兴地在这个抽屉或橱柜前玩很长时间。这样，妈妈就可以一边做家务一边看着婴儿，就不会出现安全隐患了。

❹ 防止婴儿窒息

• 衣橱衣柜要随手锁上，防止婴儿躲进去，或者不小心把自己关在里面。时刻关注婴儿的情况，一旦发现婴儿突然失踪，要赶紧去翻翻衣橱衣柜，以免婴儿误入导致窒息。

• 要定期检查浴室门锁，确保门可以从外面打开，防止婴儿独自进入被反锁在里面。

• 对于蹒跚学步的婴儿来说，冲水马桶很神奇，常常喜欢扒着马桶边探头往里看，很容易一头栽倒在马桶中。因此，家中的卫生间最好随手关门，不要让婴儿单独在里面玩耍。抽水马桶要盖好盖，必要时加装保护锁，以免婴儿跌入。

- 在任何时候，都不要把婴儿独自留在有水的浴缸或浴盆内，洗澡后要及时把水排空，婴儿淋浴时也要有人陪伴。

⑤防止婴儿误擦误服

- 所有小电器，如剃刀、吹风机等都要及时收好，避免伤到婴儿。
- 所有的化妆品、清洁用品都要锁到柜子里，防止婴儿误擦误服。
- 父母尽量不要当着幼儿的面吃药，这个动作幼儿很喜欢模仿，药瓶、药片要放在幼儿够不到的地方。有些儿童的药品，使用了需用力按下才能拧开的瓶盖，这样比较安全。

⑥其他安全问题

- 经常检查天然气或煤气开关，选择有熄火保护功能的灶具，炉灶开关可加装保护罩。
- 火柴、打火机等要放在婴儿够不到的地方。
- 最好安装煤气或烟雾报警器，并准备家用灭火器。
- 厨用刀具、热容器等要放在橱柜中婴儿拿不到的地方。
- 厨房小电器不用时要及时切断电源，不要让婴儿接触到电源开关。

给婴儿吃水果要讲究方法

①挑选当季水果

现在，水果保存方法越来越先进，我们经常能吃到一些反季节品种，冬天吃到夏天的西瓜已经不是什么稀罕事。但有些水果，例如苹果和梨，营养虽然丰富，可如果储存时间过长，营养成分就会大打折扣。购买水果时应首选当季水果，每次买的数量也不要太多，随吃随买，防止水果霉烂或储存时间过长，降低水果的营养成分。挑选时要选择那些新鲜、表面有光泽、没有霉点的水果。

②吃水果的最佳时间

一些妈妈认为饭后吃水果可以促进食物消化，这种想法对于成人来说没错，可对于正在生长发育中的婴幼儿却并不适宜。一些水果中有不少单糖物质，虽然说它们极易被小肠吸收，但若是堆积在胃中就很容易形成胃胀气，还可能引起便秘。所以在饱餐之后不要马上给孩子吃水果。

餐前也不是吃水果的最佳时间。婴幼儿的胃容量还比较小，如果在餐前食用水果就会占据胃的空间，影响正餐的摄入。最好把吃水果的时间安排在两餐之间，比如午睡醒来之后，吃一些苹果泥或者香蕉泥。

❸ 水果要与婴儿的体质相宜

这一点非常重要，不是所有的水果孩子都能吃，妈妈要注意挑选与孩子的体质、身体状况相宜的水果。比如，体质偏热、容易便秘的孩子最好吃寒凉性水果，如梨、西瓜、香蕉、猕猴桃等，它们可以败火；如果孩子体内缺乏维生素A、维生素C，那么就多吃杏、甜瓜及柑橘，这样能给身体补充大量的维生素A和维生素C。孩子患感冒、咳嗽时，可以用梨加冰糖炖水喝，因为梨性寒、生津润肺，可以清肺热；但如果孩子腹泻就不宜吃梨。对于一些体重超标的孩子，妈妈要注意控制水果的摄入量，或者挑选那些含糖量较低的水果。

❹ 水果不能代替蔬菜

有些妈妈认为水果营养优于蔬菜，加之水果口感好，孩子更乐于接受，因此，对一些不爱吃蔬菜的孩子，妈妈常以水果代替蔬菜，认为这样可以弥补不吃蔬菜造成的营养损失。其实，用水果代替蔬菜的做法并不科学。水果与蔬菜营养差异很大，与蔬菜相比，水果中的无机盐和粗纤维含量较少，不能给肠肌提供足够的动力。不吃蔬菜的孩子经常会有饱腹感，食欲下降，营养摄入不足，势必影响身体发育。

❺ 水果不能随便吃

水果可不是吃得越多就越好，每天所吃水果的品种不要太杂，每次吃的量也要有节制，一些水果中含糖量很高，吃多了不仅会造成孩子食欲不振，还会影响孩子的消化功能和其他必需营养素的摄取。另外，一些水果不能与其他食物一起食用。比如柿子不能与红薯、螃蟹一同吃，否则会在胃内形成不能溶解的硬块儿，轻者造成便秘，严重的话这些硬块儿不能从体内排出，便会停留在胃里，致使孩子胃部胀痛、呕吐及消化不良。

⑥ 注意水果的清洗方法

吃水果前应将水果清洗干净，并在清水中浸泡30分钟或用淡盐水浸泡20分钟，再用流动水冲净后食用。能削皮的尽量削去皮，有些水果在食用前要用毛刷刷干净，而不能因为图方便在水龙头下冲冲了事。

夏冬两季不宜断奶

断奶时间如果正值炎热的夏天或寒冷的冬天可适当推迟，因为夏天气温高，人体的消化吸收功能比较弱，婴儿不容易适应其他食物，容易得肠胃病；冬季断奶天气太冷，婴儿吃惯了温热的母乳，突然改变饮食，容易受凉，引起胃肠道不适。所以，春秋两季是最适宜的断奶季节，天气温和宜人，食物品种也比较丰富。

断奶不是不喝奶

多数婴儿都在满周岁时断母乳，开始适应新食物的阶段。有些家庭错误地认为断奶就是停掉一切奶类，连配方奶都断掉，只吃主食、少量的肉类和蔬菜。实际上，1周岁左右的婴儿胃肠道还不能完全消化吸收新食物，完全断掉乳类食物会使婴儿体重不增，生长发育受影响。所以，婴儿周岁后仍应该保留每日喝2次奶（600毫升～700毫升）的习惯，一是可以增加水分的摄入。辅食变成主食之后，婴儿的水分摄入会减少，喝奶可以使他多获得一些水分。二是可以补充钙、蛋白质等必需营养素，以及一些其他食物中易缺乏、能促进生长的活性物质，有利于婴儿的生长发育。缓慢增加辅食，使胃肠道的消化和吸收能力逐渐增强，才能保证体重按月增加。

本月计划免疫

除非遇到5月注射乙型脑炎疫苗、12月至1月注射A群流脑疫苗，否则在周岁时没有特殊预防注射。

11～12个月育儿重点

学会与人交往

1周岁左右的婴儿会用招手、微笑、点头等姿势同人打招呼，喜欢模仿别人的活动和发音，这是良好社交的开端。会用动作和表情与人交流的婴儿很受欢迎，大人会积极地用语言和姿势应答婴儿，婴儿就会学得更积极，动作也就会做得越来越好。这种语言之外的交流十分重要，有助于培养婴儿开朗、外向的性格。

这个阶段，婴儿喜欢去有小朋友的地方，喜欢和与自己年龄相仿的小朋友一起玩耍。妈妈可以邀请其他的孩子到自己家来玩，或者陪伴孩子到小朋友的家里玩。这个年龄的婴儿虽然喜欢待在一起，但他们仍然喜欢自己玩自己的，这种平行游戏在1岁婴儿身上很常见，再过一段时间他们会逐渐发现和小朋友一起玩耍的乐趣。

练习自己走

大人可以从后面扶着婴儿学走，开始时可用一条布带系在婴儿腰间，大人牵着布带让婴儿学走。渐渐松开布带，用一只手牵着婴儿走，在婴儿走得较好时大人可以逐渐松开手陪着走，此时婴儿实际上已经在自己走了。婴儿很喜欢在父母之间来回走，父母间距离逐渐加大，婴儿要独自走两三步才能到另一个人身边。但是有了父母的支持和鼓励，婴儿会学得很快。

Tips

如果所有的动作都会得较迟，周岁还未能扶站，也不会蹦跳，就应及早到医院诊治。

学搭积木

可以为婴儿提供一些用于叠放的积木，或者嵌套的套盒。婴儿会把积木反复叠高、碰落，然后再重新叠高；也喜欢把套盒一个一个套上，取出再套上，对于这类玩具的兴趣将会持续一段时间。

模仿动物的叫声

选择动物图片或图书，如果有动物玩具则更好。先让婴儿学会1～2种动物的叫声，先学认猫，小猫怎样叫，“喵喵喵”；认狗，小狗怎样叫，“汪汪汪”。过几天再学另外1～2种动物叫声，认小鸡，小鸡怎样叫，“叽叽叽”；认小鸭，小鸭怎样叫，“嘎嘎嘎”；认小羊，小羊怎样叫，“咩咩咩”，逐渐记住每种动物的叫声。也可以反过来，大人学动物叫，让婴儿找出与叫声对应的动物图卡。这个游戏既锻炼了婴儿的记忆能力，也练习了发音，是婴儿喜欢玩的游戏。

学认身体部位

从出生后第七个月学认第一个身体部位至今，许多婴儿都认识了自己脸上的各个器官，如眼、耳、口、鼻等；认识了手和脚，也认识了肚子和屁股。有些婴儿特别喜欢胳肢窝和肚脐眼。自从学会竖起食指表示1岁以来，认识了大拇指和食指，还有个别婴儿认识小咪咪（最小的手指头）。婴儿在洗澡时容易学认，大人先用水拍拍胸脯、拍拍后背，然后让婴儿坐进澡盆里，一边洗澡一边告诉婴儿这是胳膊、这是大腿。经常这样一边洗澡一边说，婴儿就能认识七八处身体部位，大人说名称让婴儿去指，看婴儿能认识多少。也可以让婴儿自己去指认识的部位和想知道的部位，使他记得更多。

学认红色

拿起一个红色的小盒，说“红色”，婴儿会很快记住，以后你说“红色”时他毫不犹豫地把红色的小盒拿起来。但如果你说“红色”时拿另外一件红色的玩具，婴儿并不认同，因为在婴儿的心目中是一词一物，他不会同意一词二物。所以你最

好把一堆全是红色的东西放在一边，把其余不是红色的杂物放在一起，告诉他“这边都是红色，那边都不是”。婴儿会开始区别红的和不是红的两堆东西，渐渐发现红的一边是单一颜色，不是红的一边是不同颜色。这个发现使他可以慢慢接受许多东西都可以是红色的，将红色变成一个共性概念。

经常让婴儿拿取红色的东西或者给婴儿介绍更多红色的衣物、花卉、玩具、食物，直到有一天婴儿能从面前一大堆杂色玩具中将红色全挑出来，一个不剩、一个不错才算婴儿真正学会。这大概要练习3个月才能完全做到，在这之前不必再介绍其他颜色，以免混淆。

Tips

学习颜色要在婴儿已经认识相当多的用品词汇之后才可以开始。如果婴儿认识的词汇还不多，可以留待1岁以后学习。

学认圆形

让婴儿自己盖上喝水用的塑料杯盖，这是婴儿喜欢做的事。婴儿玩具中的小锅也有盖，让婴儿将锅盖盖好，即盖要准确放在锅的圆口上，不是随便歪着放。

在硬纸板上画圆形、方形和三角形，把中间的形状剪去，留出平整的洞穴。用另一张硬纸板再剪出与洞穴相配的圆形、方形和三角形。让婴儿用食指将洞穴中的片块捅出来，试着将圆的形块放入圆洞穴中。

通过以上活动让婴儿认识圆形，当大人说“将圆块给我”时，婴儿会从纸板的洞穴中把圆块取出交给大人，说明婴儿已认识圆形。

育儿专家答疑

断奶时宝宝哭闹怎么办

有些婴儿断奶时哭闹得很厉害，非要吃母乳不可，给他别的辅食死活不吃，很让家人犯愁。这种情况多数是因为妈妈平时太溺爱孩子，让他养成了依恋母乳的习惯；断奶又太突然，中间没有一个渐变的过渡期所致。

有些妈妈太爱孩子，平时喂奶时婴儿吃饱了、睡着了还舍不得从他嘴中抽出乳头；有的妈妈则是把乳头当作安慰工具，婴儿一哭马上塞入乳头作安慰，婴儿晚上入睡也让其含着乳头。久而久之，形成了婴儿对妈妈乳汁和乳房的依恋，不仅是食欲上的依恋，还养成了心理上的依恋。这样的婴儿在断奶时很容易发生困难，哭闹不已。

应在断奶前两个月逐渐改变婴儿的饮食习惯，让辅食逐步替代母乳，使母乳逐步由主要食物转为辅助性食物，并在婴儿不知不觉中渐渐淡出。如果断奶时婴儿哭闹不已，妈妈最好能避开一些，让家里其他人给婴儿喂食，用唱歌、讲故事等方法吸引婴儿的注意，让他忘记母乳。给婴儿的食物要尽量做得可口些、精致些，选他平时爱吃的辅食来喂，这样可早日过渡到完全断奶。

PART 02

独立吃饭

语言发育

自理能力

心理发育

观察能力

1~2岁 幼儿的养与育

孩子哭闹、缠着大人不放、需要大人陪着睡觉且长时间不肯入睡，这些表现都是孩子渴望与父母沟通和亲近的表现。大人应该理解孩子对自己的依恋，也应该让孩子表达自己的情感。

1岁1个月～1岁3个月养与育

生长发育特点

体格发育

9市城区男童体格发育测量值（1995年）

年龄组	体重（千克）	身长（厘米）	头围（厘米）	胸围（厘米）
13月龄	10.34±1.06	78.3±2.7	46.7±1.3	46.6±1.9
14月龄	10.52±1.06	79.3±2.7	46.9±1.3	46.9±1.9
15月龄	10.7±1.11	80.3±2.8	47.1±1.3	47.2±1.9

9市城区女童体格发育测量值（1995年）

年龄组	体重（千克）	身长（厘米）	头围（厘米）	胸围（厘米）
13月龄	9.71±1.05	76.9±2.8	45.6±1.2	45.5±1.9
14月龄	9.9±1.05	77.9±2.8	45.8±1.2	45.8±1.9
15月龄	10.09±1.05	78.9±2.8	46.0±1.2	46.1±1.9

前囟0厘米～0.5厘米×0.5厘米。牙齿4～12颗（门牙8颗，前臼齿4颗）。

感知觉发育

对视觉刺激可以保持几天，有时对非常相似的刺激物，如人的照片，记忆可以保持好几周。可寻找不同高度的声源。能识别各种气味。

运动发育

1岁1～3个月是宝宝蹒跚学步的重要时期，胆子大的宝宝开始尝试自己走，并逐渐地能自己走得很好，很少因失去平衡而摔倒。到这一阶段快结束时，也就是15月龄左右可以开始学跑。会爬上椅子、再上桌子够取玩具，还会手脚并用爬楼梯或台阶，不但会向上爬而且会向下爬。如果大人拉着宝宝的一只手，帮助他掌握平衡，他就能直起身体上楼梯：双脚踏一级台阶，站稳后再迈上一级。喜欢把东西往地下扔。给宝宝一个皮球，鼓励他扔球，他能站着朝父母扔球，但身体的平衡和协调能力还不太好。

语言发育

1岁以后，宝宝的语言逐渐从听转向说，他们能理解和掌握的词汇越来越多，逐渐地能用简单句表达自己的意思，只是句子还比较短，内容也比较单一。能有意识地叫自己的爸爸或妈妈，学会称呼家人之后还能按年龄、性别的不同称呼生人。喜欢一遍遍地听同一个故事，虽然还不会说，但几乎能把故事中的每句话都记下来，如果妈妈讲错了会表示反对。会用手指图回答问题。能够执行一些简单的指令，如“把门关上”“把玩具捡起来”等。喜欢听音乐，会随着音乐的响起摇摆自己的身体，并哼着唱歌。

心理发育

探索新环境、结交新朋友的愿望更加强烈，喜欢和小朋友在一起玩耍，但还是各自玩各自的，并不共同游戏，这是独立性与依赖性共同增长的时期。慢慢地，开始注意观察玩伴的表情、动作，听他们说话，努力让自己和他们的玩耍相配合。对家里的宠物或玩具娃娃表现出自己的爱，喜欢并经常模仿大人的动作、语气。

1岁1个月～1岁3个月养护要点

每日饮食安排

1岁左右的宝宝应逐渐从以奶为主过渡到以一日三餐为主、早晚牛奶为辅的饮食模式。肉泥、蛋黄、肝泥、豆腐等含有丰富的蛋白质，是宝宝身体发育必需的食物；米粥、软饭、面片、龙须面、馄饨、豆包、小饺子、馒头、面包、糖三角等主食是宝宝补充热量的来源；蔬菜可以补充维生素、矿物质和纤维素，促进新陈代谢，促进消化。每周还要保证吃1～3次肝类食物、2～3次鱼虾。

这么大的宝宝牙齿还未长齐，咀嚼还不够细腻，所以要尽量把菜做得细软一些，肉类要做成泥或末，以便消化吸收。烹调用油要适宜，油能起到调味、增加光泽和增加香味的作用，可促进食欲，并促进脂溶性维生素A、维生素D和胡萝卜素等的吸收。婴幼儿应以食用植物油（豆油、花生油等）为主，植物油含不饱和脂肪酸多、熔点低、易消化，又是必需脂肪酸的主要来源，具有防治高脂血症、动脉粥样硬化的作用；而动物油（猪油、牛油、奶油等）含饱和脂肪酸多、熔点高、不易消化，如过多食用会影响其他营养素的摄入，不利于婴幼儿的正常生长发育。

每天保证喝一定量的奶

乳类食物依然是2岁以下宝宝最重要的日常食物，有条件的母乳喂养可以持续到2岁。除了母乳以外，应鼓励宝宝喝配方奶粉，而不是牛奶。因为牛奶中含有过多的钠、钾等矿物质，会加重宝宝的肾负荷；牛奶中的蛋白以酪蛋白为主，不利于宝宝消化吸收。优质的配方奶粉以母乳为标准，去除动物乳中的部分酪蛋白、大部分饱和脂肪酸，降低了钙等矿物质的含量，以减轻宝宝的肾脏负担；增加了GA（神经节苷脂）、乳清蛋白、二十二碳六烯酸（DHA）、花生四烯酸（AA）、唾液酸（SA）、乳糖、微量元素、维生素以及某些氨基酸等，营养成分和含量均接近母乳。1～2岁的宝宝每天仍然需要喝母乳或配方奶2～3次，每次150毫升～240毫升。

每天补充100毫克～200毫克钙

根据调查，我国宝宝膳食钙的摄入量仅仅达到需要量的30%～40%。1岁以后的宝宝饮食已逐渐多样化，谷类食物会增加体内磷的比例，影响钙的吸收；蔬菜类食物中的纤维也会妨碍钙的吸收。因此，每天仍需补充100毫克～200毫克钙，直到2岁或2岁半。补钙的同时一定要补充维生素D。2～3岁后最好通过食物来满足生长发育所需要的钙质，如有特殊情况请医生来决定。

一次大量地服用钙反而没有效果，少量多次地服用、饭后及睡前服用都是较为有效的方法，睡前服用还能促进睡眠。钙质容易和草酸结合形成草酸钙，不但易造成结石，也会降低人体对钙质的吸收率。因此，在摄取钙的同时应避免摄取富含草酸或植酸的食物，如绿叶蔬菜、巧克力、浓茶、可乐等。

人们补钙的时候只注意补充维生素D，却往往不知道要补充镁。钙与镁似一对双胞胎兄弟，总是要成双成对地出现，而且钙与镁的比例为2：1时是最利于钙的吸收利用的。所以，在补钙的时候切记不要忘了补充镁。含镁较多的食物有：坚果（如杏仁、腰果和花生）、黄豆、瓜子（向日葵子、南瓜子）、谷物（特别是黑麦、小米和大麦）、海产品（金枪鱼、鲭鱼、小虾、龙虾）。

Tips

过量服用钙制剂会抑制人体对锌元素的吸收，因此有缺锌症状的孩子应慎重服用钙剂，宜以食补为主。

让宝宝定时坐盆大便

1岁多的宝宝已能自己行走，这时大人要帮助他养成定时坐盆大便的习惯（也可以在大人的马桶上放一个宝宝的马桶圈）。宝宝有便意时常会表现出坐立不安或小脸涨红，大人掌握规律后即应在这时让他去坐盆，教他“嗯嗯”地使劲。坐盆时要让宝宝精神集中，不要给他玩具、图书，更不能吃东西。每次坐盆时间至多5分钟，没有大便就让他站起来，告诉他有大便时自己来坐，便盆要放在比较明显的固定位置。

为了避免宝宝夜晚尿床，晚上睡前1小时最好不要再给宝宝喝水。上床前先尿一次，大人睡前再把一次，一般夜里就不会尿床了，宝宝睡得也安稳。小便次数多一些的宝宝，家长应摸索规律，夜里叫尿，但不可因怕宝宝尿床而频繁叫尿，以便延长他的憋尿时间。一旦宝宝尿了床也不要过多地指责。

不要给宝宝喂饭

生活中，有许多父母爱给孩子喂饭，无非是想让不肯好好吃饭的孩子多吃一点儿，怕孩子饿着。但从医学的角度分析，这不是一种科学的办法，若是长期这样还会影响孩子的身心健康和智力发育：

- 父母给孩子喂饭易导致孩子不能将食物充分咀嚼，从而影响孩子牙齿和脸部肌肉的正常发育，同时也会影响孩子的消化吸收功能。
- 父母一边喂饭一边催促孩子快吃，长时间下去会使孩子把吃饭当成一种负担，甚至对吃饭有抵触情绪，出现厌食、挑食、边吃边玩的现象。时间长了会造成孩子注意力不集中，从而影响孩子的自制力，影响今后的学习。
- 有的家长在孩子不好好吃饭时喜欢跟他讲一些条件，比如说：“宝宝吃饭，饭后妈妈给你买一个玩具。”这样会使孩子认为通过不吃饭可获得他想要的东西。
- 有时孩子已经吃不下了，但家长还是想方设法让孩子多吃，甚至用填鸭式喂养。过量喂养有可能使孩子的胃容量增加，易出现儿童肥胖症。

与其喂孩子吃饭，不如在饭菜的品种上下功夫，做到色香味美，激发孩子的食欲。对一些贪玩的孩子最好是固定就餐时间，不要饱一顿、饿一顿。给孩子固定进餐的位置，饭前不吃零食，不能让孩子边吃边看电视。注意孩子的饮食习惯，观察孩子对什么食物更感兴趣，看孩子喜欢吃什么、不喜欢吃什么，不断调整饮食方案，促进孩子的食欲。定量食谱应有弹性，即在一定时间范围内控制总的膳食量，而不必计较某一两顿饭量。所定食谱是否合理，应以宝宝体重及健康状况为评价参考，而不是家长的感受。

吃零食要讲究方法

零食选择不当或吃多了会影响宝宝进食正餐，扰乱宝宝消化系统的正常运转，引起消化系统疾病和营养失衡，影响宝宝的身体健康。因此，吃零食要讲究方法，要适时、适量、适当、合理地给宝宝吃零食。

❶ 适时适量

吃零食的最佳时间是每天午饭和晚饭之间。这时可以给宝宝一些零食，但量不要过多，占总热量供给的10%～15%。零食可选择各类水果、全麦饼干、面包等，量要少、质要精、花样要经常变换。

❷ 适当合理

可适当选择强化食品，如缺钙的宝宝可选用钙质饼干，缺铁的宝宝可选择补血酥糖，缺锌、铜的宝宝可选用锌、铜含量高的零食。但对强化食品的选择要慎重，最好在医生的指导下进行，短时间内大量进食某种强化食品可能会引起中毒。不要用零食来逗哄宝宝，更不能宝宝喜欢什么便给买什么，不能让宝宝养成无休止吃零食的坏习惯。

去游乐场要注意安全

公园、游乐场是宝宝的最爱，特别是宝宝会说、会走之后，总要求父母带自己去游乐场玩。有些父母以为儿童游乐场是专为孩子设计的，就放松了警惕。殊不知，游乐场也有很多安全隐患，稍不留意，快乐的玩耍就变成了意外的伤害。据美国消费者安全委员会统计，一年中有超过20万名孩子在游乐场受到意外伤害，相当于每2分半钟就有一名孩子因为游乐设施而受伤。

❶ 大型电动游乐设施的安全问题

海盗船等大型电动游乐设施惊险刺激，有些胆大的宝宝还不到规定年龄就已经跃跃欲试了。父母认为宝宝勇敢值得鼓励，就一起上去试一把。但是，宝宝还缺乏自我保护意识和足够的肌肉力量、平衡能力等，所以易发生高空坠落、摔伤，甚至骨折、颅脑损伤等严重外伤。因此，带宝宝玩大型电动游乐设施时应注意以下几点：

- 家长应该仔细阅读游乐设施安全须知，不要让宝宝尝试超越其适合年龄的游乐项目，越是胆大的宝宝发生意外的概率越高。
- 有些游乐设施如旋转飞机等，允许大人一起乘坐，要帮助宝宝系好安全带，随时制止宝宝伸头、伸手、站立等危险动作。
- 不要勉强胆小的宝宝独立乘坐电动小火车、旋转木马等，因为在旋转启动后，宝宝有可能因受到惊吓而试图爬下，造成坠落、摔伤。

❷ 娱乐戏水设施的安全问题

喜欢玩水是宝宝的天性，但即使只有2厘米～3厘米深的水都有可能夺走宝宝的生命。还有些水滑梯、漂流、水车等戏水设施，如果防护不当，也可能造成宝宝跌落、摔伤或溺水。因此，带宝宝玩娱乐戏水设施时应注意以下几点：

- 任何时候都不能让宝宝独自在水中玩耍，即使是带着游泳圈在浅水中，大人也要在旁边时刻看护。
- 要看清戏水游乐设施的安全须知，大人要以身作则，不要尝试危险动作或超出宝宝适合年龄的游戏项目。
- 不要让宝宝在水池边奔跑嬉戏，以免滑倒摔伤或跌落水中，而宝宝落水后没有憋气的意识，因此更容易呛水，把水吸入肺中。

❸ “翻斗乐”的安全问题

滑梯、秋千、蹦床等是儿童游乐场或“翻斗乐”中最常见的儿童游乐项目，有些家长看到游乐场中铺设了海绵垫，钢管、边角处都被厚厚的海绵包裹了起来，感觉很安全，就放松了警惕。殊不知，这些看似安全的地点同样可能发生坠落、摔伤或撞伤等意外。因此，家长要注意以下几点：

- 不要让宝宝攀爬过高、从高处跳下，或者在没有保护的情况下滑吊索、抓吊环，以免造成坠落、摔伤。
- 滑滑梯时告诉宝宝滑下后要迅速离开，以免后面的宝宝滑下来撞到一起，也不要从滑梯出口处向上爬。
- 荡秋千时要叮嘱宝宝抓牢绳索，等秋千停稳才能下来，不要站在或趴在秋千上荡，有别的宝宝荡秋千时自己要绕着走。
- 玩蹦蹦床时，如果宝宝年龄小，遇到蹦蹦床上面人多或者有较高大、顽皮的宝宝时，要让小宝宝等会儿再玩，以免被踩伤或撞伤。

- 跷跷板等需要两个宝宝一起玩的游戏，要注意有一个宝宝突然下来时，一定要保护好另一个宝宝，避免被摔伤或碰伤。

- 不要让宝宝边吃边玩，如果要喝水、吃零食，一定让宝宝停止嬉戏、说笑，以免发生呛水或误吞导致窒息。

本阶段计划免疫

❶ 1岁1个月

- 争取得到2次乙型脑炎疫苗注射

乙脑是指流行性乙型脑炎，俗称“大脑炎”，由带有乙型脑炎病毒的蚊子叮咬后传染给人，是一种侵害中枢神经系统的急性传染病。宝宝如果受到传染会发热、呕吐，渐渐神志不清或抽风，若抢救不及时会有生命危险或留下后遗症影响智力。注射乙脑疫苗是预防流行性乙型脑炎的有效措施。

乙脑一般在7～9月流行，先在牛、羊、猪等家畜中传播，雨季时黑斑蚊大量繁殖，咬了带病毒的家畜再咬人就会使人得病。因为疫苗在注射后一个月才能产生足够的抗体以抵抗病毒的传染，所以在北方每年都在5月份预防注射。小学一年级和初中一年级时再各加强一次。

大多数人接种后无反应，仅个别儿童注射后局部出现红肿、疼痛，1～2天内消退。少数有发热，一般均在38° C以下。少数有头晕、头痛、不适等自觉症状。偶有皮疹，血管性水肿和过敏性休克发生率随接种次数增多而增加。一般发生在注射后10～30分钟，很少有超过24小时者。此类接种反应多见于反复加强注射的对象，尤以7岁以上儿童加强注射较为多见。

宝宝患神经系统疾病，如癫痫、脑病、抽搐等不宜注射乙脑疫苗；免疫缺陷疾病患者、肿瘤患者在使用皮质激素或进行化疗时不易于诱发抗体，不能注射；有严重过敏体质易发生过敏休克反应者亦不宜注射；临时有发热、传染病及外伤等，待疾病治愈后再接种。

蚊子是乙脑传播的媒介，所以要注意搞好环境卫生，消除蚊子滋生的条件，从根本上预防大脑炎的传播。有宝宝的家庭夏季要特别注意防蚊，尤其是带宝宝外出游玩时更要做好防护。

• 如果可能尽量接种水痘疫苗

水痘是一种以皮肤出疹为特征的传染病，好发于春秋季，90%以上在儿童中传播（12月龄～12周岁）。主要传播途径为空气飞沫、直接接触和母婴垂直传播，也可通过污染的用具传播。在托幼机构易引起多发或暴发。因为周岁后孩子与小朋友接触的机会明显增多，所以应该提前预防。水痘疫苗是经水痘病毒传代毒株制备而成，是预防水痘感染的唯一手段。接种水痘疫苗不仅能预防水痘，还能预防因水痘带状疱疹而引起的并发症。

接种水痘疫苗后一般无反应，在接种6～18天内少数宝宝可有短暂一过性的发热或轻微皮疹，一般无须治疗会自行消退，必要时可对症治疗。

急性严重发热性疾病患儿应推迟接种，对新霉素全身过敏者、白细胞计数过少者及孕妇不得接种。水痘减毒疫苗不能和麻疹疫苗同时接种，间隔至少1个月。

❷ 1岁2个月

流感是一种由流感病毒引起的可造成大规模流行的急性呼吸道传染病，与普通感冒相比，症状更加严重，传染性更强，抗生素治疗无效。但流感是可以预防的，接种流感疫苗是目前最有效的预防方法，可以减少接种者感染流感的机会或者减轻流感症状。接种流感疫苗的最佳时机是在每年的流感季节开始前。在我国，特别是北方地区，冬、春季是每年的流感流行季节，因此，9、10月份是最佳接种时机。

1～3岁的宝宝接种2针，每针0.25毫升，间隔1个月。儿童和成人均于上臂三角肌肌肉注射，决不能静脉注射。全病毒灭活疫苗对儿童副作用较大，12岁以下的儿童禁止接种此种疫苗。另外，还要注意不要让宝宝在空腹时接种，接种完毕需观察20分钟。

接种后可能出现低热，而且注射部位会有轻微红肿，但这些都是暂时现象而且发生率很低，不必太在意。但少数宝宝会出现高烧、呼吸困难、声音嘶哑、喘鸣、荨麻疹、脸色苍白、虚弱、心跳过速和头晕，此时应立即就医。

有以下症状的宝宝不能接种流感疫苗：对鸡蛋或疫苗中其他成分（如新霉素等）过敏者，格林巴利综合征患者，急性发热性疾病患者，慢性病发作期，严重过敏体质者和医生认为不适合接种的其他人。

1岁1个月～1岁3个月育儿重点

理解幼儿的偏激行为

孩子1岁了，会走路了，活动的空间随之扩大，会发现很多他不懂却感兴趣的东西，总想去摸一摸、动一动。但父母因为安全的考虑，常常限制孩子的探索行为，孩子会因此而大哭大闹。1岁的孩子有了“领地”的概念，外人不可擅自入内。有时，别人的一个无意眼神就可以引起不小的风波。这种自我意识的觉醒有些时候在大人眼里却成了任性的代名词。其实没那么可怕，这是孩子走向自立的一个正常的阶段，孩子的偏激行为其实是想用自己的方式体现自我。相反，如果孩子表现得过于听话，则终究有个性爆发的一天，其后果将更不可想象。

鼓励幼儿称呼生人

称呼生人是人际交往的良好开端，幼儿在学会称呼爸爸、妈妈、爷爷、奶奶之后，要教他称呼生人。幼儿会把岁数大的男人称“爷爷”，女人称“奶奶”；把年轻的男人称“叔叔”，女人称“阿姨”。让1岁多的幼儿按年龄、性别去称呼生人确实不容易，平时可以用家庭相册让幼儿练习称呼，使幼儿到时不至于为难。

学习自己脱衣服、穿衣服

每天洗澡前和上床前都让幼儿自己学脱衣服。刚开始时妈妈先替幼儿解开扣子，脱去一个袖子，再让他自己脱去上衣；妈妈先解去裤子的扣子或背带，让他自己脱下裤子；套头衫和松紧带裤也可以让幼儿自己脱去。

幼儿喜欢穿妈妈的宽大衣服，因为袖子容易穿入。幼儿穿妈妈的上衣如同长袍那样把腿也盖了起来，感觉新鲜和好玩。妈妈的衣服扣子大些，或者有拉锁，让幼儿穿，他都会很高兴。可以先让幼儿学穿宽大的衣服，能自己伸入袖子，以后再穿自己的衣服就容易多了。

倒豆拣豆

在幼儿面前放3个小碗，将蚕豆、黄豆和绿豆混合放在一起，然后大人先做示范，把不同的豆子拣出来，分别放在不同的小碗里，再鼓励幼儿用拇指和食指对捏的方法分别将蚕豆、黄豆和绿豆拣出来，放在不同的小碗里。

在两个瓶子里分别装几颗豆子，让幼儿练习对准瓶口，将一个瓶子里的豆子倒入另一个瓶子里。幼儿可能会把豆子撒落出来，但经过多次练习就能够准确地把豆子从一个瓶子倒入另一个瓶子里。这种游戏可以训练幼儿手的灵活性，以及拿东西时的准确性。

学会分清大小

通过实物让幼儿用眼看，用耳听，用手拿，以分清大和小。取物时不是根据自己的喜好，而是按大人的要求去取。把大小不同的苹果放在桌上，让幼儿去拿大的，幼儿会十分顺利地拿到大苹果。再让幼儿把大苹果放回桌上，去拿小的，这时幼儿也许还是拿大的。要告诉幼儿，并握着他的小手去拿小的，告诉他哪个苹果大、哪个苹果小。将妈妈的上衣和幼儿的上衣放在一起，让幼儿先拿大的之后再拿小的。经过几次练习幼儿就能拿对了。

在买来的套碗中选择最大的和最小的两个，让幼儿把最小的碗放入大碗里。找两个大小不同的纸盒，让幼儿把小盒放进大盒里。再找两个大小不同的塑料药瓶，让幼儿将小瓶放进大瓶内。家中还有许多可利用的东西，让幼儿练习把小的容器放入大容器中。

Tips

教幼儿学会把小的东西装进大的容器里不仅可以强化幼儿大与小的概念，而且可以发展幼儿的手眼协调能力。

育儿专家答疑

幼儿为什么会偏食

幼儿正处于生长发育的高峰期，营养需求大，食欲旺盛，借助口感的体验及愉悦的回忆，经常选择自己爱吃的食物。这是人的本能，家长既要保护又要引导，因为幼儿并不知道多种成分组成的食物对健康的重要性。偏食常见的表现是只吃某一种或仅吃某几种食物，不喜欢的食物就搁置一边，这是受环境影响养成的一种不好的习惯，最主要的原因是直接照看幼儿的人教育方法（语言、行为等）不当。

偏食的应对方法

要想改变幼儿偏食的习惯，首先要改变直接照看幼儿的人对食物的偏见，改变教育方法，以身作则耐心解说引导，使幼儿正确对待各种食物。同时注意烹调方法，变更食物花样和味道，鼓励幼儿尝试进食各种食物并肯定其微小的进步，以培养幼儿良好的进食习惯。下面介绍几种合理而可行的纠正幼儿偏食的方法：

❶ 家长态度要坚决

如果发现幼儿不喜欢某种食物，家长要避免使其“合法化”。因为家长的默许或承认会造成幼儿心理上的偏执，把自己不喜欢的食物越来越排斥在饮食范围之外。挑食常常是在幼儿患病、不舒服、发脾气或节日的时候开始的，如果允许挑食会逐渐养成其随心所欲的习惯。

❷ 培养幼儿对多种食物的兴趣

每当给幼儿一种食物的时候都要用其能听懂的语言把这一食物夸奖一番，鼓励孩子尝试。家长自己最好先津津有味地吃起来，幼儿善于模仿，一看家长吃得很香，自己也就愿意尝试了。

❸ 设法增进幼儿的食欲

食欲是由食物、情绪和进食环境等综合因素促成的。除了食物的搭配、调换和色、香、味的良好刺激外，还需要进食时的和悦气氛和精神愉快。与其在幼儿不高兴时拿食物来哄他，不如等到幼儿高兴以后再让他吃。幼儿进食的时候要避免强迫、训斥和说教。

当然，以上几种方法的先决条件，是家长善于在平衡膳食的基础上调理幼儿的主副食内容。

1岁4个月～1岁6个月养与育

生长发育特点

体格发育

9市城区男童体格发育测量值（1995年）

年龄组	体重（千克）	身长（厘米）	头围（厘米）	胸围（厘米）
16月龄	10.85±1.12	81.1±2.9	47.3±1.3	47.5±1.9
17月龄	11.0±1.17	82.0±2.9	47.4±1.2	47.8±1.9
18月龄	11.25±1.19	82.7±3.1	47.6±1.2	48.0±1.8

9市城区女童体格发育测量值（1995年）

年龄组	体重（千克）	身长（厘米）	头围（厘米）	胸围（厘米）
16月龄	10.27±1.05	79.8±2.8	46.2±1.2	46.3±1.9
17月龄	10.45±1.09	80.7±2.8	46.4±1.2	46.5±1.8
18月龄	10.65±1.11	81.6±2.9	46.5±1.2	46.8±1.8

前囟0厘米～0.5厘米×0.5厘米。牙齿10～16颗（门牙8颗、前臼齿4颗、尖牙4颗）。

感知觉发育

1岁半的宝宝已能区分各种形状。

运动发育

到1岁半时，大多数宝宝已经走得很好了，行走速度加快，还能拉着玩具车走。会跑且能自己停住，但还不熟练。可学习从最低一级楼梯跳下，但需大人双手牵着练习。已经能够很熟练地扔球，不会因为使劲扔球失去平衡而摔倒。

这一阶段是垒叠平衡能力发展的关键期，宝宝开始学习把握自身的平衡和物体的平衡，并懂得利用手边的物体创造平衡。不需要大人的帮助就可以用2块或3块积木搭成一个塔状的东西，还能把书立在桌子上，等等。

手眼协调能力有进步。会把两个半圆拼成圆形，把两个长方形拼成方形；开始学穿珠子；能将不同的东西挑出来；能往图形板中放入五六种形块儿；喜欢乱写乱画并模仿别人的笔画，但很少成功；喜欢不断地拧松和拧紧瓶盖；喜欢按动音响或电视的调节钮。1岁半的宝宝已经能够熟练地模仿父母翻书的动作，给宝宝一本图书，鼓励他翻书，一般能连续翻2页。

语言发育

语言表达能力进步明显，刚满1岁的时候，宝宝还只能说一两个词，到1岁半时已能够说50个词了，并呈级数增长。能够从单音句加长到3个字。能注意听父母的指令并且做出正确的回应。会背整首儿歌押韵的词，个别宝宝会背诵整首儿歌。

心理发育

认识较详细的身体部位。观察力和注意力都有进步，能记住若干事物的特点，会认路回家。记得东西摆放的地方，会替人拿东西，喜欢为大人服务。独立意识增强，会自己脱衣服，学穿宽大衣服。开始注意表达意思的符号，认识若干汉字及数字。

1岁4个月～1岁6个月养护要点

养成吃饭专心的好习惯

第三届亚洲儿科营养大会媒体论坛公布的数据显示，1/4的1～2岁宝宝的家庭和1/3的2～3岁宝宝的家庭有吃饭看电视的习惯。对于生长发育中的宝宝来说，吃饭是一件需要专心做的事情。因为吃饭的过程不仅是将营养素吃进去，还要让营养素充分吸收，精力分散不利于胃肠的正常蠕动和消化液的分泌。进食虽是本能，吃饭却是个需要学习的事情，因为对于婴幼儿来说，吃饭还是一个学会咀嚼、学会使用餐具、学会享受美味、学会餐桌礼仪的过程。因此，对于处于培养良好饮食习惯关键期的宝宝来说专心进餐很重要。家长要从自身做起，和宝宝一起专心吃饭，也要告诉家庭中照顾宝宝的其他成员，比如宝宝的爷爷、奶奶、姥爷、姥姥、保姆等，要和宝宝一起专心吃饭，不允许宝宝边吃饭边看电视。

可以开始刷牙

刷牙要用竖刷法，将齿缝中不洁之物清除掉，刷上牙由上向下，刷下牙由下向上。选用两排毛束、每排4～6束、毛较软的儿童牙刷。每次用完甩去水分，毛束朝上，放在通风处风干，避免细菌在潮湿的毛束上滋生。每天早晚都要刷牙，尤其晚上更重要，避免残留食物在夜间经细菌作用而发酵产酸，腐蚀牙齿表面。建议4岁之前不要使用牙膏。

培养宝宝的生活自理能力

在前面已经讲过要让宝宝学习自己穿衣服、脱衣服，这个阶段家长应该继续让宝宝进行此项练习。另外，家长可以在准备上街、准备吃饭和准备上床前都要求孩子自己收拾玩具。要将书放在书架上，把积木收入盒内放回原处，所有动物玩具和娃娃都应有固定的位置或者称为它们的家。在家中要为孩子准备一个矮的玩具柜放他的东西，柜子要放置有序，每样东西都放在固定的地方，培养孩子按次序放东西的习惯。每天要收拾几次，使孩子养成习惯。

让宝宝自己按需找便盆

自1岁以后让宝宝练习大小便找便盆以来，经过几个月的练习，宝宝已经学会在需要大小便时自己去坐盆，有条件者可以自己如厕。还可在马桶上放个圈，前面放个板凳，让宝宝自己脱裤子，便后提起裤子。除了冬季衣服太厚和大便后还不会用手纸擦之外，白天小便基本能自理，晚上也会叫人帮助，较少尿床。

长期用纸尿裤的宝宝这种能力就会延迟。因为大人和孩子都不为大小便操心，惯用纸尿裤的宝宝经常站着大小便，不认识厕所和便盆。如果1岁半前还不训练，以后会越发困难。因为膀胱惯于不必充盈，而括约肌经常处在放松状态，要训练膀胱的储存功能和括约肌紧缩功能，就要用大脑的意志去控制，这就不如从小习惯下意识地控制大小便更方便。

鸡蛋并不是吃得越多越好

鸡蛋是营养丰富的食品，它含有蛋白质、脂肪、卵黄素、卵磷脂、维生素和铁、钙、钾等人体所需要的矿物质，其中卵磷脂和卵黄素是婴幼儿身体发育特别需要的物质，但鸡蛋并不是吃得越多越好。

1～2岁的宝宝每天需要蛋白质40克左右，除普通食物外，每天吃1个鸡蛋就足够了。如果鸡蛋吃得太多，孩子的胃肠负担不了，会导致消化吸收功能障碍，引起消化不良和营养不良。 鸡蛋还具有发酵特性，皮肤生疮化脓的时候吃鸡蛋会使病情加剧。

有的家长喜欢用开水冲鸡蛋加糖给孩子吃，由于鸡蛋中的细菌和寄生虫卵不能完全被烫死，因而容易引起腹泻和寄生虫病。如果鸡蛋中有鼠伤寒沙门杆菌和肠炎沙门杆菌，孩子会因此而患伤寒或肠炎；如鸡蛋中不含活菌而只有大量毒素存在则表现为急性食物中毒，潜伏期只有几个小时，起病急，病程持续1～2天，症状为呕吐、腹泻，1岁以上会说话的宝宝会表示腹痛严重，伴有高热、疲乏等。

此外，民间有吃生鸡蛋可治疗小儿便秘的说法，事实上，这样做不仅治不了便秘，还会发生弓形虫感染。这种病发病较急，全身各器官几乎均会受到侵犯，常常引起肺炎、心肌炎、斑丘疹、肌肉和关节疼痛、脑炎、脑膜炎等，甚至导致死亡。因此，给孩子吃鸡蛋一定要煮熟，以吃蒸蛋为好，不宜用开水冲鸡蛋，更不能给孩子吃生鸡蛋。

不要轻易给宝宝扣上挑食的帽子

俗话说：尝遍百果能成仙。从小培养孩子口味杂些，摄食的范围宽些，孩子摄取的营养就会更全面。可是孩子有没有选择食物的权利呢？家长有没有必要因为孩子不爱吃某样菜，而在饭桌上和孩子较劲儿呢？营养学家认为，吃饭时高兴比什么都重要。大家都在抱怨不少年轻人缺少责任感，甚至没有学会对自己负责。其实，要培养孩子的独立意识和责任感，大人千万不能忘了下放一定的选择权给孩子。自主选择也意味着对自己的行为负责。孩子不喜欢吃胡萝卜可以让他吃南瓜，因为两者都富含胡萝卜素；孩子不爱喝牛奶可以让他喝酸奶，因为它们都是钙质的优良来源。孩子应该有权选择吃什么，自己点的菜吃起来当然就更香了。

科学家发现了一个有趣的事实，宝宝常常要尝试12～15次才肯接受新的食物，他们似乎天生对新的食物持怀疑的态度。很多时候，所谓3岁前宝宝挑食可能只是因为婴幼儿一时还不习惯新的食物，而偏爱熟悉的、常吃的食物。大多数宝宝对餐桌上的菜肴是没有成见的，今天爱吃黄瓜，明天爱吃冬瓜。而且，很多宝宝对食物的记性也很差，上个星期还说不爱吃的菜，下个星期又会吃得很香。所以，孩子在婴幼儿期不存在挑食，只有一时的不习惯或者不喜欢。这话也许有点绝对，但是的确也代表了大多数婴幼儿的情况。家长不必为了孩子一时吃什么、不吃什么而和他较劲，最后闹得孩子只能挂着眼泪吃饭，对孩子的健康非常不利。而且，强迫孩子吃某种食物反而会真的造成他对这种食物的偏见。

当然，家长有责任对孩子进行营养教育，这种教育可以渗透在带孩子去采购的时候，让孩子在厨房帮忙的时候。饭桌上讲究用餐的氛围，如果端上一盘炒胡萝卜丝就对孩子说："不许挑食，不准不吃胡萝卜。"那孩子的好心情就被破坏了。其实家长完全可以略施小计。例如，把胡萝卜剁碎，和肉一起做馅，炸成小丸子、包小饺子，孩子准能一口一个。

本阶段计划免疫

宝宝要在1岁半时加强注射一针百白破三联疫苗，也要加强注射一针弱毒麻疹疫苗。可在本月注射其中的一种，另一种在下个月注射。

1岁4个月～1岁6个月育儿重点

保护幼儿的好奇心

幼儿在能用语言表达自己的意愿之前实际上已经有了一些思想，而且会用各种方式表达出来。会说话之后，在同父母的接触中，有时会表现出惊人的记忆力和逻辑性。幼儿对周围的一切事物总是很感兴趣，有强烈的好奇心，总想问个“水落石出”，表现出很强烈的求知欲。此时正是扩大幼儿的知识面、丰富幼儿心灵的好机会，家长应做到有问必答。无论幼儿的提问多么简单、多么可笑、多么难回答，父母都应该鼓励他提问。同时，根据幼儿对事物的理解程度，用形象浅显的科学道理给予直接明确的回答，给幼儿一个满意的答案。如果父母实在回答不出幼儿的提问，切不可因为幼儿提问而显得不耐烦，或不回答，或简单搪塞几句，或用斥责的语言对待他，这样会打击幼儿的求知欲，扼杀幼儿的聪明智慧，挫伤幼儿提问的积极性。父母应该和蔼地对他说明：现在父母还不会回答，等我们看书或上网查清弄懂这件事后再告诉你。这样做既保护了幼儿的好奇心，又让幼儿学会认真回答别人提问的好品质。

培养劳动的技能和热情

爸爸下班回家时，请幼儿帮忙把拖鞋拿来；奶奶在厨房择菜时，幼儿会把板凳拿来请奶奶坐下；妈妈浇花时，让幼儿把洒水壶拿来。幼儿经常当助手就知道剪刀放在哪个抽屉，很快就能将剪刀拿来。下午在阳台收拾晒干的衣服时，幼儿也可以当小助手。让他把相同的两只袜子卷起来、把手绢叠好、把内衣叠好。让幼儿分清楚是谁的东西，应放到谁的柜子里。幼儿知道了衣服应放的地方，下次要找就非常方便。

幼儿很喜欢帮助大人擦桌子、扫地，刚开始时动作只是模仿，不懂得怎样做好，所以常常把大人扫好的垃圾堆扬开，以至于有些大人干脆把幼儿打发走。这样做会在幼儿愿意劳动时挫伤其积极性，使孩子长大后不愿意也不会做家务劳动。因此，在幼儿1岁半前后要耐心指导，擦桌子可从外周擦到中央，将脏东西收集起来扔到簸箕内；扫地也应从边角扫起，把脏东西集中到中央，用簸箕撮掉。幼儿会按大人的指导练习，初学时总会有疏漏或越干越乱，渐渐会越干越好。

提高手眼协调能力

拿两个小碗，其中一个装上1/3碗大米。把报纸铺在桌面上，让幼儿把碗中的大米慢慢倒进另一个碗内。幼儿端碗时胳臂可以支撑在桌子上，先使两个碗靠近，盛米的碗抬高一些，小心不让米撒在桌子上。幼儿要反复练习，逐渐可以做到右手将碗端平，左手扶持空碗，直到米完全倒完而不撒出。先学习倒大米，以后可练习端碗倒水而不洒出。通过这种练习可以提高幼儿手眼协调和双手协调的能力。

引导幼儿记住事物的特点

妈妈可拿出过去认识的图卡，以前只让幼儿认识物名，如“兔子”“大象”“长颈鹿”等，现在要求幼儿除了讲出物名之外还要讲出它的特点，如兔子有长耳朵，大象有长鼻子，长颈鹿的脖子最长，老虎的皮肤上有条纹，金钱豹的身上有金钱样的斑；无轨电车顶上有两根电线，小汽车没有；大卡车有装货物的车厢，火车有许多节坐人的车厢。幼儿在记住特点的同时也会记住相应部位的名称，如“耳朵”“鼻子”“身体”“腿”和“尾巴”等，认车辆时会看到车轮、车灯、车厢等，使幼儿学会更多的词汇，具备初步概括的能力。

丰富幼儿的听觉感受

妈妈和幼儿一起做游戏时可以用手中的小棒敲打不同的物品，让幼儿感受发出的不同声音；也可以用手或嘴模仿生活中的各种声音，如，打雷“隆隆”，摇铃“铃铃”，拍手“啪啪”，穿高跟鞋走路“咯噔咯噔”等，以提高幼儿听声模仿的能力及听与动作的统合能力。

学习双脚跳

幼儿练习下楼梯时，最后一级由妈妈牵着双手跳下来，这是学跳的第一步。有时父母各牵着幼儿一只手散步，幼儿很喜欢在父母牵着时跳远一步。跳时最好先喊口令："一二三，跳!"大家同时用力。如果父母用力时间不同，幼儿一只手腕受力过大就容易受伤。如3个人同时用力，父母用力牵，幼儿使劲向前跳，就会跳出1米左右。从高处跳下和平地牵跳都是练习跳跃的初步动作。在父母帮助下幼儿会放心地跳，容易学会。

学搭2～3层高塔

在桌上放几块积木，先向幼儿演示一下怎样搭高楼，然后鼓励幼儿自己搭，以训练幼儿手指的灵活性和手眼动作的协调性。一开始幼儿可能总是搭不起来，经过多次训练，幼儿就可以用2块或3块方积木搭起一个塔，而且不倒，之后再逐渐练习能够用3～4块积木以及7～8块积木搭成塔。

学认白色

在多种颜色对比下，白色很显眼，很容易寻找，而且家中白色的东西很多，如白纸、白上衣、白袜子、白床单等，玩具中白色的小勺、小碗，白色的珠子和积木等，认识名称之后很容易记住。由于黑色与白色对比鲜明，幼儿认识黑色之后再学认白色就容易多了。可以让幼儿去找白色的纸巾、白色的毛巾、白色的肥皂、白色的盘子等；或者从杂色的珠子当中挑出白色的珠子；在户外或公园里找白色的花，使幼儿很快认识白色。

建立"一样多"的概念

大人伸食指让幼儿摆1块积木；伸食指和中指，摆2块积木；伸食指、中指和无名指，摆3块积木。大人再一次伸手指，让幼儿按手指数再摆一份1块、2块和3块积木。将两份都是1块的积木放在一起，问幼儿"哪边多？"幼儿不会说，大人替他回答“一样多”；将两份都是2块的积木放在一起，问幼儿“哪边多？”有的幼儿能回答“一样多”，有的不能回答；再取两份都是3块的积木放在一起，问幼儿“哪边多？”机灵的幼儿会大声说“一样多。”这时大人应表扬：“真棒，都是一样多。”同幼儿玩这个游戏最多只能摆到3块，不能再摆4块或5块，因为幼儿数到3还可以，3块以上就数不过来了。

练习分类

让幼儿把混合在一起的东西拣出来。例如把积木和小球混在一起，让幼儿把小球挑出来；把石头子和瓶盖混成一堆，让幼儿把瓶盖拣出来；把花生和瓜子混放，让幼儿把花生拣出来；让幼儿把核桃和橘子分开，拣出核桃，留下橘子。通过训练让幼儿能区分两种东西，将某一种挑出，留下的就是另一种，使幼儿具备区分物品的能力。

育儿专家答疑

宝宝为什么会挑食

谁不希望自己的孩子吃饭香喷喷的，可就有一些孩子不爱吃这、不爱吃那，让父母苦恼不已："怎么能让他吃得好、吃得香？""会不会营养不良啊？""我该怎么做呢？"挑食看起来是孩子的原因，但与父母的喂养行为关系很大。首先，在孩子需要添加辅食的月龄，没有及时让孩子熟悉各种味道，过了味觉发育的敏感期；其次，父母若是不喜欢某种食物，自己很少吃，孩子也会模仿家长，不吃此类食物。此外，微量元素缺乏、维生素缺乏或过量、患局部或全身疾病及环境心理因素也可能造成宝宝挑食。

❶ 甜食影响食欲

甜食是大多数宝宝所喜爱的，有些高热量的食物虽好吃却不能补充必需的蛋白质，而且严重影响宝宝的食欲。此外，食欲缺乏的宝宝中大多数很少喝白开水，他们只喝各种饮料，如橘子汁、果汁、糖水、蜂蜜水等。大量的糖分摄入体内，无疑使血糖浓度升高，血糖达到一定的水平，会兴奋饱食中枢，抑制摄食中枢。因此，这些宝宝难有饥饿感，也就没有进食的欲望了。

此外，夏季各种冷饮上市，常吃冷饮同样会造成宝宝缺乏饥饿感。这里面有两个原因：第一是冷饮中含糖量颇高，使宝宝摄入糖分过量；第二是宝宝的胃肠道功能还比较薄弱，常喝冷饮会造成胃肠道功能紊乱，食欲自然就下降了。

❷ 缺锌引起味觉改变

临床发现，厌食、异食癖与体内缺锌有关。通过检查，头发中锌含量低于正常值的宝宝，其味觉，即对酸甜苦辣等味道的敏感度比健康宝宝差，而味觉敏感度的下降会造成食欲减退。

❸ 心理因素不容忽视

家长应当允许孩子的胃肠功能有自行调节的机会，可是许多家长往往不懂这个道理，总是勉强孩子吃。甚至有的采取惩罚手段强迫孩子吃，长此以往，这种强迫进食带来的病态心理也会影响宝宝的食欲。另外，有些家长爱挑选那些他们认为最好的、最有营养的食物给孩子吃，这种挑挑拣拣的做法给孩子留下深刻的印象，孩子自然就会趋向于那些所谓好的食物，而对所谓不好的就少吃甚至不吃。

怎样纠正宝宝挑食的坏毛病

❶ 饭菜花样翻新

长期不变地吃某一种食物会使宝宝产生厌烦情绪，故家长应编排合理的食谱，不断地变换花样，还要讲究烹调方法。这样既可使宝宝摄取到各种营养，又能引起新奇感，吸引他们的兴趣，刺激其食欲，使之喜欢并多吃。把宝宝不喜欢吃的食物弄碎，放在他喜欢吃的食物里。有的宝宝只喜欢吃瘦肉，不吃肥肉，可将肥肉掺在瘦肉中剁成肉糜，做成肉丸或包饺子、馄饨，也可塞入油豆腐、油面筋等食物中煮给宝宝吃，使其不厌肉、不挑食。不喜欢吃青菜可以把青菜剁碎，做成菜粥、馄饨等。

❷ 让宝宝多尝试几次

要让宝宝由少到多尝试几次，同时大人也做出津津有味的样子吃给宝宝看，慢慢宝宝就会接受，习惯了宝宝就会吃。

❸ 控制宝宝的零食量

以定时、定量的“供给制”代替想吃就给的“放任制”。可以给宝宝安排适当的活动，让宝宝在饭前有饥饿感，这样他就会“饥不择食”了。

❹ 提高宝宝吃的本领

有的宝宝不会食用某种食物，就逐渐对其失去信心和兴趣，形成挑食。譬如吃面条，宝宝不会拿筷子，家长应手把手地教他方法，宝宝尝到鲜美之味，自然会高兴地吃。有些宝宝害怕鱼刺鲠喉而对吃鱼存在恐惧心理，家长应帮助剔去鱼刺再给宝宝吃，或者让其吃鲤鱼、鳝鱼等少刺的鱼。

❺ 多进行营养知识教育

家长要经常向宝宝讲挑食的危害，介绍各种食物都有哪些营养成分，对他们的生长发育各起什么作用，一旦缺少会患什么疾病。尽量用宝宝能够接受的话语和实例进行讲解，以求获得最佳效果。

❻ 及时鼓励和表扬

宝宝喜欢“戴高帽”，纠正挑食应以表扬为主。一旦发现宝宝不吃某种食物，经劝说后若能少量进食时即应表扬鼓励，使之坚持下去，逐渐改掉挑食的不良习惯。家长最了解子女，当发现宝宝不吃某种食物时，可以暂时停止他们认为最感兴趣的某种活动进行“惩罚”，促使宝宝不再挑食，达到矫正挑食的目的，但是切忌打骂训斥。

❼ 中药、食疗小妙方

另外，中药、食疗和捏脊的方法也可以让宝宝胃口好起来。

中药：如健脾口服液、四蘑汤口服液等。

食疗：山楂、山药、薏米、红枣、莲子等熬粥服用。

捏脊：从宝宝的尾骶开始沿脊柱两旁向颈部拿捏。来回5次，一天一次。

按摩方法：在宝宝的脐部周围顺时针按摩，一天两次，每次20分钟，饭后半小时进行。

Tips

如果宝宝严重挑食就得去医院查查，贫血、缺锌等原因都会影响人的口味和食欲。

1岁7个月～1岁9个月养与育

生长发育特点

体格发育

9市城区男童体格发育测量值（1995年）

年龄组	体重（千克）	身长（厘米）	头围（厘米）	胸围（厘米）
19月龄	11.5±1.19	83.7±3.1	47.8±1.2	48.2±1.8
20月龄	11.67±1.19	84.7±3.1	48.0±1.2	48.4±1.8
21月龄	11.83±1.26	85.6±3.2	48.1±1.3	48.6±1.9

9市城区女童体格发育测量值（1995年）

年龄组	体重（千克）	身长（厘米）	头围（厘米）	胸围（厘米）
19月龄	10.85±1.11	82.6±2.9	46.7±1.2	47.0±1.8
20月龄	11.05±1.11	83.5±3.0	46.8±1.2	47.2±1.8
21月龄	11.25±1.12	84.5±3.0	46.9±1.2	47.4±1.8

多数宝宝前囟已闭合。牙齿12～18颗（门牙8颗、前臼齿4颗、尖牙4颗、后臼齿2颗）。

运动发育

不用大人的帮助，能两步一个台阶地上楼梯。能够模仿大人向后倒退着走，拾起地上的东西时自己不摔倒。会蹲但动作迟缓。能向上举手（举过肩）扔出球，扔出距离在50厘米以上，但不一定有方向。当走近大球时会接触到球，但不会踢球。

1岁半以后，宝宝对搭积木产生兴趣，在大人的指导下会竖着搭积木，或者将几块积木排成一列推着走。随着宝宝年龄的增长，能搭高的积木块数越来越多，小手显得越来越灵活了，不需要大人帮助就可以把5～6块积木搭成塔。能用蜡笔在纸上画出道道，但方向不定。能把纸折2折或3折，但不成形状。会用玻璃丝穿过扣眼（直径5毫米以上），有时还能将玻璃丝拉过去。

语言发育

能重复大人说的句子中的最后2个或更多的字。先是能将2～3个字组合起来，形成有一定意义的句子，如“爸爸走”“妈妈再见”等，而且理解能力远远超出表达能力。然后能说出由4～5个字组成的简单句，能用语言表达自己的需要，比如要吃饼干、要喝牛奶等，但还常伴有手势。能完成大人说出的2个简单指令，如“到床上去，把玩具给妈妈拿过来”等。听故事能说出主要的人物和情节。

对唇音、舌面音掌握较好，如“爸爸”“妈妈”；舌根音掌握较差，如“哥哥”常常说成“得得”。少数宝宝发不准舌尖音，如“小白兔”说成“小白杜”。对宝宝来说，卷舌音最难掌握，所以常常把“吃”说成“慈”。

心理发育

1岁半以后的宝宝特别喜欢小伙伴，在玩的时候如果发现有人看他会报以微笑，这种微笑是用于与人沟通的。有群体活动的初步适应能力，能短时间离开妈妈，但与别人玩耍时表现出较强的“占有欲”。

对自己和自己的形象越来越感兴趣，能认出照片或录像中的自己，已经能把自己与其他小朋友区别开来。喜欢注视镜中的自己，甚至乐于洗澡后赤裸着身体在房间里跑来跑去。

不满足于只认物名，感兴趣的是这种东西有什么用途。父母要创造机会让宝宝认识家庭用品，了解每种物品的功能，增长知识。1岁半以前，宝宝常常将图片与实物混淆起来，想吃水果的时候会拿着卡片或者书本上的水果啃；1岁半以后，已经能分清常见物品的图片与实物的区别，并且将它们一一对应起来。

能长时间（5~8分钟）地观看图片，并通过观察形象把它们储存在记忆中。对不在眼前的客体有回忆性记忆，对周围环境开始探索和好奇。空间知觉和时间知觉逐渐发展，主要是视觉和动作的联系，如爬到高处，躲在门后，天黑了要睡觉，天亮了要起床等。对于抽象的时间关系（如前天、后天）及空间关系（如前、后、左、右）还不能正确辨别。

1岁半以后，宝宝开始进入对细微事物感兴趣的阶段，这个年龄段的宝宝常常会关注一些特别细节的东西，并乐此不疲。

1岁7个月～1岁9个月养护要点

学会自己入睡

睡前必须完成的几件事要形成常规，宝宝按次序做完这几件事时就意识到该睡觉了，就不会在睡前吵闹不肯上床。

睡前宝宝要先洗漱、上厕所，然后向大人和布娃娃道“晚安”，拿着睡前要朗读的书由妈妈陪同进卧室；轻轻播放摇篮曲，妈妈帮助解衣扣，宝宝自己脱去衣裤躺下，妈妈低声朗读故事书，逐渐把灯光调暗；宝宝闭上眼睛时妈妈还要继续小声朗读，直到宝宝呼吸变深、四肢完全不动时才可离去。由于刚入睡时宝宝只进入浅睡期，声音、灯光、振动等都会把宝宝惊醒，进入深睡期就不易被吵醒了。所以宝宝刚入睡时要把电视或音响都关掉，灯光也要调得很暗，否则宝宝不易入睡。

让宝宝按常规程序准备入睡，养成条件反射之后入睡并不困难。如果不按常规步骤，宝宝难以形成条件反射，要等大人熄灯才肯入睡，就会缩短睡眠时间。宝宝睡眠不充分会影响身高，因为生长激素在深睡期分泌，不按时睡眠的宝宝身材比同龄儿矮小。2岁之前养成顺利入睡的习惯终身受用。

学会自己洗漱

每天早晚宝宝同大人一起洗脸、漱口、擦油，自己做才能学会自我保护并养成自觉的清洁习惯。

宝宝出齐20颗乳牙就可以学习自己刷牙了。有些宝宝虽然磨牙还未出齐，也应当学习漱口或者用牙刷刷门牙和犬齿。宝宝最喜欢挤牙膏，让他练习从牙膏最底端轻轻地开始挤，挤一小点儿放到牙刷上就够了，同妈妈一起练习上下里外轻轻刷牙。妈妈拿着宝宝的小手帮助他练习，然后逐渐放手让他自己去做，自己刷牙漱口如同做游戏一样能使宝宝感到快乐。

大人示范，让宝宝学习自己洗脸。先让宝宝洗净双手，手上蘸水揉按脸部，用水多次清洗，将脸上的污垢冲干净，再用干毛巾将手和脸上的水分吸干，也要将眼角、耳朵背面、颈部的水分擦干。宝宝喜欢学着在脸上涂护肤霜，可以让他对着镜子涂。大人提醒他要把护肤霜涂在前额、下巴和脸上，把剩下的涂在手背上。

学会上厕所大小便

在厕所的便桶上加个小圈，让宝宝坐在便桶上大小便，有些男孩学会站着小便也应鼓励。宝宝很会摆弄冲水器，让他自己冲水，保持厕所清洁。要经常提醒宝宝上厕所，以免贪玩尿湿裤子。冬季衣服太厚需要帮助宝宝大小便。从坐便盆进步到上厕所，会使宝宝产生“长大了”的自豪感。

养成良好的卫生习惯

❶ 会自己擦鼻涕

宝宝的衣服一定要有兜，每天换一块清洁的手绢。教宝宝打开手绢擦鼻涕，将擦过的一面折到里面，把手绢放入兜内。不要把手绢用来当抹布到处擦，也不要用手绢来包石头子及小玩具。不要用别人的手绢。如果用纸巾擦鼻涕，用后一定扔入垃圾桶，不许扔到地上。

❷ 会开关电灯和冲厕所

让宝宝知道家中每个房间的电灯开关在哪儿，知道晚上进屋时开灯，离开时关灯。让宝宝学会用厕所的冲水器，知道大小便后要冲水，保持便池清洁。

本阶段计划免疫

可以注射甲肝疫苗。甲型病毒性肝炎简称甲型肝炎，是由甲型肝炎病毒（HAV）引起的一种急性传染病。临床上表现为急性起病，有畏寒、发热、食欲减退、恶心、疲乏、肝大及肝功能异常。部分病例出现黄疸，无症状感染病例较常见，病程为2～4个月，一般不转为慢性和病原携带状态。甲型肝炎在流行地区多见于6个月龄后的婴幼儿，随着年龄增长，易感性逐渐下降，所以甲型肝炎在成人中较少见。

甲肝疫苗是用于预防甲型肝炎的疫苗，目前在中国已经成为儿童接种的主要疫苗之一，2008年5月被列入扩大免疫疫苗之一，部分省市已经提供免费甲肝疫苗接种。接种后8周左右便可产生很高的抗体，获得良好的免疫力。凡是对甲肝病毒易感者，年龄在1周岁以上的儿童、成人均应接种。基础免疫为1年剂量，在基础免疫之后6～12个月进行一次加强免疫。

Tips

孩子在发热（37.5℃以上），或者急性病、进行性慢性病等情况下应延缓接种，免疫缺陷或接受免疫抑制剂者、过敏体质者不能接种。

注射疫苗后少数可能出现局部疼痛、红肿，全身性反应包括头痛、疲劳、发热、恶心和食欲下降，一般72小时内自行缓解。偶有皮疹出现，不需特殊处理，必要时可对症治疗。

1岁7个月~1岁9个月育儿重点

正确看待幼儿的逆反心理

1岁半以后，幼儿开始出现逆反心理和行为。对于父母来讲，这个时期的孩子越来越难以管教了。父母的话他几乎一句也听不进去，越来越让父母生气，有时说得口干舌燥孩子也不听。其实，这种逆反行为及心理倒是有助于培养独立意识。幼儿还是挺好教育的，因为他有了是非观，父母需要做的只是讲究一些教育的技巧。

给幼儿立规矩

妈妈准备带孩子去逛商场，商店里有许多漂亮的玩具或者好吃的东西会吸引孩子。因此，在未去之前要和孩子讲好规矩，能遵守就可以去，不遵守就不让去。在商店孩子想要什么先同妈妈讲，妈妈同意才可以买，不可在柜台前哭闹，扰乱公共秩序。可以在家先演习一下，如在桌上摆一个布娃娃，孩子想买布娃娃，妈妈看布娃娃标价180元，太贵了，妈妈钱不够，这次就不能买。孩子虽然不知道180元是多少，但懂得妈妈钱不够，暂时不能买。

如果孩子在商店被玩具吸引站住不走时，妈妈可以停下来陪他看一会儿，告诉他："今天我们是来买水果的，先去水果柜台吧。"经过演习的孩子知道妈妈带来的钱要用来买水果，不能买其他东西，便会顺从地跟着去水果柜台了。妈妈不妨顺便了解一下吸引孩子的是什么玩具，如果是一种值得买的玩具，妈妈可以答应孩子下次再来买，过几天再带孩子买玩具，使孩子知道买东西是要经过筹划的，不能见什么买什么。

给孩子立规矩可以培养孩子抑制欲望的能力，学会按计划办事。如果从小就事事顺着孩子，要什么就买什么，满足不了时孩子就会哭闹打滚，闹得不可开交，将就一次以后再有类似情况就会不好收场了。先在出门之前立规矩，口头讲孩子不容易明白，用游戏演习就十分容易懂，使孩子学会听话和顺从。

提高幼儿的观察能力

碗里放半碗水，先让幼儿摸一下干海绵，再将海绵放入碗中，碗里的水马上没有了。大人用手挤一下海绵，水又流到碗中；再把海绵放进碗里，水又没有了。大人问幼儿："水到哪里去了？"看幼儿能否回答。让幼儿摸一下湿的海绵，如果幼儿还是答不出来，可以换一个玻璃杯，倒入半杯水。先让幼儿摸一下干的小毛巾，再把毛巾折叠放进杯里，杯中的水也没有了，问幼儿："水到哪里去了？"如果答不上来，再把毛巾中的水挤回杯中；挤干的毛巾再放进杯中，水又没有了。如果幼儿能指湿毛巾，应该表扬幼儿："真聪明。"让幼儿摸摸湿的毛巾，告诉他"湿的，有水"，使幼儿明白水被吸到毛巾里了。

这个游戏让幼儿学会了"干"和"湿"两个词汇，并且看到东西把水吸去后，又可以将水挤出来。幼儿通过观察和自己反复练习就会明白水被毛巾或海绵吸去了，用手去挤水又能再流出来。

学习做事巧安排

在洗澡之前，妈妈准备大盆和水，让幼儿帮助拿取用品，如幼儿的毛巾、肥皂、拖鞋、梳子等。刚开始幼儿每次只拿来一种，妈妈应要求幼儿一次同时拿取毛巾和肥皂，下次拿取拖鞋和梳子。妈妈可以先问："毛巾在哪里？""卫生间。"再问："肥皂在哪里？"回答相同，就可以告诉他："毛巾和肥皂都在卫生间，可以同时拿来。"妈妈再问："到哪里拿拖鞋和梳子？"幼儿回答："卧室。"让幼儿同时把这两种东西取来。经过几次练习之后，妈妈只需说一遍要求拿来的东西，幼儿会自己安排去哪里拿、每个地方拿几种，学会快捷方便地完成任务，学会做事巧安排。

知道"我的""你的""他的"

让幼儿先学会用"我"称呼自己，用"你"称呼对方，用"他"称呼第三个人。幼儿最喜欢认鞋，拿幼儿的新鞋问"谁的"？幼儿还不会开口，就会用手拍胸脯表示是自己的；会开口的幼儿会先说名字，"×××的"，大人告诉他说"我的”，用“我”表示自己。再指妈妈的鞋问“谁的”？幼儿可能用手指妈妈，或者说“妈妈的”，妈妈告诉他说“你的”。再指爸爸的鞋问“谁的”？幼儿会说“爸爸的”，妈妈告诉幼儿说“他的”。幼儿较快学会说“我的”，不久也会说“你的”和“他的”。

丰富幼儿的形容词储备

当幼儿说话时帮他加上形容词，如他说：“球。”家长可以补充：“圆圆的球，漂亮的球。”通过这种方法帮助幼儿增加形容词的储备。

区分黄色和白色

让幼儿认识黄色，先与白色区分，再与其他颜色区分。把黄色和白色的珠子放在盘子里，让幼儿挑出白色的珠子，剩下黄色的珠子。先数出有几个黄色珠子，再混入杂色珠子中，让幼儿挑出黄色的珠子，看是不是全挑出来了。幼儿在认识红、黑、白的基础上再认识黄色不会感到太困难。

找相同

在幼儿认识的动物如兔、猫、狗、鸡或认识的用品如杯子、碗、勺子、鞋、袜子等图卡中，先摆出任意3种，在下面再摆出任意3种，两排图卡中有一种完全相同，看幼儿是否能找出来。用过去配对用过的图卡再排列，幼儿就可以多次找出相同的图卡来。在认识的图中多次练习能找出相同的之后，再试认一些过去未见过的新图，每幅图的差别要大些，易于成功幼儿才能有兴趣。

学走木板

将一条宽15厘米、长1米、厚3厘米的塑料板放在平地上，让幼儿练习在木板上行走。两只脚都要踏在木板上面，先练习向前走，到终点后单脚踏稳将身体向后转。在向后转时大人可略微扶持，幼儿可渐渐熟练地来回走。熟练之后练习双手拿玩具走，或者头上顶一本书来回走。

练习套圈

让幼儿站在离长颈鹿玩具30厘米左右的地方，将套圈套入长颈鹿的长脖子上。有些内装电池的长颈鹿在圈套进时会发出笑声，使幼儿十分高兴。幼儿学会后，可逐渐增加幼儿与长颈鹿之间的距离，使幼儿瞄准的能力逐渐提高，并会数出自己套进去几个圈。

如果想将圈套入长颈鹿的脖子，幼儿要先学会估量距离，再练习手的抛投技巧，使手的用力符合与长颈鹿间的距离和高度。这是练习空间知觉与手眼协调的游戏。2岁以内的幼儿能在50厘米远套中一两个圈就很不错了。

听词模仿动作

不断地说出各类能表现动作、表情的词让幼儿模仿，如“倒水”“开汽车”“高兴”“生气”等，也可以大人做动作，让幼儿说词语。

学会区分轻和重

让幼儿爬上凳子，站在凳子上从柜子上取一个勺子和糖罐。当他下来时大人要扶持，看他是否先把东西放在凳子上，再爬下来把两件东西交给妈妈。如果他用手抱着这两件东西爬下凳子，就可能把勺子或糖罐掉到地上。如果糖罐掉下会打碎，可能砸到幼儿脚上，幼儿会受伤。

从高处掉下的东西，重的摔到地上会发出很大的声音，如果砸到脚上会很痛，易碎的东西会打碎；轻的东西掉下发出的声音不大，砸到脚上也不痛。有了多次经验之后，幼儿在拿东西时更加小心，重的东西先放下，再转移体位，方便时再用双手捧起，不让它掉到地上。幼儿有了估计能力，能从以前发生过的事想到会出现的结果，做好防备。

育儿专家答疑

哪些幼儿容易缺锌

先天储备不良、生长发育迅速、未添加适宜辅食的非母乳喂养幼儿、断母乳不当、爱出汗、饮食偏素、经常吃富含粗纤维的食物都是造成宝宝缺锌的因素。胃肠道消化吸收不良、感染性疾病、发热患儿均易缺锌。另外，如果家长在为孩子烹制辅食的过程中经常添加味精，也可能导致食物中的锌流失。因为味精的主要成分谷氨酸钠易与锌结合，形成不可溶解的谷氨酸锌，影响锌在肠道的吸收。

对缺锌孩子首先应采取食补的方法，多吃含锌量高的食物。如果需要通过药剂补充锌，应遵照医生指导进行，以免造成微量元素中毒，危害孩子的健康。大量补锌有可能造成儿童性早熟，当膳食外补锌量每天达到60毫克时将会干扰其他营养素的吸收和代谢；超过150毫克可有恶心、呕吐等现象。

幼儿为什么会厌食

厌食可有多方面的原因：

❶ 疾病因素

由于局部或全身性疾病影响消化系统功能，如肝炎、慢性肠炎等都是食欲减退的常见原因，发热、上呼吸道感染等也有厌食症状。也有的是家长为了给孩子增加营养，准备了大量孩子爱吃的“有营养”的食品，如巧克力、奶油点心、膨化小食品等，在诱导和强制孩子进食这些东西后造成孩子进食紊乱、营养失衡、热能不足或负荷过重，继而发生机能性甚至器质性疾患。

❷ 心理因素

儿童大脑——中枢神经系统受内外环境各种刺激的影响，使消化功能的调节失去平衡，如当孩子犯了过错受到家长严厉的责骂时，孩子的食欲就会受到影响。另外，气候炎热也会妨碍消化酶的活力。有的幼儿以拒食为要挟家长的手段，从而达到自己的目的或满足某种欲望。

❸ 不良饮食习惯

这是当前幼儿、学龄前儿童乃至少数青少年厌食的主要原因。由于直接照看孩子的人教育方法不当，不考虑儿童心理和精神发育特点，采取哄骗、强制、恐吓或在进食时打骂等办法，造成对儿童有害的环境气氛和压力，使儿童的逆反心理和进食联系在一起，形成负面的条件联系，从而对进食从厌烦、恐惧发展到完全拒绝。

❹ 微量元素缺乏

如膳食中铁、锌不足或摄入量不足等。铁在体内参与能量代谢过程半数以上环节的生理活动，铁不足会出现全身多方面功能降低、贫血乃至智能发育方面的迟滞，在消化道则可出现黏膜萎缩、功能低下和食欲缺乏。锌在体内参与多种酶代谢活动，尤其和蛋白质代谢有关。锌参与味觉素的组成，缺锌时口腔黏膜上皮细胞增生并易于脱落而阻塞味蕾小孔，出现味觉下降，不仅“食而不知其味”，而且由于味觉异常会出现异食癖。

❺ 维生素缺乏或过量

维生素在多方面参与肌体代谢过程，维生素长期不足会影响食欲。有的家长认为鱼肝油或维生素A、维生素D是保健补品，多食无妨，以致造成儿童慢性中毒，这也是儿童厌食的原因之一。

厌食的应对方法

厌食如果长期得不到纠正会引起营养不良，妨碍儿童的正常生长发育。但是，也不能过分机械地要求幼儿定量进食。遇到他们食量有变化时，如果营养状况正常，没有病态，不应视为厌食，可观察几天再说。总的来说，健康儿童的进食行为是生理活动，只要从添加辅食开始就注意培养进食的良好习惯，特别是及时添加各种蔬菜，一般不会因进食问题引起营养障碍。有时幼儿会拒绝吃饭，多数情况下这只是一时的现象，家长不必太担心。家长要做的事是为幼儿选择合乎平衡膳食原则的食品，在一天时间内能吃下去就可以了，或者在几天时间内总的水平达到平衡也可以，而不必强制幼儿在某个时间内必须吃多少。如果幼儿有一顿吃得少点，甚至闹情绪一顿两顿不吃，家长不必为此担心，也不要表现出来。如果家长哄骗、答应幼儿的要求或央告幼儿吃饭，就会助长幼儿扭曲的心理，下一步进食就会更麻烦。在进食问题上要坚持原则，但短时间内一顿甚至一天完全不吃饭不会出现健康问题，这顿不吃，下顿幼儿就会自我纠正、按需吃饭。

儿童和大人一样，愿意心情愉快地进食，又由于模仿性强，所以大人吃饭的态度和进食习惯会直接影响儿童的心情和行为。因此，当儿童出现进食紊乱时，首先要追溯家长尤其是直接照看儿童的人的精神心理根源。通过学习基本营养知识，家长自身改变对儿童喂养的认识和掌握合理方法后，完全可能恢复儿童正常的食欲及进食规律，而不必求助于医生和药物。这包括调配儿童膳食，合理搭配食物成分，提高烹调技艺水平，为儿童设计所需的平衡膳食食谱。当然，对确有疾病的儿童应由医生进行检查及调理食谱。

1岁10个月～1岁12个月养与育

生长发育特点

体格发育

2岁时体重增至出生时的4倍（12千克）。牙齿16～20颗，多数宝宝已出齐20颗乳牙。

9市城区男童体格发育测量值（1995年）

年龄组	体重（千克）	身长（厘米）	头围（厘米）	胸围（厘米）
22月龄	12.01±1.26	86.7±3.2	48.2±1.3	48.9±1.9
23月龄	12.29±1.26	87.9±3.2	48.3±1.3	49.1±1.9
24月龄	12.57±1.28	89.1±3.4	48.4±1.2	49.4±1.9

9市城区女童体格发育测量值（1995年）

年龄组	体重（千克）	身长（厘米）	头围（厘米）	胸围（厘米）
22月龄	11.55±1.12	85.8±3.0	47.1±1.2	47.7±1.8
23月龄	11.84±1.11	87.1±3.0	47.4±1.2	47.9±1.8
24月龄	12.04±1.23	88.1±3.4	47.5±1.2	48.2±1.9

运动发育

可以不扶栏杆双脚交替上下楼梯。能连续跑5米～6米。能双脚连续跳跃，但不超过10次。喜欢将手中的物品朝某个目标扔去，并且试着接球。能够单脚站立。能在宽25厘米～35厘米的两条平行线中间不踩线走。如果有大人帮助，可以走过宽18厘米～20厘米、高12厘米、长2米的平衡木。

语言发育

2岁前后能够理解约400个字，但由于表达不清，当别人不理解时会发脾气。如果想缓解宝宝的情绪就要让宝宝多学新词，使亲子双方易于沟通。会用代名词，用“我的”形容自己的东西，问话时会用“我”回答。

心理发育

在和小朋友玩时会有语言的交流，并开始交互性强的游戏，比如互相追逐等。喜欢用洋娃娃等玩具来模仿日常行为，如过家家等。能观察一些社会行为规则，如“红灯停，绿灯行”等交通规则。懂得若干反义词，如大小、上下、里外，通过对比认识事物。能根据颜色、形状和质地来匹配物体。

1岁10个月～1岁12个月养护要点

独立吃饭，学拿筷子

这个月已经有一些宝宝能自己用勺子吃饭，能把碗内的饭菜都吃干净。这样的宝宝就可以优先练习用筷子吃饭。宝宝同大人一起吃饭，看到别人都用筷子，他也很想学着用。开始时只能将饭扒到嘴里，筷子分不开，不会夹菜，通过练习，尤其是看到好吃的东西，手的技巧会进步得很快，就能把筷子分开，连夹带拿把好东西吃到嘴里。宝宝手的模仿能力很强，很快就能熟练地使用筷子了。

人的大脑中操纵手的神经细胞有20余万个，操纵躯干的神经细胞只有5万个，难怪有“心灵手巧”之说。在锻炼手技巧的同时也促进了操纵手的神经细胞的发育和与其他神经细胞的联系，所以锻炼“手巧”也同时促进“心灵”。手的精细技巧很多，如绘画、刺绣、弹琴、打字等，但最容易学的要算练习用筷子了。每天必须锻炼3次，宝宝如果能早一些学用筷子，对将来练习其他技巧就能打下较好的基础。

学穿鞋袜

先学穿袜子。将两手拇指伸进袜口，将袜口叠到袜跟，提住袜跟将脚伸进袜子至袜尖，足跟贴住袜跟，再将袜口提上来。这种穿法能使足跟与袜跟相符，穿得舒服。如果随便套上，袜跟会跑到脚背上，穿得不舒服。

再学穿鞋。大脚趾最长，在脚的里侧，把两只鞋尖的一侧对放在一起，让宝宝认出哪一只鞋应穿在左脚、哪一只鞋应穿在右脚。如果穿反了，鞋尖会压迫大脚趾，走起路来很不舒服。每天起床都让宝宝自己学穿，先穿上袜子再穿鞋，不要光脚穿鞋。

最好让宝宝在2岁前后开始学习穿鞋袜，并学会穿正袜跟和区分鞋的左右。经过练习的宝宝2岁后就能熟练地自己穿鞋袜了。

有龋齿要及时治疗

不少宝宝20颗乳牙还未长齐就已经出现龋洞，牙齿上有小黑点。许多家长对此不重视，以为换牙后就会再长出洁白的恒齿。殊不知，龋洞会深入牙龈，影响还未萌出的恒齿。因为龋洞的侵蚀使牙神经裸露，直接受到冷热刺激，导致有些宝宝在三四岁就会出现牙痛。所以，一旦发现龋洞要尽早去医院修补，使龋洞不至于扩大。

确保宝宝的乘车安全

❶ 正确选用安全座椅

购买安全座椅时要选择功能完整、经过安全测试且适合宝宝年龄、身材大小的产品。后向式安全座椅是为6个月以内或体重12千克以下的宝宝专门设计的，由于这个时期的宝宝，头部重量相对于身体较重，且脊柱发育不完善，采用这种方式的坐姿可以最大限度地保护宝宝。当宝宝可以坐直身体，并能挺直脖子的时候（1岁以上为佳），可选用前向式安全座椅。4～12岁的宝宝可使用儿童增高座椅并系好儿童安全带。

❷ 不要让宝宝自己开关车门

车门一般都具有一定的重量，虽然大多数的车门有两段式开合设计，但这是专为成人设计的，主要目的是避免下车时一下子就把车门推到全开而碰到行人。而宝宝力气小，车门开启时如果推不到定位，车门就会微微回弹，这样的力度对于身单力薄的宝宝来说很有可能夹伤他们的手指。因此，父母应该亲自下车给宝宝开车门、关车门。如果宝宝执意要自己开关车门，父母也要在旁边做好协助工作，避免意外的发生。

确保宝宝从人行道这一侧下车，并每一次在打开车门前，父母都要确定没有危险再让宝宝下车。

❸ 不要让宝宝把头探出天窗

现在有很多年轻的家长购买了带天窗的车，天气晴好时总喜欢打开天窗行驶。宝宝出于好奇，总想把头伸出窗外，家长一定要制止这种行为。因为在行驶过程中任何一个紧急刹车都可能对宝宝造成很大伤害，即使停车后让宝宝把头伸出天窗玩耍，也有可能出现引擎熄火后天窗自动关闭的情况而夹伤宝宝的头部。而且，宝宝如果想把头探出天窗就需要站在座椅上，万一车子突然启动也是很危险的。不要忘记按下安装在内门的安全插栓，以防宝宝在行驶过程中将手伸出车窗外。

❹ 掌握让宝宝安坐车内的诀窍

- 给宝宝准备几个他平时最喜爱的玩具，吸引他的注意力。可以考虑把玩具拴在衣钩或是把手上，以免滚到地上或座位下面。

- 给宝宝准备几盘他喜欢的音乐CD或者故事，行驶途中放给他听，让他安静一会儿。

- 设计一些有趣的游戏，在旅行途中和宝宝玩耍，让他的旅行变得充满了趣味。
- 最好有专人照顾宝宝，这样既不影响父母开车，又可顾及宝宝的情绪。
- 选择合适的时间出行，比如每天早点出发，或是在夜间旅行。避免在一天中最热的时候走长途，以免宝宝中暑。如果车里温度过高应及时打开空调。
- 车里开空调时宝宝容易出现隐性脱水，因此，应在车内准备好水和食品，让宝宝按时喝水。
- 尽可能多带些衣服，可以用来防寒，或者叠了给宝宝当枕头，当宝宝衣物脏了也可以及时更换，防止他因为大小便弄脏衣服而有不舒适的感觉。
- 每隔一段时间找个合适的地方停下车，让宝宝下来跑一跑，活动一下筋骨，防止他烦躁。
- 当宝宝出现情绪无法控制时，应将汽车慢慢停到路边，想办法等他平静下来再继续行驶。

Tips

如果车内带有自动锁，就不能把宝宝独自留在车内，否则意外出现时可能会导致宝宝无法脱身。

⑤ 乘坐公交车或地铁的注意事项

- 最好尽量避免在公交车运行高峰期，如上下班、节假日期间带宝宝乘坐公交车或地铁。
- 带宝宝外出乘坐公共交通工具时，最好用育儿带或者专用背包将宝宝背在后背包里或吊坐在父母胸前。这样既可保证宝宝处在一个比较舒服的体位，父母也能腾出双手在必要的时候保持平衡，并可做些别的事情，提高安全系数。

适合幼儿的菜肴烹制方法

适合幼儿膳食常用的方法主要有：蒸、炒、烧、熬、氽、熘、煮等。

❶ 蒸菜法

蒸出的菜肴松软、易于消化、原汁流失少、营养素保存率较高，如蒸丸子，维

生素B_1保存率为53%，维生素B_2保存率为85%，烟酸保存率为74%。

❷ 炒菜法

蔬菜、肉切成丝、片、丁、碎末等形状和蛋类、鱼、虾类等食物用旺火急炒，炒透入味勾芡能减少营养素的损失，如炒小白菜，维生素C保存率为69%，胡萝卜素保存率为94%；炒肉丝，维生素B_1保存率为86%，维生素B_2保存率为79%，烟酸保存率为66%；炒鸡蛋，维生素B_1保存率为80%，维生素B_2保存率为95%，烟酸保存率为100%。

❸ 烧菜法

将菜肴原料切成丁或块等形状，然后热锅中放适量油，将原料煸炒并加入调料炒匀，加入适量水用旺火烧开、温火烧透入味，色泽红润，如烧鸡块、烧土豆丁等。

❹ 熬菜法

将炒锅放入适量油烧热，用调料炝锅，投入菜肴原料炒片刻后，添适量水烧开并加入少许盐熬熟，如白菜熬豆腐、熬豆角等。

❺ 氽菜法

将菜肴原料投入开水锅内，烧熟后加入调味品即可。一般用于汤菜，如牛肉氽丸子、萝卜细粉丝汤、鱼肉氽丸子、菠菜汤等。

❻ 熘菜法

将菜肴原料挂糊或上浆后，投入热油内氽熟捞出，放入炒锅内并加入调料及适量水烧开勾芡或倒入提前兑好的调料汁迅速炒透即可，如焦熘豆腐丸子、熘肉片等。

❼ 煮菜法

将食物用开水烧熟的一种方法，如煮鸡蛋、煮五香花生等。

1岁10个月～1岁12个月育儿重点

对幼儿进行道德启蒙

经常给幼儿读故事，通过故事教会幼儿分清善恶和好坏。幼儿最先从大人的表情中知道应该同情谁，例如丑小鸭小时候特别难看，鸡不喜欢它，鸭也不喜欢它，它找不到朋友十分寂寞，这时幼儿的脸上也出现悲伤的表情。后来丑小鸭长大了，它遇到美丽的白天鹅，本想躲开，当它低头一看，自己在水中的影子也同天鹅一样漂亮时，它太高兴了，跟着美丽的天鹅一起学习飞翔，这时幼儿也变得高兴起来。幼儿同情丑小鸭，为它没有朋友而难过，又随着它变美丽而喜悦。

朗读《小兔子乖乖》时，幼儿明显地喜欢小兔子，憎恨大灰狼。以后再读故事时幼儿会着急地问："他是好人还是坏人？"大人故意不答，让幼儿自己去猜，故事还未讲完幼儿就能分清谁是好人、谁是坏人。幼儿会同情好人，虽然好人经受磨难，但是好人能克服困难，能战胜坏人。幼儿分清了好坏之后会逐渐学习好人的好品德，这是道德的启蒙教育，可以在2岁之前，即在幼儿能理解之时就抓紧教育。

变发脾气为讲道理

发脾气是幼儿在2岁前后常出现的行为，或者是一种同大人玩的游戏。他要求大人满足其要求时有时会通过发脾气来达到目的，如果大人不同意，他会哭闹试试大人的耐受限度。这时大人如果生气，对幼儿采取惩罚的办法或干脆动手打幼儿，会给幼儿留下不良的记忆，甚至影响父子或母子间的关系。比较好的办法是大人离开一会儿，因为旁边没有人，幼儿发脾气就不起作用了。大人可以去做其他事，等幼儿情绪平静下来再给他讲明道理。告诉幼儿有什么要求可以直接讲出来，大人考虑是否合理，合理就给予满足，如果不合理就不能同意他的要求并讲明理由，幼儿不应用发脾气的方式来提要求。

自己的东西自己整理

让幼儿练习收拾自己的东西，知道衣服应当怎样摆放，要用时应到哪里去找，养成整齐有序的习惯终身受用。妈妈同幼儿一起收拾柜子，把幼儿的上衣放到上格，将厚的上衣和罩衣放在下面，把薄的衬衫和内衣放在上面；再把幼儿的裤子放到下格，将厚的放在下面，薄的放在上面。把幼儿用的小东西放在抽屉里，袜子放在一边，帽子和手绢放在另一边，一边放一边说物品的名称。在换季时要把不用的东西包起来放在最高一格，以便常用的东西拿取方便。幼儿随同妈妈一起收拾整理过自己的东西，准备洗澡时就可以自己去拿要穿的衣服。从阳台收取洗干净的衣服，学会叠好，分别放进柜子里。

培养幼儿的办事能力

有些居民小区在院门口设有传达室，信件、报纸或者牛奶都可以到传达室取，2岁左右的幼儿可以完成这些简单任务，如每天下午定时到传达室取信件、报纸或牛奶等。高层楼房的电梯，幼儿经过几次练习就能自己上下操纵自如。楼层不太高的可由父母护送下楼，让幼儿自己试着完成一两项任务，经过练习幼儿就能应付自如。父母要给机会让幼儿试着完成一项任务，幼儿路过传达室时会问一句："有没有我家的信？"管理人员问："你爸爸叫什么？""×××。"幼儿回答正确就能办妥。管理人员会想办法帮助幼儿，彼此很快熟识，使幼儿完成任务更加顺利。

幼儿学会取信件或学会取奶、取报，通过同大人对话而办成一件事就能获得自信，愿意同不熟悉的人交往对话，能提高交往能力。现在独生子女在家受的保护太多，不敢见生人，更不敢同生人对话。如果从较小的年龄开始就有机会与人交往，有机会单独完成某一项任务，这对培养幼儿的表达能力、办事能力大有好处。

练习倒水入瓶

拿两个瓶口直径约2.5厘米的瓶子，练习把一个瓶子装满水再倒入另一瓶中而不洒漏。未学会之前可在洗脸盆中练习，以免将水洒到地上。洒漏较少后可以在较浅的盘子上练习，倒水更加方便。熟练之后可进一步练习将小碗中的水倒入瓶中而不洒漏。将瓶中水倒入另一个瓶中较为容易，而将口径较大的碗中水倒入瓶中而不洒漏就较困难。幼儿可以通过练习，学会将碗边靠近瓶口，使水更容易倒入瓶内而不洒漏。

说出物品用途

选择一些幼儿熟悉的日常生活物品和玩具，如茶杯、梳子、牙刷、毛巾、玩具娃娃、玩具小汽车等，让幼儿说出它们的名称和用途，并帮助幼儿给它们分类或配对。

学习蔬菜名称和颜色

妈妈买菜回家后让幼儿拿出篮子里的蔬菜，边拿边学认蔬菜的名称。幼儿爱吃黄瓜，妈妈一面给幼儿拿一面说：“黄瓜是绿色的。”然后从篮子拿出绿色的韭菜、油菜或者小白菜，再挑出不是绿色的菜，如胡萝卜和西红柿，还有红皮的大萝卜和白皮的大萝卜。让幼儿一面拿一面认，将不同颜色的蔬菜分开并摆好。妈妈坐在矮凳上当卖菜的，幼儿提篮子来买菜，能说出菜名的菜就可以买，看幼儿能买到几种蔬菜，其中哪几种是绿色的。幼儿最先会说的是自己爱吃的菜，说上几种都应鼓励。

双脚交替上下楼梯

在1岁半前后，幼儿先学会交替双脚上楼梯，两三个月后再学双脚踏一级台阶慢慢下。住楼房的幼儿2岁前基本学会交替双脚扶栏杆下楼梯。幼儿上下楼梯要有大人监护，不要让幼儿单独在楼梯上玩耍，以免发生意外。在下楼梯时，幼儿要探头看路，身体垂直，身体重心前移容易向前摔倒。大人要走在幼儿前面，才便于保护。如果大人跟在后面，万一幼儿向前摔倒会因来不及扶持而出现意外。

学穿小珠子

从这个月开始可以教幼儿穿小一点儿的珠子。准备一根细绳和带眼的珠子数颗，让幼儿将细绳穿入珠子的小孔里，并在珠子的另一侧将穿过的细绳捏取出来。这个动作需要反复练习，逐渐加快速度，提高准确性。

玩球

让幼儿练习同大人互相滚球，幼儿还不会向远处抛球，先学将球放在地上向一个方向滚动，如果球碰到墙会弹回。幼儿同大人互相滚球，或向一个目的地滚球，有来有回比单独玩更有意思。幼儿都喜欢踢球，也可以让幼儿练习踢球。与大人互相踢球，或向墙踢球，当球被墙壁弹回来就可以继续玩。

育儿专家答疑

宝宝夜间磨牙是病吗

夜间磨牙是一种现象，不一定就是病，情绪过度紧张或激动、不良咬合习惯、肠道寄生虫感染等往往会增加夜间磨牙的次数。但是，严重的夜间磨牙会加快牙齿的磨耗，出现牙齿过度敏感的症状，甚至造成牙周组织损伤、咀嚼肌疲劳及颞颌关节功能紊乱。夜间磨牙的防治应从病因入手，方能收到好的效果。

- 消除宝宝的紧张情绪。
- 养成良好的生活习惯。起居有规律，晚餐不宜吃得过饱，睡前不做剧烈运动，特别应养成讲卫生的习惯。
- 怀疑有肠道寄生虫者应在医师指导下进行驱虫治疗，减少肠道寄生虫蠕动刺激肠壁。
- 纠正牙颌系统不良习惯，如单侧咀嚼、咬铅笔等。

PART 03

习惯培养

亲子阅读

饮食均衡

沟通交流

入园准备

2~3岁
幼儿的养与育

在孩子成长的过程中，父母应该做孩子优点的发现者和创造者。根据孩子的性格特点，找到适合孩子的教养方式，让孩子健康、快乐成长。

2岁1个月～2岁3个月养与育

生长发育特点

体格发育

2岁后体重增长比较稳定，一直到青春前期。

9市城区男童体格发育测量值（1995年）

年龄组	体重（千克）	身长（厘米）	头围（厘米）	胸围（厘米）
25月龄	12.72±1.28	89.8±3.4	48.4±1.2	49.4±1.9
26月龄	12.87±1.29	90.5±3.4	48.5±1.2	49.7±1.8
27月龄	13.02±1.31	91.9±3.4	48.7±1.2	49.9±1.9

9市城区女童体格发育测量值（1995年）

年龄组	体重（千克）	身长（厘米）	头围（厘米）	胸围（厘米）
25月龄	12.16±1.23	88.7±3.4	47.4±1.2	48.2±1.9
26月龄	12.29±1.25	89.3±3.4	47.5±1.2	48.5±1.9
27月龄	12.52±1.25	89.9±3.5	47.8±1.2	48.7±1.9

感知觉发育

两眼调节作用好，视力达0.5。能识别物体的大小、距离、方向和位置。可区别竖线与横线。能通过接触来辨别物体软、硬、冷、热等属性。

运动发育

走在路上不愿大人牵着，而是自己蹦蹦跳跳，时而蹲下去捡块小石头，再扔出去。喜欢创造一些运动游戏，乐于探索各种移动身体的不同方法，如小兔子跳跳、小鸭子摇摇摆摆。当听到踢球的命令时会主动起脚踢球，踢球时身体不再失去平衡。在大人的指令或示范下能取球举手过肩，且将球向大人的方向抛出。能投100克重的沙包大约1米远。

能搭6～7块积木，且不倒下来，还能用积木摆火车。能用拇指和其他手指拿笔，而不再像以前那样大把抓握，出现比较成熟的握笔姿势。能模仿画竖线和圆圈，但画的圆可能弯弯曲曲，甚至没有闭合。会洗手并用毛巾擦干。

语言发育

2～3岁的宝宝已进入口语表达飞速发展的时期，这个阶段宝宝的语言能力会产生一个质的飞跃。他们有了更多的生活经历和对万事万物的认识，逐渐能够把话说完整，而且比较有条理。能说出2句或2句以上的儿歌。经常模仿大人讲话，重复大人讲过的话，发现一个新的词语时非常高兴，喜欢反复说，并会说给大人听。

说到自己时能正确地用代词“我”，而不是用小名表示自己。在说到第二人称时能正确地用“你”表示，而不再用“妈妈”“爸爸”等。能告诉大人要喝水、大小便、吃饭等。能用语言表达自己的体验，如说“我在玩”“我在吃饭”等。

对四周环境感兴趣，能提出许多问题，爱问“这是什么”“那是什么”等。家长带宝宝到户外散步或活动时可以就看见的情景提问，让宝宝回答，这非常有利于宝宝语言表达能力的发展。在家长的引导下，宝宝会越来越爱向家长提问。

注意宝宝说话时缺乏哪个辅音或说错哪一个音。有些音宝宝常分辨不清，如

“姥姥”和“挠挠”“四”和“十”等，大人慢慢讲让宝宝听清楚后他会自动纠正。

心理发育

能说清楚父母姓名、家庭住址（包括小区名称和门牌号），也会背出家庭电话号码。会正确地自我介绍，说“我是××”。喜欢书中或现实生活中的某一个角色，并模仿这个角色的动作、表情，喜欢玩扮演游戏。玩耍时常常是单独玩，看见别人玩时能过去，会帮助别的小朋友放好玩具。与父母的交流开始减少，渐渐表现出与其他同龄宝宝交往的兴趣。对小动物表现出特别的喜爱，会在一旁观察小动物很长一段时间。

对学习字母和数学兴趣极大，开始懂得计数，是培养计数能力的重要时期。数是抽象的概念，要用很具体的办法才能让宝宝理解。通过游戏边看边做会使难懂的问题易于理解。听到别人提及某个事物的名称时便把注意力转向这个事物。

2岁后在活动中注意力集中的时间较以前延长，可以达到10～15分钟。2岁以后宝宝进入秩序敏感期，对秩序性、生活习惯、所有物有所要求，需要一个有秩序的环境来帮助他认识事物、熟悉环境，一旦所熟悉的环境消失或者改变就会令他无所适从。能区分冬天和夏天，并能根据明天和今天的概念理解昨天。

2岁以后，宝宝进入模仿和创造能力飞速发展的阶段。他开始惟妙惟肖地模仿家庭成员的一举一动，他能像爸爸一样站立、行走，能像妈妈一样说话、微笑。他会越来越巧妙地摆弄玩具，并能用形容词组词造句。

2岁1个月～2岁3个月养护要点

2～3岁每日饮食安排

每日食物摄入量

粮食	150克
牛奶	400毫升～500毫升
肉	85克
鸡蛋	1个
蔬菜	75克
豆制品	20克
水果	50克
油	10毫升
糖	15克～20克

2岁的宝宝消化功能还不强，过于粗大的食物会引起消化不良。因此，家长不要认为宝宝可以吃大人的饭了，要按照2岁宝宝的咀嚼能力和消化能力来制作适合的饭菜。

早餐(早上7：00～7：30)：200毫升配方奶，一碗用25克大米做成的肉末(或南瓜、燕麦、蔬菜)粥。

点心(上午9：30)：蒸鸡蛋一个，小包子或小花卷、小馒头一个，半个水果。

午餐(中午12：00)：米饭75克，肉(猪、鸡、鱼)25克，可以做成肉丝和丸子，蔬菜50克～100克。

点心(下午3：00)：半个到一个水果。

晚餐(晚上6：00)：米饭（或饺子、云吞）75克；肉类25克；蔬菜25克～50克。

睡前（晚上9：00）：200毫升配方奶。

最好每天吃20克豆腐或豆芽，每周保证吃1～2次动物肝类或动物血。

三餐两点定时定量

胃的容积会随年龄的增长而逐渐扩大，3岁时约为680毫升，一般混合性食物在胃里经过4小时左右即可排空，因此，两餐之间不要超过4小时。胃液的分泌随宝宝进食活动而有周期性变化，所以不要暴饮暴食，以养成定时定量饮食的习惯。1～3岁的宝宝每日应安排早、中、晚3次正餐，上、下午再各加餐1次。一般三餐的适宜能量比为：早餐占30%，午餐占40%，晚餐占30%。

宝宝胃腺分泌的消化液含盐酸较低，消化酶的活性也比成人低，因而消化能力较弱，所以应给宝宝吃营养丰富、容易消化的食物，少吃油炸和过硬的刺激性食物。米饭要比成人的软一些，菜要切得碎一些。

年龄越小肠的蠕动能力越差，因此，宝宝容易发生便秘，要经常给宝宝吃富含膳食纤维的粗粮、薯类，以及蔬菜、水果。粗粮宜在2～3岁时正式进入宝宝的食谱，这时宝宝的消化吸收能力已发育得相当完善，乳牙基本出齐。进食粗硬些的食物还可锻炼他们的咀嚼能力，帮助宝宝建立正常的排便规律。然而，粗粮并没有广泛地进入家庭餐桌，许多家长分不清高粱米、薏仁米，也不知道用大豆、小米和白米一起蒸饭能大大提高营养价值。其实，家中常备多种粗粮杂豆，利用煮粥、蒸饭的机会撒上一把，这是吃粗粮最简便的方法。

另外，宝宝的肾功能较差，饭菜不宜过咸，以防止钠摄入过量，降低血管弹性。

养成提早如厕的习惯

从2岁起要培养宝宝少尿或者不尿裤子的能力，为上幼儿园做准备。用画正字的办法使宝宝不至于因贪玩而忘记提早如厕。在宝宝玩的地方挂一张月历，旁边放一支笔，宝宝如果来不及上厕所把裤子尿湿了，就在当天日期下面画正字，看看今天尿湿几次。宝宝很在乎每一画，他会自觉地提早如厕以减少正字。冬天穿得较多，必要时可以帮助宝宝脱穿裤子。如果宝宝能事先警觉，找人帮助，而且能忍耐到脱下裤子才尿尿，就是很大的进步。经过一两个月的时间，通过画正字的办法就可以防止白天尿裤子了。

语言发育慢可能与听力有关

婴幼儿的听力与语言发育相关。如果宝宝2岁时还不会表达自己的需要，也不能理解大人的话，很可能存在听力问题，父母最好带宝宝去医院进行检查。有的宝宝能听懂大人说的话，但就是不开口说话，不用语言表达自己的需要，这种情况就不是听力原因造成的，只是宝宝说话早晚的问题。

3岁以下的宝宝最好不用油画棒

铅笔和中国画颜料中都含铅，而油画棒原料中含有一定量的可溶性重金属元素，如铅、钡、铬、锑、镉、汞、砷等，如果在不知不觉中摄入这些重金属元素，会在一定程度上对人体产生危害。宝宝很喜欢撕油画棒上的包装纸，撕下来后直接用手接触油画棒，有的甚至把油画棒放入嘴里，摄入的重金属会更多，如果过量摄入会造成重金属中毒。因此，3岁以下的宝宝最好不要使用油画棒、彩色铅笔和中国画颜料。

如果要使用油画棒，应到正规的商场或美术用品专卖店购买，批发市场的产品质量有时难以保证。家长在购买时应注意其包装上的标志是否齐全，有无产品名称、厂家厂址、安全标志等，目前安全标志主要有CE、CP两种。看清油画棒有无警示语，适用年龄段等标注。使用后及时将宝宝的手洗干净，以免在吃东西时将重金属摄入体内，危害健康。

本阶段计划免疫

宝宝2周岁时应该进行一次乙脑疫苗的加强注射。

2岁1个月～2岁3个月育儿重点

学会自我介绍

教会幼儿清楚地进行自我介绍，这是很重要的安全教育，以防万一与父母失散时能较快地得到帮助，找到父母。可以通过玩“上幼儿园”的游戏来学习，妈妈当阿姨，幼儿从门口进来，先鞠躬说：“阿姨好。”问：“你叫什么名字？”“我叫×××。”声音洪亮清楚。问：“你几岁了？”“我两岁。”问“你爸爸叫什么名字？”或“你妈妈叫什么名字？”“你家在哪里？”回答要求包括地区、街、小区、门牌号，如“我家在北新桥东羊管胡同28号。”或“我家在和平里五区16号楼7门502室。”问：“你家电话号码是多少？”答：“64034690。”幼儿几乎都能背出自己家中的电话号码。如果哪个问题回答不清楚可以当时纠正。问话完毕一定要表扬：“你回答得很好，下次记住说清楚……再见。”让幼儿说完“再见”再鞠躬出门口，要让幼儿习惯于对长辈行礼问好，离开时要行礼说“再见”，养成良好的习惯。幼儿如果不记得其中某几项，可以隔一两天再玩这个游戏。

让幼儿学会等待

2岁幼儿要学会等待，等待需要有耐心，能耐下心来、心平气和才能解决问题。父母要尽量缩短让幼儿等待的时间，不让他烦恼。等待要有合理的限度使幼儿感到可以接受而不至于过度疲劳。如果不得已要等待较长时间，则应安排一些快乐的游戏以分散幼儿等待时的注意力。对于不可避免的失望可用幽默的态度泰然处之，使幼儿学会承受一定的挫折，性格逐渐成熟起来。

听幼儿讲话要耐心

2岁左右的幼儿常常会讲一些他自己还不懂的词，来表达他不知道应当怎样讲的意思，使人十分费解。妈妈有时会批评："谁知你在说什么，尽说些没人懂的话。"使幼儿不敢再说什么，心中想表达的意思更无法讲出来。如果大人态度改变一下，对他讲出的词加一点解释，或者再应和一下："呀，真是……"等他继续讲下去，用"唔""好的"或用表情去鼓励他，使他感到大人在听他讲话，他会努力讲得清楚一些，家长可帮助他把句子说完整。

鼓励幼儿说话，用善于理解的心态去听，帮助幼儿把想说的词讲出来，对幼儿的语言发育大有好处。幼儿的语言能力，不必与其他同龄幼儿比较，但要每个月同他自己比，记录下来他会讲或者讲得好的一两句话，这样会看到幼儿每天都在进步。

Tips

该年龄阶段是幼儿探索力、创造力发展的重要时期，会有许多稀奇古怪的想法，父母应该鼓励和表扬幼儿的这些想法，并支持幼儿去探索。当幼儿提及有关科学方面的问题时要用幼儿能够听得懂的话回答。

育儿方式影响幼儿性格

人的性格并非一成不变，可一旦形成就有相对的稳定性。一般来说，3岁的幼儿在性格上已有了明显的个体差异，且随着年龄的增长，性格改变的可能性越小。因此，培养幼儿性格的关键取决于这个时期的养育方式。

幼儿性格的形成与早期生活习惯有密切关系，这一点尚未引起人们足够的重视。常听到有的父母抱怨幼儿天性胆小、娇气，殊不知，恰恰是家长自己无意中以错误的育儿方式养成了幼儿的这种毛病。实际上，培养幼儿性格品质要从小抓起，从建立良好的生活习惯着手，如饮食、睡眠、排泄安排、自理能力训练等，这些先入为主的习惯就是幼儿日后的习性。

父母的情感态度对幼儿性格的导向作用十分重要。现代父母的情感流露比以往来得更直接，频率和强度更高，这样会使幼儿变得非常脆弱和具有依赖性，在娇宠中变得批评不得，甚至父母的声音稍高一点，幼儿也会因此受惊而大哭不止，显示出脆弱的性格特征。一般情况下，娇气脆弱的幼儿常缺乏足够的心理承受力，一旦受到挫折极容易出现心理障碍。

另外，如今独生子女多，父母的悉心照顾表现在各个方面，如替幼儿包办的事情过多，对幼儿的正常活动限制过多等。父母过分“担心”的心理，不可避免地通过言谈举止显露出来，对幼儿起到暗示作用。不少父母在幼儿想参加某项活动之前，总是向幼儿列举种种危险，结果使幼儿产生了恐惧的心理，并因此畏缩不前。年龄越小的幼儿越容易接受暗示，父母的性格特点极易潜移默化地传导给幼儿。

现在的父母还往往把幼儿的身体健康寄托在各种食品和药品上，而不是让幼儿在阳光、新鲜空气和户外运动中锻炼身体。一般体弱多病与性格懦弱之间存在着一定的内在联系，因为病儿会受到父母更加细心的照顾和宠爱，这便成为了助长软弱性格的温床。这种保护过度的育儿方式，会使幼儿的性格具有明显的惰性特征，表现为好吃懒做、好静懒动，缺乏靠自身能力解决问题的内在动力。

练习奔跑

妈妈同幼儿在阳光下玩耍，让幼儿追踩妈妈的影子。妈妈可以向不同的方向躲闪，让幼儿在阳光下跑来跑去。这个游戏最好在秋天太阳晒得暖和时玩，不宜在夏天太热时玩，以免幼儿中暑。深秋或初冬季节同幼儿在阳光下玩，可以让幼儿的皮肤晒到太阳，太阳的紫外线晒到皮肤能合成维生素D，预防佝偻病。

这个奔跑游戏可以强健肌肉和筋骨，阳光晒皮肤合成的维生素D可以储存在皮下和肝脏，留待冬季所需。2岁时踩影子与1岁半时追光影不同，1岁半时是练走，2岁后练跑，速度要求不同。

打电话游戏

打电话游戏是一种语言复述游戏，妈妈假装打电话给孩子，说一段话，再让他把这段话转达给爸爸，复述的句子根据幼儿的发展水平从短到长，不一定要求复述完整，主要是激发他说话的兴趣，锻炼他重复句子的能力。

学会比较多少

先在一边放1块积木，另一边放2块，幼儿会很快说出2块的多。再在一边放1块，另一边放3块，幼儿也能指出3块的多。家长可以继续试放2块与3块、2块与4块等，幼儿也会看出哪边多。如果看不出，可作一对一排队，看哪一边长出来。最后，两边都放2块或3块，幼儿看不出来哪边多。他也会用排队的办法去比较，结果两边一样长，没有哪一边多出来，这时可告诉幼儿“两边一样多”。

练习接球

找一条长方形的毛巾，大人和幼儿用双手分别握着毛巾的一角，把球放在毛巾中央。两人一起将毛巾抖一下使球跳起来再接住，或者将毛巾向一个方向倾斜使球滚到最低点再把球救起。两人合作使球在毛巾中到处滚动或蹦跳，但不掉到地上。玩得熟练之后可让幼儿去同其他小朋友一起玩。

同幼儿来回滚球，要求幼儿把球接住而避免球滚远了再跑去捡回来。幼儿学会很快接到滚球后，再教幼儿接住扔到地上反跳起来的球。从地上反跳起来的球比直接抛来的球速度缓和，容易接住。

幼儿应该多在户外活动，玩球是户外活动最有趣的游戏之一。游戏从静到动，渐渐让幼儿捡球学跑，也要学会预测球的方向，提高接球技巧而减少跑动的辛劳。

给玩具娃娃穿脱衣服

买一个可以更衣的娃娃，购买或者自制一些易于穿脱的娃娃衣服供幼儿练习。衣服尽量宽大，前面有几颗扣子或有拉锁，不宜用系带的衣服，因为幼儿要到5岁时才会解系活结，也可用松紧带或粘扣。

让幼儿提出给娃娃换衣服的理由，如要上街、要洗澡或者天气冷了要穿厚衣服等。如果开始有困难，大人先帮助幼儿给娃娃脱去第一只袖子，其余由幼儿自己想办法完成。练习解扣和系扣，幼儿会拉开拉锁，但拉锁末端不会合上，要大人帮助。

通过替娃娃更衣练习穿脱衣服的步骤和每一个细节，如解系扣子、拉开或合上粘扣等。每一种技巧都对幼儿自己穿脱衣服有用，这是培养自理能力的游戏。让幼儿在游戏时懂得不同情况下应穿不一样的衣服。

学会拿取最大数

在一堆积木或珠子当中让幼儿分别拿取2个、3个、4个，看幼儿最多能拿取几个。如果幼儿拿了3个，大人从中拿掉1个，问："现在还有几个？"再拿掉1个问，看幼儿能否答对，然后再放回去1个，问："现在是几个？"再放回1个，再问，看幼儿是否答对。多数2岁幼儿会拿3个，2岁3个月左右能拿4个。

育儿专家答疑

宝宝怎么变得口吃了

大多数2～3岁的宝宝在某一段时间内想的与讲的不一致，偶尔会重复某一音节，这种情况常出现在妈妈离开、换保姆或换环境等状况下，宝宝情绪上产生焦虑不安的时候。如妈妈带宝宝见到阿姨要打招呼时会“阿……阿……阿”说不上来，这时不要勉强他说，先让他坐下来吃早饭，或者玩一会儿，心情舒畅之后讲话会恢复正常。大人先不要紧张，让宝宝多与别的宝宝接触，多做动手强、讲话少的游戏，大人尽可能陪宝宝玩，偶尔出现的口吃现象会自然消失。如果大人逼着他说，宝宝会感到自己语言有问题，有了自卑感，大人越纠正情况会越严重。

有些家长发现宝宝口吃会大惊小怪，马上带宝宝找语言专家做纠正治疗，无异于给宝宝戴上“语言缺陷”的帽子。其实这种偶然出现的重复发音会自然消失，妈妈多一些关怀，生活上规律一些，就会减少宝宝的紧张和压力，宝宝心情舒畅就恢复得快。

宝宝生病不肯吃药怎么办

年轻父母常常为幼儿不肯吃药而苦恼，幼儿吃药时经常哭闹，灌进去又吐出来，连奶和饭也连带吐出来，难怪不少家长宁愿让医生打针也不愿意给幼儿喂药。

婴幼儿有灵敏的嗅觉和味觉，很容易把药物辨认出来，因此给幼儿吃药要讲究方法。每次量要少，用勺子送入口腔待下咽后再取出。幼儿在吞咽时会反流可顺势把药接住，要教导幼儿把药咽下后再给好吃的，鼓励幼儿赶快咽下药物，尽量不用灌药法。幼儿顺利地吃掉药物要及时给予表扬，有过几次成功的经历，幼儿就不害怕吃药了。

2岁4个月～2岁6个月养与育

生长发育特点

体格发育

9市城区男童体格发育测量值（1995年）

年龄组	体重（千克）	身长（厘米）	头围（厘米）	胸围（厘米）
28月龄	13.17±1.4	91.9±3.6	48.8±1.2	49.9±1.8
29月龄	13.32±1.33	92.6±3.5	48.9±1.2	50.1±1.8
30月龄	13.56±1.33	93.3±3.5	49.0±1.2	50.3±1.8

9市城区女童体格发育测量值（1995年）

年龄组	体重（千克）	身长（厘米）	头围（厘米）	胸围（厘米）
28月龄	12.58±1.33	90.6±3.5	47.8±1.2	48.8±1.9
29月龄	12.78±1.33	91.4±3.6	47.9±1.2	49.0±1.9
30月龄	12.97±1.33	92.0±3.6	48.0±1.2	49.2±1.9

运动发育

有较好的平衡能力，可练习走短的平衡木。能够双脚连续向前跳3米~4米远，原地跳10~20次。喜欢玩更刺激的游戏，对脚踏的三轮车很感兴趣，能很快学会而且骑得很快。

握笔姿势较以前正确，会画规则的线条、圆圈等。手指的操作常与想象力结合，在画画、雕塑、捏面团时会表现自己的想法。能将纸叠成方块，边角基本整齐。在大人的鼓励下可以用10块积木搭高楼或电视塔。

心理发育

给宝宝看18张他熟悉的图片，能正确说出其中10张图片的名称。

2岁4个月～2岁6个月养护要点

教宝宝解扣子、系扣子

练习解、系扣子一方面可以让宝宝早日学会自己穿衣，另一方面也训练了宝宝手眼协调能力，使手的技巧得到长进。找一件有扣子的衣服让宝宝练习，先将扣子从扣眼后面插入，从衣服的正面把扣子取出，就是系扣子。再将衣服正面已扣好的扣子插入扣眼内，从衣服反面把扣子取出，就是解扣子。两岁半的宝宝容易学会解扣、系扣，尤其会解系胸前的扣子。宝宝不会解、系领扣和够不着的扣子，因此应避免为宝宝购置在背后开口的衣服，以免穿脱困难。宝宝比较喜欢解摁扣儿，因为摁扣儿光滑，容易学会。

果汁不能代替水果

从新鲜水果中压榨出来的果汁，具有水果的色、香、味，深受宝宝的喜爱。但果汁并不能代替水果，家长要尽量鼓励宝宝食用整个水果，这不仅可以锻炼和增进宝宝的整个消化系统功能，而且永远是营养学上最好的选择。因为果汁中基本不含纤维素，在压榨水果过程中使其中某些易氧化的维生素遭到破坏。如果是购买的果汁成品，则其中添加的甜味剂、防腐剂、使果汁清亮的凝固剂等随时间加长均对其营养质量产生一定的影响；加热的灭菌方法也会使水果的营养成分受到损失。因此，宝宝可以在早餐时或在两餐间少量饮用家庭自制果汁以调剂口味，由于它不能解渴所以还应加饮适量白开水，最好还是养成吃水果的习惯。

外出购物时要防止宝宝走失

家里的大人带宝宝去商场、超市购物，看起来是件再平常不过的事了，可这

里面却暗藏着一些宝宝可能发生走失的险情。那么，去购物时怎样避免宝宝走失呢？

❶ 请营业员帮忙照看宝宝

有些家长在挑选商品时，注意力全部集中在所选货品上，容易忽略身旁的宝宝，宝宝可能就趁这时去找自己喜欢的玩具或物品，等家长挑选完商品，宝宝也早已不知去向了。为了避免这种情况发生，如果是去超市购物，可以把宝宝放在购物车里；如果是在商场，可以请营业员帮忙照看宝宝。

❷ 挑选商品时不要与宝宝分开

在超市里宝宝可以轻松拿到自己喜欢的商品，而且有时会在一个货架区停留很长时间。有的家长就想利用宝宝挑商品的同时，去别的货架选择自己需要的东西。可往往等家长回到宝宝所在区域，宝宝却不见了。超市的货架高大纷杂，而且有些超市还分几层购物区，一旦家长与宝宝走散了，再想找到彼此都是一件很困难的事。所以，带宝宝在超市购物，家长要保持耐心，与宝宝形影相随才行。

❸ 不要把宝宝留在试衣间外

家长若独自带宝宝去商场、超市购物，尽量避免去试衣间试衣服。如果有特别喜欢的衣服要试，先要和宝宝讲清楚自己要去试衣服，让宝宝在原地等待。同时，请售货员帮忙照看宝宝。如果试衣间相对宽一些，可以带宝宝一起进去。若试衣服的人较多，建议家长暂时放弃要试的衣服，因为宝宝的安全才是最重要的事。

❹ 不要单独去洗手间

洗手间大都有小隔门，家长去洗手间时可以不关小隔间的门，让宝宝不离开自己的视线。若遇到必须关门的情况时，可以与宝宝保持语言交流，以确定宝宝没有离开。

❺ 人多时一定要紧紧拉住宝宝

商场或超市经常搞促销活动，人很多，家长稍不注意就可能和宝宝被人群冲开了。遇到人多的情况，家长一定要抱紧宝宝，或者紧拉住宝宝的手穿过人群。最安全的方法是不要带宝宝去人多拥挤的地方，因为人多拥挤的地方不仅不安全，而且容易传染疾病。

❻ 不要让宝宝离开自己的视线

带宝宝外出一切都要以宝宝的安全为第一，尽量不要长时间和人聊天，因为宝宝会因为对大人的谈话没兴趣而急着要离开，大人其实也没法尽兴地交谈。不如简单说上几句，然后约个其他的时间再聊。

❼ 手里拿着东西时让宝宝走在前面

有时家长会一次买很多东西，两只手被大包小包的物品占满了，没法拉着宝宝一起走，于是，家长会让宝宝跟着自己，可宝宝的注意力经常会被别的事情吸引走，就会发生走失的情况。遇到这种情况，家长一定要让宝宝走在自己的前面。这样可以随时看到宝宝的走向，即使宝宝被什么事物吸引住了，家长也能及时提醒宝宝，不会造成走失的后果。

❽ 平时应教给宝宝一些紧急应对措施

平时应该有意识地让宝宝记住家长的姓名、手机号码和家庭住址，告诉宝宝如果和家长走失了应该待在原地等待，千万不要和陌生人走。如果等了一会儿家长还没有来寻找，可以向离自己最近的营业员、保安或警察求助（要让宝宝知道站在柜台里卖东西的人是营业员，穿什么衣服的是保安或警察），请营业员、保安或警察给家长打电话。发现宝宝走失后，家长要马上告诉保安人员，请他们迅速分头把住各个出入口，并通过广播找人。如果还没有找到，应立即报警。

2岁4个月～2岁6个月育儿重点

帮助幼儿克服害怕的心理

害怕是人的正常感受，是保护自己的方法。害怕失去支持的心理是从出生就有的，其他害怕感觉是后天学来的。如看到别人摔倒自己也不敢走，是保护自己免于受伤。但幼儿分不清什么是真正的危险，有时对无关的事也害怕。下面介绍几种幼儿常常害怕的事情以及帮助幼儿克服害怕的方法。

❶ 怕黑

幼儿睡觉前做一些事会使幼儿感到安全而忘记怕黑，如先收拾好玩具，或与玩具娃娃道“晚安”。洗漱完后让幼儿上床躺下，不要让幼儿睡在大人床上，要让他独睡小床，但让他知道大人就在身边，需要时随时会来。如果大人有事外出要找幼儿熟悉的人陪他，可以给他讲故事。

如果突然改变睡觉的环境或改变睡前的程序要事先向幼儿说明，做好预防工作。在改变任何习惯做法之前父母都要亲自在场陪同才能让幼儿安心。突然的改变又无父母在场，会使幼儿感到不安全而成为以后怕黑的潜在因素。

❷ 怕生人

对来访者和亲属要说明幼儿还未适应与外人接近，要熟悉一会儿才可接近；也可以抱着幼儿去迎接客人，让幼儿感到在大人怀中安全，不必害怕。过于热情的亲友会大声招呼，急于来抱幼儿，幼儿会害怕而哭起来或者挣扎要躲藏。这时，大人要给予安慰，让他拿到礼物，同他玩一会儿。幼儿会好奇地观察客人的举动，只要看到客人都无恶意就会渐渐适应。只要大人事先与来访者打好招呼，慢慢接近幼儿，幼儿就不至于害怕，以后也就敢于接近其他生人。

❸ 怕动物

让幼儿坐在大人怀中或坐在车上观看他所害怕的动物。看到其他幼儿抚摸动物，或在动物园中看到其他幼儿同动物玩都会有帮助。不必强迫幼儿同动物接触，等他自己感到安全时，再让他逐渐接近动物。

使幼儿感到安全和有人帮助，逐渐克服害怕心理。注意寻找怕的根源才便于去除害怕心理。如幼儿怕毛绒玩具是因为邻居的宠物曾让他感到危险，这时要告诉幼儿只要与小动物保持距离就不会受到伤害；害怕皮球是因为曾有突然扔过来的球险些打中自己，这时要告诉幼儿离别人玩球的地方远一些，以防意外；告诉幼儿走路要走人行道，不可以在马路中间走，防止被汽车碰伤，避免产生害怕的心理。

让幼儿养成讲礼貌的习惯

培养幼儿使用礼貌用语的习惯，先从早晚问安开始，早上看到任何人都要说“您早”，睡前要道“晚安”。无论谁要求别人帮助都先说“请”，得到帮助后都应说“谢谢”。例如，大人每次让幼儿做事情时都说：“请你把伞拿来”“请你把××给我”；收到东西都说“谢谢”。让幼儿听惯礼貌用语，一旦幼儿有需要时也要求他说“请”和“谢谢”。为了巩固这种习惯，要求家人平时互相之间都用礼貌语言。家人中习惯于互相用礼貌语言，可以养成幼儿有礼貌的习惯。习惯于说话有礼貌，会使幼儿同人交往时给人有礼貌的好印象。

宽容对待突变期的幼儿

两岁半的幼儿最易发脾气，不易捉摸。他要先尝试然后作出选择，常常表现为突然吵闹又突然安静下来。大人要宽容些，用幽默的方式对待幼儿发脾气才能使大家快乐。过于严格和缺少温暖会使突变期的幼儿受到压抑而苦恼，影响性格形成。

练习涂颜色

画画可锻炼手眼协调和精细动作能力，并可培养兴趣。2岁前后的幼儿已认识4～6种颜色，可以让他自己选择彩笔去画。幼儿喜欢鲜艳的颜色，常拿着红笔涂一会儿，又去拿黄笔或绿笔。大人可以在一张大纸上画几个大圈，说这些是气球，让幼儿在一个圈内涂红色，另一个圈内涂黄色；或者大人先用不同的彩笔在圈的边缘处画上一圈颜色，再让幼儿试涂。开始练习时幼儿会涂到圈外，或者拿红笔在每个球上乱画。大人可以先涂好一个彩球，让幼儿以此作为示范进行练习。经过多次练习，幼儿渐渐学会不把颜色涂在圈界之外，而且每个圈涂一种颜色。家长不要要求这个阶段的幼儿涂得很均匀，只要达到上述两点就应当算是可以贴到墙上的作品了。

坚持亲子阅读

每天要坚持和幼儿一起进行阅读，在这个过程中，幼儿可以接触到大量丰富的语汇，有利于幼儿从说简单句到说复合句的过渡。讲完故事后还可以就故事内容提问，让幼儿回答，这是训练幼儿听说能力的一个最有效的方法。

学会按大小顺序排数字

将塑料数字或从挂历上剪下来的单个数字散放在桌上或地上，让幼儿按顺序排列。先练习排到1、2、3；再练习排1、2、3、4、5；再加上两个排到7；最后排到10。家长可从中间找一个数，如3，要求幼儿从3排到7，或从4排到8，或者从任一个数，要求幼儿找出这个数前面的和后面的数排起来，这是2岁半前后的好游戏。

让幼儿按每个数加1的顺序排数字是十分有用的练习。找出任一个数前面的数即该数减1，后面的数即该数加1，也是十分有用的练习。经常反复排数字，有利于幼儿对加1顺序的理解和前后加减1的理解。

知道哪一瓶最重

找3个大小形状完全一样的塑料瓶，1个装满沙土、1个装半瓶沙土、1个装少量沙土。将3个瓶子随便混放在桌上，请幼儿用手去掂量，把最重的瓶子放在左边，最轻的放在右边，按重量将3个瓶子排好。如果幼儿排得正确，将沙土倒出重装，1个装3/4瓶沙土、1个装1/2瓶、1个装1/4瓶，让3个瓶子的重量差别缩小，看看幼儿是否能用手掂量出来。

用手掂量重量是一种常识，人们经常用手去提一下或用手托一下重物来分清哪一个重一些，幼儿也要学会这种本领。外观完全相同的东西，看不出大小或长短，只能用手去掂量比较重量。这种本领越练越精确，可以让幼儿多次练习，使分辨能力提高。

学画方形

同幼儿一起学画方形，用方形来画出有趣的图画，如旗子、车站路标、汽车、风筝、大高楼等。幼儿看见这些有趣的图画就很喜欢画方形。画方形可以分两个步骤，先练习画角，如画一个竖道再加一横道即└，再画另一个横道连接一个竖道即┐，两个角合起来就成方形。要注意让幼儿画出一个直角，不是圆角。学会画直角和正方形就可以学写带有“口”字的汉字，如“口”“日”“白”“田”“只”“叶”“右”“石”等简易汉字。会画方形如同上了一级台阶，使幼儿在画写上进一大步。

Tips

让幼儿学会画方形，会利用方形去画图画，也会利用方形学写汉字，使幼儿在握笔画写上进一大步。

学骑三轮车

脚踏三轮车可以自己购买，也可以借用，因为这种车只用几个月，幼儿大一些就要更换。不要买电动的小车，电动车达不到练习的目的。先练习用手拿住脚踏三轮车手把，把脚放在踏板上向前踏。初学时大人可用手扶着手把中央，免得幼儿的手不自主地活动而改变方向。当幼儿四肢协调后大人可以离开，让幼儿自己练习。在熟练的基础上学习转弯和快骑。要选择空旷的地点练习，不宜在大马路上练习，以防发生车祸。

脚踏三轮车要求四肢动作协调，在前进和转弯时身体要做适当的转动来维持身体平衡。幼儿在2岁半到3岁期间先学蹬三轮车，4～5岁练习后轮旁有辅助轮的两轮脚踏车，熟练后可将后面的辅助轮撤下去，慢慢就会骑两轮的自行车了。

拼3～4块拼图

拼图能锻炼幼儿的想象力，即从局部推断整体。摆放碎片时要具有方位能力，知道片块应放在上还是下、左还是右，图片中的颜色和片块的形状都可提示幼儿将片块放在适宜位置。所以练习拼图是一种综合的训练，既练手的技巧，又练习思维能力，是一种很好的益智游戏。

用竖切和竖横切两种不同的方法，把贺年片或杂志上的图片分成3块，让幼儿学习拼图。幼儿先学会拼竖切成3块的图，要试几次才能拼上竖横切成3块的拼图。也可以将图斜角切开，再做侧面斜切。幼儿能拼上用几种不同方法切成3块的拼图后，可另找图片沿直线或曲线将其分成4块。直线剪开的比曲线剪开的容易拼上。切分图形时要将图中主要部分切开，如头可分成两块，两只眼睛各在一块上，或者将鼻子或耳朵切分开，让幼儿按目标将缺少的部位拼上。

育儿专家答疑

如何让宝宝自己解决问题

孩子十分想要邻居小朋友的新玩具，但是附近商店里没有，可以同孩子商量该怎么办。或者用自己的玩具同小朋友换着玩一会儿，或者站在旁边看小朋友玩。有的孩子会自己出主意，孩子出主意的本领是练出来的，有过一次经验，下次就会更快地想出办法来。让宝宝自己去解决问题、出主意。如果家长插手，去同邻居家长谈，当然能把玩具借来让孩子玩，但是以后孩子遇到问题就会来找大人解决，自己不去想办法。鼓励宝宝自己想办法，并不是鼓励用野蛮的抢夺或打架的办法，要用文明有礼貌的办法，使宝宝学会自己解决问题。

2岁7个月～2岁9个月养与育

生长发育特点

体格发育

9市城区男童体格发育测量值（1995年）

年龄组	体重（千克）	身长（厘米）	头围（厘米）	胸围（厘米）
31月龄	13.71±1.33	93.9±3.5	49.1±1.2	50.4±1.8
32月龄	13.86±1.52	94.5±3.9	49.2±1.2	50.6±2.0
33月龄	14.01±1.35	95.0±3.6	49.2±1.2	50.6±2.0

9市城区女童体格发育测量值（1995年）

年龄组	体重（千克）	身长（厘米）	头围（厘米）	胸围（厘米）
31月龄	13.19±1.4	92.5±3.6	48.1±1.2	49.3±1.9
32月龄	13.33±1.36	93.2±3.6	48.2±1.2	49.4±1.9
33月龄	13.58±3.8	93.7±3.6	48.2±1.2	49.5±1.9

运动发育

这个阶段是单脚跳跃能力发展的关键期。已经开始尝试学习在运动中发挥自己的力量和保持平衡，进入平衡能力发展的又一个重要时期，同时也是身体协调性和双腿力量获得发展的重要时期。会一只脚独站和独跳。半分钟能跑25米～35米。双手侧平举，能走过宽18厘米～20厘米、高18厘米、长2米的平衡木，并能双脚跳下，多数姿势正确。手脚动作基本协调，能翻过高133厘米的攀登架。能将100克重的沙包投出1米～2.5米远。能顺利地通过障碍物前行，如从桌下爬过、绕椅子、钻呼啦圈等。喜欢拿剪刀将桌布或报纸剪出小洞。

语言发育

语言理解和表达有进步，能快速配上反义词。

心理发育

2岁半以后，宝宝开始慢慢摆脱自我中心，转而对很多小朋友参加的活动产生明显的兴趣，身体相互靠近，可以分享玩具，但多数宝宝喜欢每次只和一个小朋友交流。已经有了性别的概念，能正确回答“我是男孩”或“我是女孩”。

在听到形容物品用途的词时能指出或拿出正确的图片。能按吃的、穿的、玩的等原则对物品进行分类。听到物品的类别名称时能分辨不同类别的物品，并能按要求拿取或指出。开始注意周围环境中有字的物品，如商店的招牌、广告牌等。能注意并区分周围人的活动，例如爸爸买菜，妈妈做饭等。

视力分辨较精确，能找出错图及缺图，即视觉印象明确，能与看到的图作比较，找出错误及漏画的部分。能分清左右，不会穿错鞋。手脑并用反应较快，能玩循环制胜的包剪锤游戏，能拼上6～8块较困难的拼图和玩赢数字的游戏。

2岁7个月～2岁9个月养护要点

让宝宝帮助摆餐桌

让宝宝用干净抹布擦拭桌子，把凳子摆好，到厨房拿3个碗、3个盘子和3双筷子摆在桌上。宝宝最先认识自己的餐具，可以先将自己的摆好，再将爸爸和妈妈用的餐具摆好。宝宝拿取餐具之前要先洗手，认真把手上的肥皂冲净，手完全擦干，才可以拿餐具，否则手容易打滑而摔破餐具。

宝宝在摆餐具和做吃饭前的准备工作时心理上也做好了吃饭的准备，体内各种消化酶也随之分泌，可增加食欲，有利于消化。如果宝宝正在玩耍，玩兴正浓，突然要求他回家吃饭，就容易产生抗拒情绪，不利于食物的消化。

学习穿脱外衣

目前许多两三岁的宝宝在上街之前都等着大人去照料。宝宝不久就要上幼儿园，如果宝宝每次户外活动时都要让老师协助穿衣就会十分忙乱。因此，要让宝宝在入园之前学会自理，使宝宝感到自己有能力干好，不但自己会穿，还会帮助别人。

为宝宝安排一个他够得着的地方挂他的外衣。冬天出门前让他自己穿外衣、围围巾、戴帽子、戴手套。从外面回到家自己将外衣脱下挂好，把帽子、围巾也挂好，将手套放入衣兜内。穿脱衣服的方法要在有暖气前先练习几次，将这些程序按步骤做几遍。可以先戴帽子和围巾，然后穿上大衣，系齐扣子或拉好拉锁，最后再戴手套。如果反过来先戴手套，无论戴帽子、穿衣都不方便，更无法系上扣子。让宝宝觉得自己穿戴整齐是很能干的表现，以后宝宝每次出门或者回家都能自我服务，不必让妈妈操劳。

分清左右穿鞋

让宝宝脱下鞋子，把鞋尖对着宝宝摆放。观察宝宝穿鞋时是否把鞋转过来，按鞋的左右正确穿上，为上幼儿园做准备。宝宝午睡时都要脱鞋，起床时要自己穿鞋。上幼儿园后，如果宝宝能认清鞋的左右，正确穿鞋，就会减少老师的麻烦。有些宝宝将鞋左右穿反了，走起路来很不舒服，跑步时容易摔跤。所以最好在入园之前学会分清左右穿鞋。

高蛋白摄入要适量

宝宝总是发热很可能是高蛋白摄取过多所致。过多食用这种食物，不仅逐步损害动脉血管壁和肾功能，影响主食摄取而使脑细胞新陈代谢发生能源危机，还会经常引起便秘，使宝宝易上火，引起发热。每日三餐要让宝宝均衡摄取碳水化合物、蛋白质、脂肪等生长发育的必需营养素，不可只注重高蛋白食物。

宝宝并不是吃得越多越好

虽然宝宝生长发育非常快速，但也并不是吃得越多越好。只要生长发育速度正常，如身高（长）、体重的增长在正常范围内，就没必要非让他过多进食，特别是那些不容易消化的油脂类食物。宝宝经常过多进食会影响智商。因为大量血液存积在胃肠道消化食物，会造成大脑相对缺血缺氧，影响脑发育。同时，过于饱食还可诱发体内产生纤维芽细胞生长因子，它也可致大脑细胞缺血缺氧，导致脑功能下降。另外，经常过食还会造成营养过剩，引起身体肥胖。这样，不仅使宝宝易患上高血压、糖尿病、高血脂等疾患，还会导致初潮过早，增大成年后患乳癌的危险性。

不要空腹吃甜食

不要在进餐前给宝宝吃巧克力等甜食，经常空腹并在饭前吃巧克力，不仅降低宝宝吃正餐的食欲，甚至不愿吃正餐，导致B族维生素缺乏症和营养不均衡，还会造成肾上腺素浪涌现象，即出现头痛、头晕、乏力等症状。这些甜食仅在饥饿时吃一点是有益的，但这只限于偶尔的情况下，而且最好在进餐前2小时吃。

2岁7个月～2岁9个月育儿重点

训练幼儿的平衡能力

幼儿学会跑、跳之后要让他做各种动作以锻炼平衡能力：

大人在地上画一条“S”形曲线，让幼儿用脚尖在线上走。如果幼儿走得好，大人要及时鼓励，并寻找时机让其反复做这个练习。

带幼儿去公园或在幼儿园里，让幼儿在儿童平衡木上练习行走。经过一段时间的训练，幼儿就能行走自如。提醒一点，大人一定要注意在旁边进行保护，避免幼儿从平衡木上掉下来摔伤。如果没有平衡木，可以用砖头自制。平衡木的宽度为15厘米左右，长为5米～8米，离地面距离为20厘米～30厘米即可。

还可以和幼儿玩小鸡吃米的游戏。大人说“小鸡吃米”时，双手背在背后合拢而且举起，头一点一点地弯腰向下做吃米的动作。幼儿在模仿小鸡的动作时，身体要支撑头向前垂的重量。做10～12次大人就要说：“小鸡快回家，黄鼠狼来了。”让

幼儿快跑回大人身边，注意不要让幼儿做动作时太累了。如果让幼儿戴上小鸡的头饰，幼儿在模仿小鸡吃米时会更加努力，使头弯得更低。

锻炼幼儿的方位感觉

找一个空鞋盒、一条板凳和幼儿的大小玩具。大人说“请将狗熊放在板凳上”“请将积木放入鞋盒里”“请把鞋盒放在板凳下面”“请把娃娃放在板凳右侧，再把小狗放在板凳左侧”“请把套碗放在鞋盒上面，把鞋盒摆在门外”“请把铅笔夹在布书里，放到狗熊旁边”“再把板凳搬到桌子下面”等，让幼儿把玩具放在某种东西的上、下、左、右、里面、外面或者前面、后面，会使幼儿跑来跑去而不感到寂寞。

教幼儿爱护图书

幼儿虽然已经长大了，不会像小时候那样爱撕书，但是有时还会不小心把心爱的书撕破。大人同幼儿一起用纸剪出大小适合的书页，用胶棒把书补好。有的是从图的中央撕破，可以用透明胶条将书补好。幼儿学会修理书就会加倍爱惜书，以后小心取放，不把书撕破。

学会分辨深浅颜色

让幼儿观看大人调色，先把画笔在红色水彩碟中蘸满。在3个空格中各加4滴水，将红色画笔依次在蝶中洗一下，4个碟中的红色越来越浅。将4个碟中的颜色各涂在一张3厘米×4厘米的卡片上，得出深浅红色各不相同的4张卡片；换一支笔用同样方法将黄色也涂出深浅不同的4张卡片；再换一支笔，涂出深浅蓝色不同的4张卡片。在制作过程中可以让幼儿观看，但暂时不能动手。做好3套12张卡片后，让幼儿按颜色深浅排出4个等级。玩完后将这些卡片收入盒中以后还可以用。

双脚离地连续跳

连续跳是练习弹跳力的方法之一，2岁半以上的幼儿可以连续跳2米，不宜距离太长，以免幼儿疲劳。可以和幼儿玩兔子跳圈的游戏，让幼儿头戴兔子的头饰或者竖起两个手指放在头上代表兔子耳朵，双脚离地跳跃，跳到终点。在空地上用粉笔画一个圈做兔子的家，让幼儿离开圈2米，用双脚跳到兔子的家。

排数字

让幼儿练习摆数序，先摆出10以内的数序，再学习摆10～90的数序。先按1～10把塑料数字或用纸卡写的数字排成竖行，再把1放在这些数的左边，幼儿按大人的要求摆出11～20。去掉左边的1，换上2，让幼儿读出所有的数。再将左侧的2换成3，依次读出竖行的数。然后逐个将左侧的数换成4、5及6～9，看看幼儿能否读出所排出的数。随便摆上两个数字，让幼儿读出是几十几。如果幼儿感兴趣，可以加上百位数，如果不感兴趣可以迟一些再学。不要使幼儿感到有压力和疲劳，因为幼儿厌烦了就会失去兴趣，以后学起来更困难。

练习单脚站立

幼儿能保持单脚站立的姿势之后，可以玩此游戏。先用一只脚站稳，再提起另一只脚，膝盖弯曲，脚尖下垂。右手手掌向前弯曲放在头上做鸡冠，左手手掌放在身后向上翘做鸡尾巴。大人和幼儿一起做金鸡独立，一起数数，看看数到几谁先坚持不下去了，脚落下踩地。练得好的幼儿可坚持1分钟，大多数幼儿可达到40秒左右。

拼上6～8块拼图

找一些动物、生活用品、食品的图片，每个图片切分为6～8块，分别装入信封内。玩时先拿出一份，让幼儿看看，猜猜它是什么，再慢慢将碎片拼上。切分多块的图片有两种拼法：第一种方法是先找出拼图的主题部分，再将图片拼好；第二种拼法是先将边缘先摆好，再将图片拼好。边缘是整齐的线或者有些图中带花边，先把边摆好图片就弄清楚了。分成几十块或几百块拼图用这个方法拼也不会错。拼好一份后，将它放入信封内收好，再练习第二份。有些幼儿很能干，能将几个信封中的碎片混在一起，再将每幅图拼好。

拼图可以锻炼看到局部推想整体的能力，同时要考虑到方位，把上下、左右关系处理好。经常练习拼图的小朋友左右脑能同时得到锻炼。图像思维是右脑管辖的；两三岁的幼儿词汇量发展迅速，语言的发展需用左脑。此时多用右脑能使左右脑同时发育，对幼儿智能发展十分有利。

分清谁比谁大

先选用写有“1”“2”“3”的纸卡，每个数4张，一共12张。将纸卡混在一起，每人取6张。妈妈先出一张1，如果幼儿出2，就能把妈妈的牌赢过来；幼儿出一个3，如果妈妈出1，幼儿再赢；幼儿出一张2，如果妈妈出3，妈妈赢。用这3个数字先玩几天，熟练之后，可加上4和5，再玩几天，熟练后加6和7，最后可加到10。逐渐可以用扑克牌去掉K、Q、J，玩赢大小的游戏。

通过背数、点数幼儿虽然已经认识数和数字，但仍不理解谁比谁大。赢牌游戏可让幼儿逐渐理解大小的顺序。

育儿专家答疑

宝宝被小朋友欺负了怎么办

宝宝受了小朋友的欺负，父母应该如何教会宝宝应对呢？其实，宝宝之间的打斗跟自然界其他动物，比如老虎、狮子之间的打斗是有相通之处的。他们的打斗带有更多的游戏成分，在打斗的过程中，他们慢慢学会了该如何与周围的小朋友交往。宝宝还没有建立起吃亏不吃亏的概念，常常刚刚打过了，眼泪一抹，又可以搂抱在一起亲密无间。因此，只要能保证宝宝的安全，没有必要把宝宝之间的打斗看得过于严重。

对于2~3岁的宝宝来说，一般是不主张教宝宝“他打你，你就打他”，因为宝宝一旦形成习惯，以后也会变成一个富于攻击性的儿童，那么他面临的问题就会更多，对他的成长实际上是不利的。但不教宝宝“以牙还牙”并不是鼓励他成为一个软弱的人，软弱与强硬与否并不是由拳头来决定的，打来打去解决不了问题。

父母陪伴宝宝玩耍时，遇到别的小朋友打自己的宝宝，可以告诉这个小朋友的家长，或者直接跟打人的小朋友说你不希望他打人，你的态度会让他意识到，一旦他打了你的宝宝，他就会面临一种压力。在告诉他不能打人的同时，还要告诉他正确地跟小朋友玩的方式。有时候，小朋友之所以打人并不是要欺负人，而是因为语言交流能力不足，为了获得别的小朋友的注意才采取这种动手动脚的方式。如果在成人的引导下，他理解了用语言来进行沟通会更加有效，就不会再用打人的方式来获取他人的注意。

随着宝宝年龄逐渐增长，独自外出玩耍游戏的时候越来越多。这时候，父母可以根据情况教授宝宝一些基本的自我保护方法。年龄较小的宝宝往往体弱力小，不具备和大宝宝对抗的能力。因此，要告诉宝宝遇到有攻击性的大宝宝应该赶快跑，避免站在原地受二次攻击。同时，让宝宝尽快将情况告知周围的成人，寻求帮助。要提前教会宝宝自我保护的方法，比如抓住打人者的胳膊，注意保护好头脸等关键部位，然后大声呼叫，寻求周围成人的帮助。

宝宝胃口不好是什么原因

宝宝胃口不好的原因是多方面的，多由饮食习惯不合理造成的，如有的宝宝正餐虽然吃得少，但零食不离口，少量多次，积少成多，饭前早就吃饱了；有的宝宝想吃就多吃，随心所欲；有的宝宝经常吃高级糖果，致使热量过剩，正餐食欲减退；有的宝宝挑食、偏食，稍不如意，便不吃饭；有的宝宝进食不定时、不定量，消化液分泌少，不能满足消化食物的需要；有的宝宝玩心太重，边吃边玩，边吃边看电视，影响消化液的分泌；有的宝宝辅食加得太晚，除了奶之外，其他食品吃不进去。以上种种情况父母又没有及时纠正，日久天长，宝宝的消化功能受到影响，营养素摄入不足，出现营养不良后又加重胃口不好。而较少见的原因是宝宝患有消化系统疾病、慢性消耗性疾病、缺锌或有其他疾病，都可以使消化功能减退，食欲缺乏。

治疗宝宝胃口不好应针对引起的原因，采用不同的方法。如果是喂养不当造成的，则应尽快改变喂养方式，纠正偏食、挑食、吃零食及边吃边玩的坏习惯，养成定时进餐专心吃饭的良好习惯，通过喂养和教养来解决。假如是因病引起的胃口不好，还应去医院诊治。

2岁10个月～2岁12个月养与育

生长发育特点

体格发育

9市城区男童体格发育测量值（1995年）

年龄组	体重（千克）	身长（厘米）	头围（厘米）	胸围（厘米）
34月龄	14.16±1.42	95.6±3.6	49.2±1.2	50.6±2.0
35月龄	14.21±1.50	96.2±3.6	49.3±1.2	50.8±2.0
36月龄	14.42±1.51	96.8±3.7	49.4±1.2	50.9±2.0

9市城区女童体格发育测量值（1995年）

年龄组	体重（千克）	身长（厘米）	头围（厘米）	胸围（厘米）
34月龄	13.68±1.4	94.2±3.6	48.2±1.2	49.9±1.9
35月龄	13.86±1.42	94.9±3.6	48.4±1.1	48.7±1.9
36月龄	14.01±1.43	95.9±3.6	48.4±1.1	49.9±1.9

运动发育

能单脚站2秒钟以上。跑时姿势基本正确，半分钟能够跑35米～40米。能双脚交替跳起5厘米以上。会骑儿童三轮车。能跳过障碍物，如几块砖或一个矮纸盒等。

手的技巧有进步，可以开始学用剪刀，学做粘贴的手工操作；也可以帮助大人剥花生、剥豌豆及择扁豆等。能照图样模仿画圆形和“十”字。

语言发育

3岁前后能理解约1000个字。能够学会4～5首儿歌，每首6～8句，每句6～7个字。能说7～8个字组成的句子，用字总数达1000个左右。懂得“冷了”“累了”“饿了”的含义，当问到怎么办时能给出“穿衣”“歇会儿”和“吃饭”等答案。

心理发育

这一阶段是想象力和创造性思维开始萌芽的时期。开始学习构思自己的行动内容，然后通过自己的双手实现它，比如想象搭一个高楼，然后用不同的积木完成它。能理解5或拿出5个东西，会做5以内的加减法。可以开始练习倒数数。

2岁10个月～2岁12个月养护要点

养成良好的生活习惯

3岁以前是培养幼儿好习惯的重要时期，因为这时建立一定的条件联系比较容易，一旦形成了习惯也比较稳固。如果不注意培养，形成了坏习惯再纠正就比较困难。幼儿一天的生活内容要根据其年龄特点、生理需要，在时间和顺序方面合理安排，使宝宝养成按时作息、按要求进行各项活动的好习惯。

两三岁的幼儿每天睡眠时间要保证在13小时左右，避免大脑过度疲劳。晚上8点睡眠至第二天清晨6点半至7点起床（10个半小时左右），午饭以后再睡两个半小时午觉。晚上睡前洗脸、洗脚或洗澡，然后换上宽松柔软的内衣，让幼儿自己上床睡，家长可以讲故事或播放催眠曲，但不能又哄又拍让幼儿入睡。睡眠的环境要舒适温暖，光线要暗。定时睡眠养成了习惯，幼儿到时则很容易入睡。有些幼儿要抱娃娃睡觉是可以的，但不要养成吮手指、吃被角、蒙头等坏习惯。

两三岁的幼儿每日应该吃四餐，除了早、中、晚三餐外，午睡后下午3点左右可以加一次午点，每两餐中间都要注意喝水和提醒幼儿排尿。良好的饮食习惯也是在这个阶段形成的，比如要固定位置自己吃饭，不挑食、不偏食、不暴食、不吃零食等。

除了吃饭睡眠养成好习惯以外，还应该有好的卫生习惯，如饭前便后洗手、吃水果要洗干净削皮、不随地大小便等。

制订了合理的作息计划就要认真执行。家长或者老师向宝宝直接提出怎样做的要求，一般来说宝宝是容易听从的。每天都坚持按要求去做，宝宝就会习惯成自然。培养习惯不能破例也不能许愿，否则宝宝会觉得家长的要求可以不执行，良好的习惯则难以养成。

带宝宝参观幼儿园

宝宝3岁后要上幼儿园，在未正式入园之前可带宝宝到幼儿园外面看看。观察小朋友何时到室外活动，老师怎样带领他们在健身器械上玩耍。如果得到许可，可以进入教室或者在窗外观察小朋友在室内怎样活动。参观幼儿园会引起宝宝入园的愿望，羡慕园内的生活，使宝宝容易克服离开家庭的依恋情绪。家长要让宝宝向那些活泼可爱的宝宝学习，使他渴望成为其中的一员。

减少最初入园的困难。许多宝宝在入园的头1个月都会因为与家人分离而哭闹。如果入园之前有一些思想准备并参观幼儿园，甚至同老师先认识一下，了解园中生活规律，使家中生活与园中相似，就会减少入园后的困难。如果家长比较理智，多向宝宝介绍幼儿园的优点，入园的困难就会减少。应避免因为宝宝哭闹就妥协，让宝宝回家待几天，这样再送去时又要重新适应，人为地延长适应期，对宝宝和大人都不好。宝宝有足够的心理准备就会克服入园困难，更快地适应新环境。

教宝宝洗手绢

让宝宝从洗手绢学起，学会用手洗衣物。家中虽然有洗衣机，但用手洗是最基本的方法。要让宝宝自己洗手绢和袜子，增强自理能力。先在水中浸湿手绢，把肥皂涂在手绢上，双手搓洗；把肥皂沫挤出来，蘸点清水再搓洗。第一次搓洗时将手绢表面的污垢洗掉，加清水再搓洗可把深入布纹内的污垢清除，洗得更干净。用水将肥皂沫冲去，再清一次水就可以挂起来晾干。

学习自己收拾书包

宝宝看到大孩子背着书包去上学都十分羡慕，幼儿园的小朋友们也背着小书包，家长不妨为宝宝买个小书包准备上幼儿园用。书包里装上几本小书、一小盒彩笔，最好有一个带盖的水杯和一条裤子。将东西放齐之后，把书包挂在宝宝容易够着的地方。妈妈同宝宝做上幼儿园的游戏，早餐后让宝宝背着书包同妈妈在院子里走一圈。进家后在桌旁坐下，打开书包拿出书看一会儿，打开彩笔在纸上画画。过一会儿妈妈说“咱们该回家了”，要宝宝赶快把桌上的东西收入书包，再背着书包在院子里走一圈，回家后把书包挂在准备好的地方。

让宝宝做上幼儿园的准备。通过打开书包、收拾书包，让宝宝了解书包的用途，学会将用过的东西收拾整齐，放回原处。这种游戏使宝宝不至于丢三落四、随便乱放自己的东西。

强化食品并不是多多益善

在宝宝食品中加入一些营养素，如赖氨酸、铁、锌、维生素D、维生素A、维生素B_2等，确实可加快生长发育速度或预防某种营养素缺乏。但这种强化食品并非多多益善，过食反会影响体内营养素的均衡，还会引起中毒。要知道，中毒要比营养缺乏更为可怕。怀疑宝宝缺乏某种营养时，在补充之前最好先到医院做相关检查，待确定后，再在医生指导下选用针对性强化食品。提醒一点，在服用强化食品期间要经常进行复查，以免过多服用。

本阶段计划免疫

3岁时注射乙型脑炎疫苗一针。

2岁10个月～2岁12个月育儿重点

学会与人合作

前几个月大人带幼儿曾玩过家家游戏，使幼儿懂得如何模仿家庭生活。很多幼儿都喜欢这个游戏。如果有大一点的孩子来家做客，幼儿会搬出一些玩过家家的玩具同小哥哥或小姐姐一起玩。大孩子比幼儿玩的次数多些，更会安排游戏。游戏中由大的出主意，小的照着吩咐去做。大孩子如同家庭中的妈妈，小的像宝宝。幼儿一会儿听妈妈的吩咐去买菜、洗菜、摆桌子，请布娃娃们坐下；一会儿去喂娃娃吃饭，哄它不要哭，或者用个小瓶子喂娃娃吃奶。如果大孩子是个男孩，他会当爸爸，学着举杯“干杯”，小的要替人倒酒。但玩了一会儿，小的幼儿就会把过家家的游戏忘记了，去做其他游戏去了。

乐于接受父母的要求

一般说来，孩子进入3岁就到了第一反抗期。实际上幼儿满2岁时，自我意识就发展起来了，他想做的事如果家长不答应就表示反抗，常常会听到2岁多的小儿说“不”“不要”。到了3岁，幼儿已有了自己的小朋友，有了一定的社会交往，这种独立行为的欲望就更加强烈，一旦想做某件事就表现得非常任性，不愿服从家长的安排。但幼儿毕竟太小，常常是力不从心，有时不仅没把事情做好还损坏了东西，甚至出危险。

那么，如何让进入反抗期的幼儿能够接受父母的要求呢？强力压制肯定是不行的，只能采取说服诱导的方法，要仔细分析幼儿的意图，然后区别对待。如果幼儿只是想自我服务或是帮助家长做家务，家长就不要一味地限制，那样幼儿会很恼火，不听劝。正确的方法是帮助和指导他，把他想做的事做好。如果是不合理的要求，家长可以用他感兴趣的东西转移他的注意力，或者耐心地讲清道理，告诉他为什么不可以做。合理的限制还是需要的，但幼儿的感情可以让他表达出来，不能强行压抑。

要想让幼儿容易顺从家长的安排有一点非常重要，即家长应该经常和幼儿一起玩耍、交谈，了解和尊重幼儿的意志和兴趣。要让幼儿知道你对他很在意，很重视，这样幼儿容易变得顺从。

有时家长采用“回馈技法”来处理幼儿的反抗也很有效。比如幼儿在游艺场没完没了地玩滑梯不回家，家长可以先对他说“再玩两次就回家”，让幼儿有个思想准备，玩完两次以后就坚决领他走，这时幼儿肯定会生气甚至哭闹，家长可以对他说：“我知道你不高兴，玩得正高兴被打断，要是我也会生气，但是我们总不能今晚不回家吧?”让幼儿知道你很同情他的感受，但做任何事都会有一定的限制。逐渐地幼儿反抗的次数会减少，容易接受父母的要求。

给幼儿一些选择的自由

3岁左右的宝宝已有了逆反心理，父母单方面地发号施令常常成为他们发脾气的原因。如果直接对他们说：“去吃饭!”或“去洗澡吧!”通常会使命令遭到抵抗。这时，父母不妨给宝宝一些选择的自由，如换种方式说：“吃饭和洗澡你想先做哪个?”提出两种对等的项目让他选择。由于2岁多的宝宝还不会去考虑这两者以外的事项，所以大部分都会在其中选择一项。这种“哪一个先做都没关系，你爱如何就如何”的自由，足以让他感到兴奋和满足了。这不失为对付宝宝发脾气的一条好策略。而且，给幼儿一些选择的自由，在无形中就灌输给了幼儿为自己的事做决定的自主意识。

练习单脚跳跃

幼儿学会金鸡独立后就可以练习单脚跳跃。初练时大人可以牵着幼儿一只手，熟练之后放手让幼儿独自单脚跳。如跳过一条线，或从一块方砖跳到另一块方砖上。“跳飞机”是在地上画一个“飞机”，头三格单脚跳，第四、第五格时双脚落地，各踏一格休息一会儿，再单脚跳到第六格，将手中“豆包”扔向飞机头，不许扔到界外；到第七、第八格双脚落地，各踏一格，双脚不许移动，弯腰伸手取到“豆包”，再照样跳回来得1分。跳错格子、踏线、扔“豆包”出界及够取“豆包”时移动脚，都算犯规，立即淘汰出局不能得分。看谁能每次看谁能每次完成得分，赢取全局。

练习原地跳跃

准备一根小绳，一头系住一根棍子，另一头系在玩具苹果的柄上。大人拿着棍子将苹果吊在幼儿头顶上方约30厘米处，让幼儿踮起脚尖伸右手来摘取。如果摘不到就跳一跳，摘到为止。如果幼儿十分容易就摘到苹果，可把棍子再举高一些，一定要让幼儿跳起来才能摘到苹果。幼儿已经学会从高处跳下和向远处跳，现在练习自己跳起来，只要跳到能抓住苹果的高度就能摘取苹果。

练习踢球入门

无论男孩、女孩都爱踢球，跑步和踢球可以锻炼全身肌肉。大人用一张下面有空当的凳子，或倒放一个大纸箱当球门，让幼儿距2米左右向空当或纸箱口踢球。如果同时几个幼儿一起玩，可以1个踢球，1个传球，另1个守球门。进球之后大家轮流换位。

Tips

幼儿在踢球时不宜学习用头顶球，只需练用脚传球。头顶球时对头部震动过大，对幼儿未成熟的大脑不利。

练习看图说话

练习看图说话需要有一定的想象力，在图的提示下产生联想，才能讲出内容丰富的话。让幼儿选择一幅漂亮的图画，讲出这幅图中的事物或者有关的故事。幼儿常喜欢挑选自己听过的故事中的图画，他可以讲出两三句有关的情节。例如，看到小兔乖乖的图时说："兔子妈妈让小兔子关门。""为什么？""狼来了会吃掉小兔子。"再问："兔子妈妈出去干什么？""找萝卜。""为什么？""喂小兔子。"幼儿自己不会由头讲到尾，他会讲出主要的一两句，其余要由大人提示才能补充上。部分幼儿只能说出物名"兔子"，问："有几只？"答："有兔妈妈和3只兔宝宝。"只要大人多问，幼儿可以一字一句地讲出一点故事情节来。

幼儿要到4岁才会由头到尾讲故事，3岁前后只能一句一句地按问题来讲。有了现在的练习到4岁前后才能讲全故事。

添上未画完的部位

大人在纸上画一个未画完的小人，让幼儿指出哪儿还未画完，该添上些什么。幼儿拿笔去添加，大人在旁边观看，不要说，更不要用手去指点，让幼儿自己完成，看他能否补充完整。看看幼儿能记住人身上的哪些部位，许多幼儿先发现少一条腿，急忙添上一竖，然后再看脸上的器官少不少。幼儿能添上多少与平常的观察和记忆能力有关。做过一次后他会多记住几处，有些部位幼儿不容易记住，不必勉强。平时看照片、图片或照镜子时让他多指认，使他能记住较多的身体部位。

认识冬天和夏天的不同

找一些有不同季节内容的图书或图片，让幼儿了解冬天很冷，刮大风、下大雪，人们穿着棉衣或皮衣，戴帽子、围围巾、戴手套、穿棉鞋；家中生炉子或有暖气，要关严窗户保暖；冬天人们爱吃火锅、涮羊肉，使身体暖和；冬天人们在户外溜冰、堆雪人、打雪仗，过年前后还去看冰灯。

夏天天热，人们汗流浃背，穿得很单薄，幼儿穿背心、裤衩；家中吹风扇，大人摇着扇子纳凉，不少家庭装上了空调；人们爱吃西瓜、冰棍和冰激凌，喝冰镇的凉开水或饮料，使身体感到凉快；人们喜欢游泳、划船、到凉快的地方去避暑；夏天的花草树木十分旺盛，新鲜水果、蔬菜都很多。

让幼儿对季节有明确的概念，先学会分清冬、夏两季，以后再了解春季和秋季。教幼儿把平时零散的观察和记忆综合起来，形成两个分明的季节概念。

育儿专家答疑

宝宝脾气大怎么办

2岁多的宝宝自我意识已经发展，对很多事情都有好奇心，也喜欢模仿家长做某些事。有时要做自己力所不能及的事情，做不好就发脾气，用哭闹来宣泄不满情绪。遇到这种时候，家长不要训斥宝宝，要耐心地帮助他完成。如果事情的确做不到，家长可以引导他玩他喜欢的游戏，转移注意力。但有些时候，孩子发脾气是为了让家长答应他不合理的要求，这个时候应该怎么办呢?如果迁就他，他会觉得用发脾气达到了目的，下次还会用同样的手段威胁家长，久而久之会使宝宝变得极端任性；如果打骂和训斥他，会使他哭闹得更凶。讲道理要等他安静下来才行，在他又哭又闹的时候他根本不会听。最好的办法就是不理睬他，当宝宝看到哭闹没有用时，他的哭声会减小或停止，这时候家长可以亲近他，告诉他哭闹不是好孩子。如

果宝宝大哭大闹、乱踢乱喊，一点儿没有缓解的迹象，家长可以离开房间。离开时把房间里有危险的物品移到宝宝够不到的场所，让他一个人哭闹。这样宝宝会慢慢懂得哭闹是没有用的，父母不喜欢发脾气的孩子。时间长了，宝宝发脾气的次数会逐渐减少。有一点需要提醒家长注意：在对待宝宝的态度上家里所有人都要一致，如果一方采取不理睬的态度，另一方赶快抱起孩子满足他的要求，就达不到教育的目的，宝宝会越来越任性。